Denise Gerscovich
Bernadete Ragoni Danziger
Robson Saramago

Contenções

teoria e aplicações em obras

© Copyright 2016 Oficina de Textos
2ª edição 2019
1ª reimpressão 2021 | 2ª reimpressão 2024

Grafia atualizada conforme o Acordo Ortográfico da Língua Portuguesa de 1990, em vigor no Brasil desde 2009.

CONSELHO EDITORIAL   Arthur Pinto Chaves; Cylon Gonçalves da Silva; Doris C. C. K. Kowaltowski; José Galizia Tundisi; Luis Enrique Sánchez; Paulo Helene; Rozely Ferreira dos Santos; Teresa Gallotti Florenzano

CAPA E PROJETO GRÁFICO Malu Vallim
DIAGRAMAÇÃO E PREPARAÇÃO DE FIGURAS Alexandre Babadobulos
PREPARAÇÃO DE TEXTO Hélio Hideki Iraha
REVISÃO DE TEXTO Paula Marcele Sousa Martins
IMPRESSÃO E ACABAMENTO Mundial gráfica

Dados Internacionais de Catalogação na Publicação (CIP)
(Câmara Brasileira do Livro, SP, Brasil)

Gerscovich, Denise
    Contenções : teoria e aplicações em obras / Denise Gerscovich, Bernadete Ragoni Danziger, Robson Saramago. -- 2 ed. rev. e atual. -- São Paulo : Oficina de Textos, 2016.

Bibliografia.
ISBN 978-85-7975-315-2

1. Contenções 2. Engenharia civil 3. Geotécnica I. Danziger, Bernadete Ragoni. II. Saramago, Robson. III. Título.

16-07176   CDD-624

Índices para catálogo sistemático:
1. Contenções : Engenharia civil 624

Todos os direitos reservados à **Editora Oficina de Textos**
Rua Cubatão, 798
CEP 04013-003 São Paulo SP
tel. (11) 3085 7933
www.ofitexto.com.br
atendimento@ofitexto.com.br

Apresentação

O livro apresenta de forma bem organizada informações teóricas e práticas úteis a projetistas e estudantes interessados no tema de contenções. Apresentam-se de forma cuidadosa e objetiva procedimentos para o cálculo de empuxo de terras, bem como aspectos relacionados ao projeto e à construção de obras de contenção. Trata-se de um assunto clássico da Engenharia Geotécnica que é constantemente revisitado em razão de sua importância. Além disso, discutem-se os métodos clássicos e também se expõem os avanços mais recentes nessa linha, como técnicas de projeto e análise de muros e taludes de solos reforçados, que é contemplada por capítulo específico ao final deste livro. Mostra-se também um estudo de caso que destaca com bastante propriedade a importância que particularidades geológicas podem vir a representar no comportamento de estruturas de contenção.

Os três autores são bastante conhecidos na comunidade da Engenharia Geotécnica. Com atuação na prática de projeto e no ensino, apresentam contribuições reconhecidas por sua qualidade técnica. Acompanho suas trajetórias há muito tempo, tendo sido professor na pós-graduação na Coppe de Robson Saramago e Bernadete Danziger – fui orientador de mestrado e doutorado do primeiro. Conheço Denise ainda há mais tempo – frequentava minha casa nos idos da década de 1970 como colega de minha irmã Ruth no CAp da Uerj. Depois nos reencontramos novamente em eventos técnicos organizados pela comunidade geotécnica.

Denise Gerscovich atua em estabilidade de encostas e contenções. Professora e pesquisadora de longa data nesses temas, publicou um livro sobre estabilidade de encostas e nos brinda agora com este novo livro sobre contenções.

Robson Saramago atua como projetista e professor em Geotecnia e tem inúmeros projetos em contenções, escavações e obras de terra.

Desenvolveu pesquisas em assuntos relacionados ao tema de contenções, tendo recebido o Prêmio Costa Nunes por sua tese de doutorado sobre muros de solo reforçados.

Bernadete Ragoni Danziger atua há longa data como projetista, professora e pesquisadora de fundações e escavações e é reconhecida referência nesses temas. Destaca-se por um trabalho cuidadoso e sério em tudo de que participa. Característica que também pode ser estendida aos demais.

Mauricio Ehrlich
Professor titular
Coppe e Poli da Universidade Federal do Rio de Janeiro (UFRJ)

Sumário

Parte 1 | empuxos de terra

1 – Empuxos de terra, 9
- 1.1 Definição de empuxo 9
- 1.2 Estados de equilíbrio plástico 15

2 – Teoria de empuxo aplicada a estruturas rígidas – muros de contenção, 19
- 2.1 Mobilização dos estados ativo e passivo...........................19
- 2.2 Teoria de Rankine 21
- 2.3 Teoria de Coulomb 42

3 – Teoria de empuxo aplicada a estruturas enterradas – cortinas, 71
- 3.1 Tipos de cortina 72
- 3.2 Cálculo do empuxo..74

4 – Aspectos adicionais de escavações, 129
- 4.1 Verificação de estabilidade em cortinas............................129
- 4.2 Estabilidade do fundo de escavação..................................136
- 4.3 Movimentos associados a escavações 156
- 4.4 Comentários finais 175

Parte 2 | projeto e construção de obras de contenção

5 – Investigação geotécnica, 181
- 5.1 Objetivo 181
- 5.2 Levantamento topográfico 182
- 5.3 Métodos diretos..183
- 5.4 Fatores que afetam o SPT..185
- 5.5 Correlações do N_{spt} com parâmetros de resistência dos solos............186
- 5.6 Aspectos geológicos..189

6 – Dimensionamento de muros de arrimo, 193
- 6.1 Tipos de muro 193
- 6.2 Influência da água 203
- 6.3 Verificação da estabilidade do muro de arrimo 206

7 – Cortina atirantada, 225
- 7.1 Características e detalhes construtivos 225
- 7.2 Elementos de uma cortina 236
- 7.3 Proteção contra a corrosão 238
- 7.4 Estabilidade das cortinas atirantadas 240
- 7.5 Método de Coulomb adaptado 242
- 7.6 Processo Rodio 242
- 7.7 Método brasileiro (Prof. Costa Nunes) 243
- 7.8 Método de Ranke-Ostermayer 248
- 7.9 Dimensionamento do bulbo (trecho ancorado) 250
- 7.10 Cargas nas fundações das cortinas atirantadas 251
- 7.11 Recomendações para a elaboração do projeto de cortina atirantada 253
- 7.12 Composição de planilha de custos 254

8 – Muro de solo reforçado, 261
- 8.1 Características e detalhes construtivos 261
- 8.2 Características dos geossintéticos para reforço 268
- 8.3 Mecanismos de interação solo-reforço e ponto de atuação da tensão máxima 272
- 8.4 Influência da compactação 273
- 8.5 Estabilidade externa 282
- 8.6 Estabilidade interna 283
- 8.7 Recomendações na execução de muros de solo reforçado ... 293
- 8.8 Eficiência da conexão entre o reforço e o faceamento 304
- 8.9 Planilha de composição de custos 309

Referências bibliográficas, 311

parte 1

EMPUXOS DE TERRA

Empuxos de terra

1.1 Definição de empuxo

Entende-se por empuxo de terra a ação horizontal produzida por um maciço de solo sobre as estruturas com ele em contato. Em outras palavras, o empuxo de terra é a resultante da distribuição das tensões horizontais atuantes em uma estrutura de contenção.

A determinação da magnitude do empuxo de terra é fundamental para o projeto de estruturas de contenção, tais como muros de arrimo, cortinas de estacas-prancha, paredes de subsolos e encontro de pontes. O valor da resultante de empuxo de terra, bem como a distribuição de tensões horizontais ao longo do elemento estrutural, depende de como o processo de interação solo-estrutura vai ocorrendo durante todas as fases da obra. O empuxo atuando sobre o elemento estrutural provoca deslocamentos horizontais que, por sua vez, alteram o valor e a distribuição do empuxo ao longo das fases construtivas da obra.

1.1.1 Empuxo no repouso - condição geostática

As tensões iniciais são aquelas originadas pelo peso próprio do maciço. O cálculo desse estado de tensões pode ser bastante complexo em casos de grande heterogeneidade e topografia irregular.

Existem situações, entretanto, frequentemente encontradas na Geotecnia, em que o peso do solo resulta em um padrão de distribuição de tensões bastante simplificado. Essa situação, denominada geostática, admite as seguintes características:
- superfície do terreno horizontal;
- subcamadas horizontais;
- pouca variação das propriedades do solo na direção horizontal.

Na condição geostática não existem tensões cisalhantes atuando nos planos vertical e horizontal; com isso, esses planos correspondem aos planos principais de tensão. Esse cenário pode ser idealizado com base na análise do processo de deposição de um solo sedimentar. Nesse processo, a deposição de sucessivas camadas impõe aos elementos de solo acréscimos de tensão que geram deformações, conforme mostra a Fig. 1.1. Essas deformações, entretanto, não ocorrem na direção horizontal, uma vez que há uma compensação de tendência de deslocamentos entre elementos adjacentes. A inexistência de uma tendência de deslocamento horizontal acarreta na não geração de tensões nos planos horizontais. Consequentemente, os planos horizontal e vertical tornam-se planos principais. Adicionalmente, a determinação da magnitude da tensão horizontal passa a ser possível, pois seu valor deve garantir a condição de deformação horizontal nula ($\varepsilon_h = 0$).

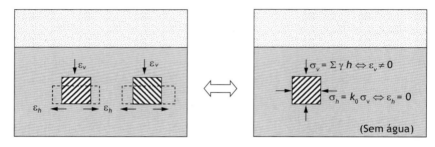

Fig. 1.1 *Condição geostática - solo sedimentar*

O não atendimento de qualquer um dos requisitos da condição geostática pode resultar no aparecimento de tensões cisalhantes nos planos horizontal e vertical e, com isso, esses planos deixam de ser principais e o valor da tensão horizontal passa a ser indeterminado. No caso de superfícies inclinadas, por exemplo, a tendência de movimentação da massa de solo gera tensões cisalhantes nesses planos, como indicado na Fig. 1.2.

Na condição de repouso, as tensões horizontais estão associadas à condição de deformação horizontal nula. Considerando que as deformações que ocorrem em solos são decorrentes da capacidade de seus grãos mudarem de posição e que essa mobilidade depende de mudanças nas tensões transmi-

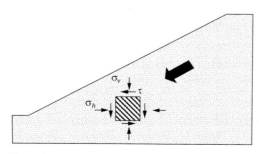

Fig. 1.2 *Superfície inclinada*

tidas aos grãos (tensões efetivas), as estimativas das tensões horizontais que anulam os deslocamentos horizontais devem ter como base as tensões efetivas. Nesse caso, dado um semiespaço infinito com superfície horizontal, a tensão efetiva horizontal pode ser determinada em função da tensão efetiva vertical (σ'_v) e do potencial de deformabilidade do solo, representado pelo coeficiente de empuxo no repouso (k_0); isto é:

$$\sigma'_h = k_0 \, \sigma'_v \tag{1.1}$$

O empuxo total passa a ser a soma da parcela efetiva e da parcela da poropressão (u):

$$\sigma_h = \underbrace{k_0 \, \sigma'_v}_{\sigma'_h} + u \tag{1.2}$$

O valor de k_0 depende de vários parâmetros geotécnicos do solo, como ângulo de atrito, índice de vazios e razão de pré-adensamento, entre outros, e situa-se na faixa entre 0,3 e 3. A Tab. 1.1 mostra valores típicos de k_0.

TAB. 1.1 VALORES TÍPICOS DE k_0

Solo	k_0
Areia fofa	0,55
Areia densa	0,40
Argila de alta plasticidade	0,65
Argila de baixa plasticidade	0,50

A determinação de k_0 pode ser feita por meio de ensaios de laboratório ou de campo ou mesmo de proposições matemáticas com base na teoria da elasticidade ou em correlações empíricas.

No laboratório, o ensaio é conduzido controlando-se as tensões aplicadas no corpo de prova, tal que $\varepsilon_h = 0$. Em uma célula triaxial de tensão controlada, por exemplo, as deformações axial (ε_{axial}) e volumétrica (ε_{vol}) são medidas e as tensões impostas devem garantir que $\varepsilon_{axial} = \varepsilon_{vol}$. Ensaios triaxiais realizados por Bishop em areias uniformes ($n = 40\%$, sendo n a porosidade) mostraram que k_0 varia com o nível de tensões e a trajetória de carregamento, como mostra a Fig. 1.3. No primeiro carregamento, k_0 permaneceu constante; já no descarregamento, k_0 variou, chegando a atingir valores superiores a 1. Com isso, prevê-se que, em solos normalmente adensados, k_0 é constante. Por outro lado, em solos pré-adensados, k_0 varia em função do grau de pré-adensamento (OCR, *over consolidation ratio*, ou RPA, razão de pré-adensamento).

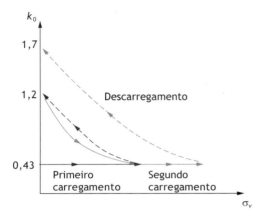

Fig. 1.3 Variação de k_0

No campo, o ensaio mais adequado para a determinação de k_0 seria o ensaio pressiométrico autoperfurante, seguido pelo ensaio dilatométrico e pelo ensaio com piezocone sísmico (Campanella; Robertson, 1986). No entanto, há que se ressaltar que a introdução de qualquer elemento na massa de solo altera a distribuição original de tensões e, portanto, o valor de k_0 medido no ensaio. Em outras palavras, a determinação experimental de k_0 está sujeita a incertezas geradas pela alteração do estado inicial de tensões e pelo amolgamento provocado pela introdução do amostrador ou do sistema de medição.

Algumas das proposições empíricas disponibilizadas na literatura estão reproduzidas no Quadro 1.1. Vale lembrar que o conceito de k_0 vale para solos sedimentares. Solos residuais e solos que sofreram transformações pedológicas posteriores apresentam tensões horizontais que dependem das tensões internas da rocha ou do processo de evolução sofrido. Nesses solos, o valor de k_0 é muito difícil de ser obtido.

Quadro 1.1 Correlações empíricas para a estimativa de k_0

Fonte	Equação	Observações
Teoria da elasticidade	$k_0 = \dfrac{\sigma'_x}{\sigma'_z} = \dfrac{\nu'}{(1-\nu')}$	$\varepsilon_x = \varepsilon_y = 0$ Dado $0,25 \leq \nu' \leq 0,45 \Rightarrow 0,33 \leq k_0 \leq 0,82$
Jaky (1944)	$k_0 = \left(1+\dfrac{2}{3}\operatorname{sen}\phi'\right)\left(\dfrac{1-\operatorname{sen}\phi'}{1+\operatorname{sen}\phi'}\right)$ Forma simplificada: $k_0 = 1 - \operatorname{sen}\phi'$	Aplicável a areias Aplicável a argilas normalmente adensadas – Bishop (1958) ϕ' = ângulo de atrito efetivo
Brooker e Ireland (1965)	$k_0 = 0,95 - \operatorname{sen}\phi'$	Aplicável a argilas normalmente adensadas ϕ' = ângulo de atrito efetivo
Alpan (1967)	$k_0 = 0,19 + 0,233 \log I_p$	I_p = índice de plasticidade

Quadro 1.1 Correlações empíricas para a estimativa de k_0 (cont.)

Fonte	Equação	Observações
Massarch (1979)	$k_0 = 0,44 + 0,42 \dfrac{I_p}{100}$	I_p = índice de plasticidade
Extensão da fórmula de Jaky	$k_0 = (1 - \operatorname{sen}\phi')(OCR)^{\operatorname{sen}\phi'}$ Forma simplificada: $k_0 = 0,5(OCR)^{0,5}$	Aplicável a argilas pré-adensadas OCR = razão de pré-adensamento
Alpan (1967)	$k_0(OC) = k_0(NC) OCR^\eta$	Aplicável a argilas pré-adensadas $k_0(OC)$ = k_0 do material pré-adensado $k_0(NC)$ = k_0 do material normalmente adensado η = constante, em regra entre 0,4 e 0,5
Holtz e Kovacs (1981)	$k_0 = 0,44 + 0,0042\, I_p$	Aplicável a argilas normalmente adensadas
Mayne e Kulhawy (1982)	$k_0 = k_{0nc}\, OCR^{\operatorname{sen}\phi'}$	Aplicável a argilas e solos granulares

1.1.2 Empuxo passivo × empuxo ativo

Nos problemas de fundações, a interação das estruturas com o solo implica a transmissão de forças predominantemente verticais. Contudo, são também inúmeros os casos em que as estruturas interagem com o solo por meio de forças horizontais, denominadas empuxo de terra. Neste último caso, as interações dividem-se em duas categorias.

A primeira categoria verifica-se quando determinada estrutura é construída para suportar um maciço de solo. Nesse caso, as forças que o solo exerce sobre as estruturas são de natureza ativa. O solo "empurra" a estrutura, que reage, tendendo a afastar-se do maciço. Na Fig. 1.4 são apresentadas duas obras desse tipo.

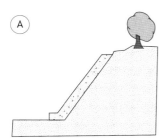
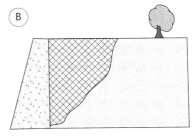

Fig. 1.4 Exemplos de obra em que os empuxos são de natureza ativa: (A) muro de proteção contra a erosão superficial; (B) muro gravidade

Na segunda categoria, ao contrário, é a estrutura que é empurrada contra o solo. A força exercida pela estrutura sobre o solo é de natureza passiva. Um caso típico desse tipo de interação solo-estrutura é o de fundações que transmitem ao maciço forças com elevada componente horizontal, como é o caso de pontes em arco (Fig. 1.5).

Em determinadas obras, a interação solo-estrutura pode englobar simultaneamente as duas categorias referidas. É o que ocorre na Fig. 1.6, em que se representa um muro-cais ancorado. As pressões do solo suportado imediatamente atrás da cortina são equilibradas pela força F_t de um tirante de aço amarrado em um ponto perto do topo da cortina e pelas pressões do solo em frente à cortina. O esforço de tração no tirante tende a deslocar a placa para a esquerda, isto é, empurra-a contra o solo, mobilizando pressões de natureza passiva de um lado e pressões de natureza ativa do lado oposto.

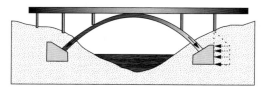

Fig. 1.5 *Ponte em arco, um exemplo de obra em que se mobilizam empuxos de natureza passiva*

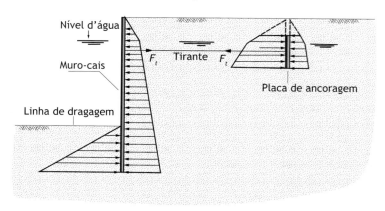

Fig. 1.6 *Muro-cais ancorado, caso em que se desenvolvem pressões ativas e passivas*

Para identificar a natureza do empuxo, basta verificar o sentido dos deslocamentos da estrutura. O empuxo ativo atua no mesmo sentido dos deslocamentos da estrutura que esse mesmo empuxo provoca. Por outro lado, o empuxo passivo atua no sentido oposto a esses deslocamentos.

O cômputo da resultante e da distribuição das pressões que o solo exerce sobre a estrutura, quer as de natureza ativa, quer as de natureza passiva, é de difícil determinação.

Como toda estrutura sofre deformações, os empuxos variam em função dos deslocamentos. A Fig. 1.7 mostra uma cortina que sofre deformações. O solo à esquerda da cortina tem seu estado de tensões horizontais aliviado (estado ativo), ao passo que, no lado direito, a magnitude das tensões é aumentada (estado passivo). Com isso, pode-se antever a seguinte relação:

$$\underbrace{\sigma'_{ha}}_{\text{condição ativa}} < \underbrace{\sigma'_{h_0} = k_0\, \sigma'_v}_{\text{repouso ou condições iniciais}} < \underbrace{\sigma'_{hp}}_{\text{condição passiva}}$$

Contudo, a avaliação do valor mínimo (caso ativo) ou máximo (caso passivo) é um problema que é usualmente resolvido por meio das teorias de estado-limite.

1.2 Estados de equilíbrio plástico

Diz-se que a massa de solo está sob equilíbrio plástico quando todos os pontos estão em situação de ruptura.

Seja uma massa semi-infinita de solo seco, não coesivo, sob condição geostática, mostrada na Fig. 1.8. Supondo que haja um deslocamento do diafragma, de comprimento infinito, para a esquerda, ocorrerá uma redução da tensão horizontal (σ_h), sem que a tensão vertical sofra qualquer variação. Se o deslocamento do diafragma prosseguir, a tensão horizontal irá reduzir ainda mais e seu limite inferior estará limitado à condição de ruptura.

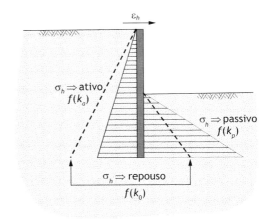

Fig. 1.7 *Empuxo em estruturas de contenção*

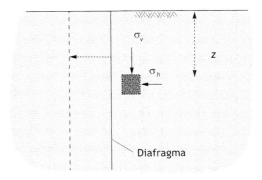

Fig. 1.8 *Massa semi-infinita sob condição geostática e sem água*

Nesse momento, a região estará em equilíbrio plástico ativo e a tensão total/efetiva horizontal ($\sigma_h = \sigma'_h = \sigma'_{ha}$) será igual a σ_3 na ruptura.

Se o diafragma deslocar-se em direção oposta, para a direita, a tensão horizontal irá aumentar até atingir seu valor máximo na ruptura (condição passiva). Nesse caso, haverá rotação de tensões principais e a região estará em equilíbrio plástico passivo, com tensão total/efetiva horizontal ($\sigma_h = \sigma'_h = \sigma'_{hp}$) igual a σ_1 na ruptura.

No caso da ocorrência de nível d'água, o comportamento do solo passa a ser regido pelas tensões efetivas. A Fig. 1.9 apresenta os estados-limite em termos de círculos de Mohr e trajetórias de tensões efetivas, sendo essas trajetórias correspondentes à mobilização dos estados-limite ativo e passivo.

- *Estado-limite ativo*: atinge-se σ'_{ha} mantendo a tensão efetiva vertical constante e diminuindo progressivamente a tensão efetiva horizontal. A ruptura ocorre em superfícies planas inclinadas de $45° + \phi'/2$ em relação ao plano vertical.

- *Estado-limite passivo*: atinge-se σ'_{hp} mantendo a tensão efetiva vertical constante e aumentando progressivamente a tensão efetiva horizontal. A ruptura ocorre em superfícies planas inclinadas de $45° - \phi'/2$ em relação ao plano vertical.

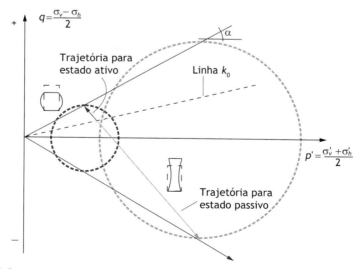

Fig. 1.9 *Círculos de Mohr e trajetórias de tensões efetivas, sendo essas trajetórias associadas aos estados-limite ativo e passivo*

1.2.1 Estados de equilíbrio plástico localizados

O conceito de estado de equilíbrio plástico foi aplicado a uma massa de solo considerada semi-infinita. A movimentação do diafragma mobilizava um estado de plastificação simultânea em todos os pontos da massa de solo, formando superfícies de ruptura planas, inclinadas de $45° \pm \phi'/2$.

Na prática, os movimentos são localizados e só produzem mudanças nas vizinhanças da estrutura de contenção. A mobilização das tensões na região afetada será função do tipo de deformação e do nível de rugosidade entre a estrutura e a massa de solo. Resultados experimentais em muros lisos mostraram que os estados de equilíbrio plástico se desenvolvem quando o deslocamento do muro é por translação ou quando há rotação pela base, como mostra a Fig. 1.10. Nesses casos, a superfície de ruptura é aproximadamente plana e com inclinação de $45° \pm \phi'/2$. Por outro lado, a rotação pelo topo gera superfície de ruptura não plana (Fig. 1.11) e os pontos de plastificação estão posicionados ao longo da superfície de ruptura; isto é, internamente, a massa de solo não atinge o limite de plastificação.

Com isso, o tipo de deslocamento da estrutura não só afeta a forma da superfície de plastificação, mas também interfere na magnitude e na distribuição das tensões. A Fig. 1.12 exibe os diagramas de empuxo para casos de solos não coesivos, para diferentes condições de deslocamento de estruturas lisas. Observa-se que, sempre que a superfície de plastificação for plana, a distribuição de empuxos também será linear. Para o caso de rotação pelo topo, a distribuição de empuxos passa a ter forma parabólica.

A hipótese de a estrutura ser lisa, ou melhor, de não haver mobilização de resistência no contato

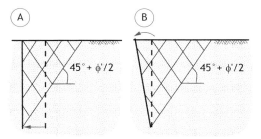

Fig. 1.10 *Condições de deformação compatíveis com estados plásticos – estrutura lisa: (A) translação; (B) rotação pela base*

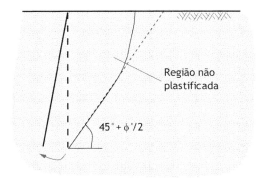

Fig. 1.11 *Rotação pelo topo – estrutura lisa*

solo-muro, raramente ocorre na prática. Com o deslocamento do muro, a cunha de solo também se desloca, criando tensões cisalhantes entre o solo e o muro, como ilustra a Fig. 1.13. No caso ativo, o peso da cunha de solo causa empuxo no muro e este é resistido pela resistência ao longo do contato solo-muro e pela resistência do solo ao longo da superfície de ruptura. Com isso, ocorre uma redução no valor do empuxo se considerada a condição em repouso. No caso passivo, acontece o processo inverso.

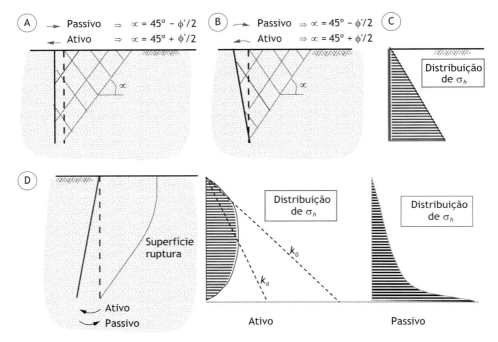

Fig. 1.12 *Distribuição de empuxos - estrutura lisa, Terzaghi e Peck (1967): (A) translação; (B) rotação pela base; (C) distribuição de empuxo; (D) rotação pelo topo*

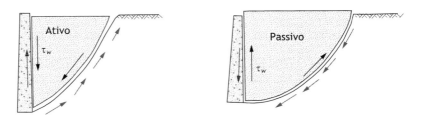

Fig. 1.13 *Tensões cisalhantes mobilizadas*

Teoria de empuxo aplicada a estruturas rígidas – muros de contenção

2

Muros são estruturas de contenção que garantem a estabilidade, basicamente, a partir do seu peso próprio. Geralmente, esse tipo de solução é utilizado para conter desníveis pequenos ou médios, inferiores a cerca de 5 m. Os muros de arrimo podem ser de vários tipos: gravidade (construídos de alvenaria, concreto, gabiões ou pneus), de flexão (com ou sem contraforte) e com ou sem tirantes. Alguns exemplos de soluções de muros de contenção são mostrados na Fig. 2.1.

2.1 Mobilização dos estados ativo e passivo

A mobilização dos estados de plastificação pressupõe haver uma movimentação da estrutura no sentido de aliviar (condição ativa) ou aumentar (condição passiva) as tensões horizontais existentes na massa de solo.

Surge, então, a seguinte questão: qual será a magnitude de deslocamento necessária para atingir a condição de plastificação?

Os deslocamentos relativos entre o muro e o solo, necessários para mobilizar os estados ativo e passivo, dependem do tipo de solo e da trajetória de tensões. A Fig. 2.2 ilustra uma variação típica do coeficiente de empuxo (k) em função do deslocamento de translação lateral de um muro rígido em relação ao retroaterro (Rowe; Peaker, 1965; Terzaghi; Peck, 1967). Pode-se notar que o movimento lateral necessário para atingir o estado ativo é muito reduzido, da ordem de 0,1% a 0,4% da altura do muro, dependendo da densidade do solo. Por exemplo, para um muro com altura H = 4 m com retroaterro de areia compacta, um deslocamento horizontal x = 4 mm é em geral suficiente para mobilizar o estado ativo. Por outro lado, a mobilização da condição de plastificação passiva requer deslocamentos do muro significativamente maiores (x = 1% a 4% H).

De certa forma, é intuitivo concluir que as deformações necessárias para mobilizar o estado ativo devem ser menores do que as necessárias para mobilizar o estado passivo. No estado ativo, o solo sofre uma solicitação de tração. No estado passivo, ocorre a compressão do solo. Os solos possuem resistência à compressão, mas não suportam esforços de tração. Sendo assim, basta um pequeno alívio de tensões horizontais para que ocorra a ruptura do solo por tração. A Tab. 2.1 apresenta as deformações mínimas necessárias para a mobilização dos estados plásticos.

Fig. 2.1 *Tipos de muros: (A) muro gravidade de concreto; (B) muro gravidade de gabião; (C) muro gravidade de solo-cimento; (D) muro gravidade de pneus; (E) muro de concreto a flexão com contrafortes*

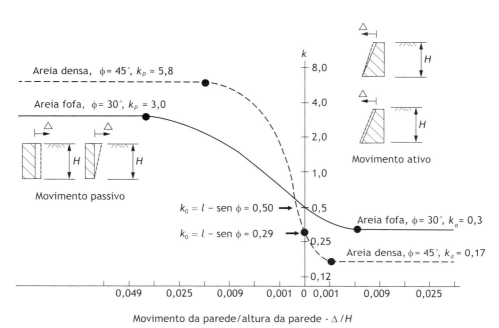

Fig. 2.2 *Variação do coeficiente de empuxo em função do movimento de translação do muro Fonte: Clough e Duncan (1991).*

TAB. 2.1 DEFORMAÇÕES MÍNIMAS PARA A MOBILIZAÇÃO DOS ESTADOS PLÁSTICOS

Solo	Estado	Movimento (Fig. 2.2)	δ/H (%)
Areia	Ativo	Translação	0,1
		Rotação da base	
	Passivo	Translação	5,0
		Rotação da base	>10
Argila	Ativo	Translação	0,4
		Rotação da base	

Fonte: Wu (1977).

2.2 TEORIA DE RANKINE

Os procedimentos clássicos utilizados para a determinação dos empuxos de terra são métodos de equilíbrio-limite. Admite-se, nesses métodos, que a cunha de solo em contato com a estrutura suporte esteja num estado de plastificação, ativo ou passivo. Essa cunha tenta deslocar-se em relação ao restante do maciço e sobre ela são aplicadas as análises de equilíbrio dos corpos rígidos.

A solução de Rankine, datada de 1857, apoia-se nas equações de equilíbrio interno do maciço; isto é, o equilíbrio de tensões entre os campos externos e internos atuantes sobre a cunha plastificada. As tensões externas são geradas por forças aplicadas na superfície do terreno e pela ação do peso próprio da cunha. As resistências mobilizadas se originam das reações que se desenvolvem na cunha como consequência das forças aplicadas e do peso próprio da cunha. Para a resolução das equações de equilíbrio, todos os pontos ao longo da superfície de deslizamento são supostos em estado-limite e as tensões se relacionam às resistências mobilizadas pelo critério de ruptura de Mohr-Coulomb. Essas equações são definidas para um elemento infinitesimal e estendidas a toda a massa plastificada por meio de um processo de integração.

A solução de Rankine, estabelecida para solos granulares e estendida por Rèsal, em 1910, para solos coesivos, constitui a primeira contribuição ao estudo das condições de equilíbrio-limite dos maciços, tendo em conta as equações de equilíbrio interno do solo. Em razão disso, essas equações são conhecidas como estados de plastificação de Rankine.

2.2.1 Formulação geral

De acordo com a teoria de Rankine, o deslocamento de uma estrutura em contato com o solo mobiliza os estados-limite de plastificação em todo o maciço, formando-se infinitas superfícies potenciais de ruptura planas.

A teoria de Rankine fundamenta-se nas seguintes hipóteses (Fig. 2.3):
- o solo é homogêneo;
- o solo é isotrópico;
- a superfície do terreno é plana;
- a ruptura acontece em todos os pontos do maciço simultaneamente;
- a ruptura ocorre sob o estado plano de deformação;
- o contato da estrutura de contenção com o solo é perfeitamente liso, isto é, não há mobilização da resistência no contato solo-muro: $\delta = 0$; essa hipótese acarreta que a direção do empuxo de terra é paralela à superfície do terreno;
- a parede da estrutura de contenção é vertical.

A teoria de Rankine considera, portanto, que os movimentos do muro são suficientes para mobilizar os estados de tensão ativo ou passivo.

Com isso, no caso do afastamento da parede (Fig. 2.4), haverá um decréscimo das tensões horizontais (δ_h), sem alteração das tensões verticais (σ_v). As tensões vertical e horizontal continuam sendo as tensões principais, máxima e mínima, respectivamente. Esse processo tem um limite, que corresponde à situação para a qual o maciço entra em equilíbrio plástico e, por maiores que sejam os deslocamentos da parede, não é possível reduzir mais o valor da tensão principal menor (σ'_{ha}). Nesse instante, o solo terá atingido a condição ativa de equilíbrio plástico e a razão entre a tensão efetiva horizontal e a vertical é dada pelo coeficiente de empuxo ativo, k_a, ou seja:

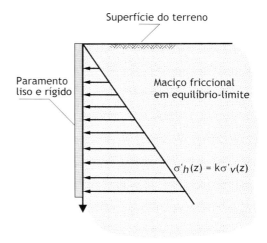

Fig. 2.3 *Hipóteses referentes à formulação da teoria de Rankine*

$$k_a = \frac{\sigma'_{ha}}{\sigma'_v} \tag{2.1}$$

Com o deslocamento da parede de encontro ao maciço (Fig. 2.4), haverá um acréscimo das tensões horizontais (σ_h). Em determinado instante, a tensão horizontal se igualará à tensão vertical, instalando-se no maciço um estado de tensões hidrostático ou isotrópico. Com a progressão dos deslocamentos, a tensão principal maior passa a ser horizontal, ou seja, ocorre uma rotação das tensões principais, até que a razão σ_h/σ_v atinja o limite superior e, consequentemente, a ruptura. Nesse caso, o solo terá atingido a condição passiva de equilíbrio plástico. Nessa condição, a razão entre a tensão efetiva horizontal e a tensão efetiva vertical é definida pelo coeficiente de empuxo passivo, k_p, ou seja:

$$k_p = \frac{\sigma'_{hp}}{\sigma'_v} \tag{2.2}$$

A Fig. 2.4 permite ainda determinar as direções das superfícies de ruptura nos estados de equilíbrio-limite ativo e passivo, ou seja, as direções dos planos onde a resistência ao cisalhamento do solo é integralmente mobilizada. Em ambos os casos, as superfícies de ruptura fazem um ângulo de 45° − ϕ'/2 com a direção da tensão principal maior (que no caso ativo é a tensão vertical, e no caso passivo, a tensão horizontal).

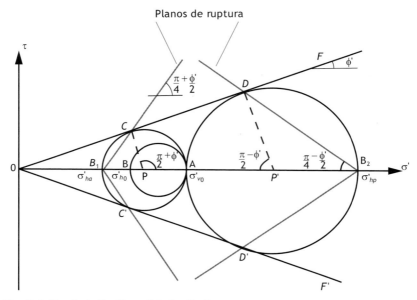

Fig. 2.4 *Teoria de Rankine - Estados-limite*

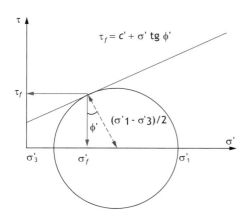

Fig. 2.5 *Círculo de Mohr para solo coesivo*

Para o caso de solo coesivo, as tensões na ruptura são calculadas substituindo-se as expressões indicadas na Fig. 2.5 na equação da envoltória de resistência de Mohr-Coulomb.

$$\tau_f = \frac{\sigma_1 - \sigma_3}{2} \cos \phi' \quad (2.3)$$

$$\sigma_f = \frac{\sigma_1 + \sigma_3}{2} - \frac{\sigma_1 - \sigma_3}{2} \operatorname{sen} \phi' \quad (2.4)$$

Com isso, chega-se a:

$$\frac{\sigma'_1 - \sigma'_3}{2} \cos \phi' = c' + \left(\frac{\sigma'_1 + \sigma'_3}{2} - \frac{\sigma'_1 - \sigma'_3}{2} \operatorname{sen} \phi' \right) \operatorname{tg} \phi' \qquad (2.5)$$

Dividindo ambos os lados por cos φ', essa expressão pode ser escrita também como:

$$\frac{\sigma'_1 - \sigma'_3}{2} = c' \cos \phi' + \left(\frac{\sigma'_1 + \sigma'_3}{2} \right) \operatorname{sen} \phi' \qquad (2.6)$$

ou

$$\frac{\sigma'_1}{2}(1 - \operatorname{sen} \phi') = c' \cos \phi' + \frac{\sigma'_3}{2}(1 + \operatorname{sen} \phi') \qquad (2.7)$$

ou

$$\sigma'_3 = -\frac{2c' \cos \phi'}{(1 + \operatorname{sen} \phi')} + \sigma'_1 \frac{(1 - \operatorname{sen} \phi')}{(1 + \operatorname{sen} \phi')} \qquad (2.8)$$

Para o estado-limite ativo ($\sigma'_v = \sigma'_1$ e $\sigma'_h = \sigma'_3$), tem-se:

$$\sigma'_{h_a} = \sigma'_v \left(\frac{1 - \operatorname{sen} \phi'}{1 + \operatorname{sen} \phi'} \right) - 2c' \sqrt{\left(\frac{1 - \operatorname{sen} \phi'}{1 + \operatorname{sen} \phi'} \right)}$$

$$\sigma'_{h_a} = \sigma'_v \, k_a - 2c' \sqrt{k_a} = \sigma'_v \, k_a - 2c' k_{ac} \qquad (2.9)$$

Para o estado-limite passivo ($\sigma'_v = \sigma'_3$ e $\sigma'_h = \sigma'_1$), tem-se:

$$\sigma'_{h_p} = \sigma'_v \left(\frac{1 + \operatorname{sen} \phi'}{1 - \operatorname{sen} \phi'} \right) + 2c' \sqrt{\left(\frac{1 + \operatorname{sen} \phi'}{1 - \operatorname{sen} \phi'} \right)}$$

$$\sigma'_{h_p} = \sigma'_v \, k_p + 2c' \sqrt{k_p} = \sigma'_v \, k_p + 2c' k_{pc} \qquad (2.10)$$

Em resumo, a teoria de Rankine envolve as relações apresentadas no Quadro 2.1.

QUADRO 2.1 EQUAÇÕES DA TEORIA DE RANKINE

Caso	Equações		Planos
Ativo	$\sigma_{h'a} = \sigma'_v \, k_a - 2c' \, k_{ac}$	$k_a = \dfrac{1 - \operatorname{sen} \phi'}{1 + \operatorname{sen} \phi'} = \operatorname{tg}^2\left(45° - \dfrac{\phi'}{2}\right)$ $k_{ac} = \sqrt{k_a}$	$\theta = 45° + \dfrac{\phi'}{2}$

Quadro 2.1 Equações da teoria de Rankine (cont.)

Caso	Equações	Planos
Passivo	$\sigma_{h'passivo} = \sigma'_v\, k_p + 2c'\, k_{pc}$ $k_p = \dfrac{1+\mathrm{sen}\,\phi'}{1-\mathrm{sen}\,\phi'} = \mathrm{tg}^2\!\left(45° + \dfrac{\phi'}{2}\right)$ $k_{pc} = \sqrt{k_p}$	$\theta = 45° - \dfrac{\phi'}{2}$

Nota: para análises em termos de tensão total ($\phi = 0$), os coeficientes de empuxo são iguais a 1 e as equações reduzem-se a:

$$\sigma_{h_a} = \sigma_v - 2S_u$$

$$\sigma_{h_p} = \sigma_v + 2S_u$$

em que S_u é a resistência não drenada.

2.2.2 Empuxo total

Solo não coesivo

O empuxo total é calculado com base na integral do diagrama de distribuição de tensões horizontais:

$$E = \int_0^z \sigma_h\, dz \quad (2.11)$$

No caso mais simples, considerando um solo homogêneo, seco, com $c' = 0$, os valores dos empuxos totais ativo (E_a) e passivo (E_p) são calculados com base na área dos triângulos ABD (Fig. 2.6) e podem ser obtidos pelas expressões:

$$E_a = \int_0^h k_a\, \gamma z\, dz = \frac{\gamma h^2 k_a}{2} \quad (2.12)$$

$$E_p = \int_0^h k_p\, \gamma z\, dz = \frac{\gamma h^2 k_p}{2} \quad (2.13)$$

Em ambos os casos, o ponto de aplicação do empuxo, caso o maciço seja homogêneo, estará a uma profundidade de $2/3h$.

Solo coesivo

No caso de solos coesivos, as tensões efetivas horizontais (σ'_{ha} e σ'_{hp}) representativas dos estados ativo e passivo incorporam uma parcela constante, dada por $-2c'k_{ac}$, para o caso ativo, e $2c'k_{pc}$, para o passivo.

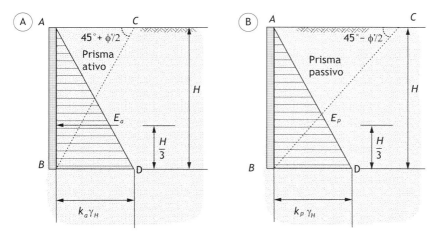

Fig. 2.6 Distribuição dos empuxos (c = 0): (A) ativo e (B) passivo

No caso ativo, a parcela negativa da expressão faz com que a distribuição de empuxos se anule a uma determinada profundidade (z_0); acima dessa profundidade, as tensões efetivas horizontais são negativas, conforme mostra a Fig. 2.7, calculada por:

$$\sigma'_{ha} = \sigma'_v \, k_a - 2c' k_{ac} = \gamma' z_0 \, k_a - 2c' k_{ac} = 0 \qquad (2.14)$$

Com isso,

$$z_0 = \frac{2c'}{\gamma' \sqrt{k_a}} \qquad (2.15)$$

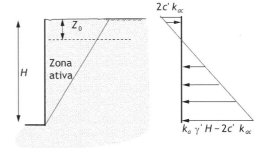

em que γ' é o peso específico em termos de tensões efetivas; isto é, no caso de nível d'água hidrostático coincidente com a superfície, γ' é igual ao peso específico submerso ($\gamma' = \gamma_{sub}$).

Fig. 2.7 Distribuição de empuxos ativos (c' ≠ 0) em caso de solo sem água e sem sobrecarga

O empuxo ativo é dado, portanto, pela resultante da distribuição das tensões horizontais:

$$E_a = \int_0^H \left(k_a \, \sigma'_v - 2c' k_{ac} \right) dz = \int_0^H \left(k_a \, \gamma' H - 2c' k_{ac} \right) dz = \frac{\gamma H^2 k_a}{2} - 2c' H k_{ac} \quad (2.16)$$

Como mostra a Fig. 2.7, pelo fato de a região superficial apresentar tensões efetivas negativas ($z < z_0$), haverá uma profundidade em que a resultante de empuxo ativo será nula. Caso o solo seja capaz de resistir às tensões trativas, escavação vertical poderá ser considerada estável até uma profundidade (h_c), correspondente ao dobro de z_0 (Eq. 2.15); isto é:

$$E_a = \frac{\gamma h_c^2 k_a}{2} - 2c' h_c k_{ac} = 0 \qquad (2.17)$$

em que:

$$h_c = \frac{4c'\sqrt{k_a}}{\gamma' k_a} = \frac{4c'}{\gamma'\sqrt{k_a}} \qquad (2.18)$$

Entretanto, os modos de deformação devido à descompressão acarretam superfícies não planas. Como consequência, a teoria de estado-limite de Rankine, que pressupõe superfície de ruptura plana, não é mais válida. Adicionalmente, na presença de esforços de tração, muitos solos sofrem trinca. Fazendo o equilíbrio da cunha mostrada na Fig. 2.8, em que (Wu, 1977):

$$C = c' \frac{H - z_T}{\cos\left(45° - \frac{\phi'}{2}\right)} \qquad (2.19)$$

$$W = \frac{1}{2}\gamma(H + z_T)(H - z_T)\operatorname{tg}\left(45° - \frac{\phi'}{2}\right) = \frac{1}{2}\gamma\left(H^2 + z_T^2\right)\operatorname{tg}\left(45° - \frac{\phi'}{2}\right) \quad (2.20)$$

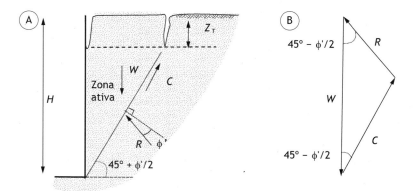

Fig. 2.8 *Altura crítica em cortes com trinca: (A) esforços atuantes; (B) equilíbrio de forças*

Por equilíbrio:

$$W = 2C \cos\left(45° - \frac{\phi'}{2}\right) \quad (2.21)$$

Com isso:

$$H = \frac{4c'}{\gamma} \text{tg}\left(45° + \frac{\phi'}{2}\right) - z_T \quad (2.22)$$

Assumindo que a profundidade da trinca se iguale à profundidade da região de tração ($z_0 = z_T$), tem-se que:

$$H_c = \frac{2c'}{\gamma} \text{tg}\left(45° + \frac{\phi'}{2}\right) \quad (2.23)$$

Alternativamente, dado que a profundidade da trinca usualmente não ultrapassa a metade da altura da região de tração ($\frac{z_0}{2} \geq z_T$), Terzaghi (1943) sugeriu que a altura crítica seja definida por:

$$h_c = \frac{2{,}67 c'}{\gamma' \sqrt{k_a}} \quad (2.24)$$

ou, em termos de tensão total:

$$h_c = \frac{2{,}67 S_u}{\gamma} \quad (2.25)$$

É importante observar que a região de tração não deve ser considerada em projeto, já que reduz o valor do empuxo. Ao contrário, pode-se assumir que a sua existência acarrete um incremento de empuxo devido à presença de água na trinca.

Há, portanto, duas alternativas de distribuição de empuxo para projeto. A opção do uso do diagrama aproximado elimina a região de tração (Fig. 2.9A), ao passo que a outra opção (Fig. 2.9B) é mais conservativa e combina o diagrama aproximado com o empuxo da água preenchendo a trinca de tração.

Caso houvesse água no terreno, o empuxo ativo seria acrescido da parcela do empuxo de água.

No caso passivo, a distribuição de empuxos está apresentada na Fig. 2.10, e o empuxo é obtido por meio de:

$$E_p = \int_0^H \left(k_p \sigma'_v + 2c'k_{pc}\right)dz = \int_0^H \left(k_p \gamma' H + 2c'k_{pc}\right)dz = \frac{\gamma' H^2 k_p}{2} + 2c'Hk_{pc} \quad (2.26)$$

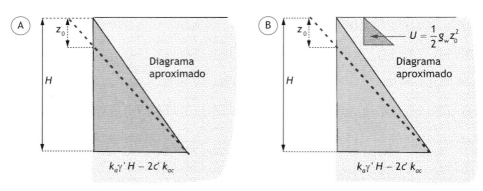

Fig. 2.9 Distribuições de empuxos ativos sugeridas para projeto ($c' \neq 0$): (A) diagrama aproximado; (B) diagrama aproximado parcial combinado com o empuxo da água preenchendo a trinca de tração
Fonte: Bowles (1997).

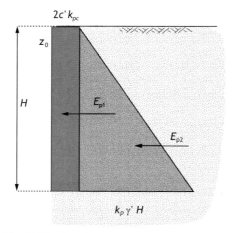

Fig. 2.10 Distribuição de empuxos passivos ($c \neq 0$)

Convém ressaltar que as expressões de empuxo são válidas para solo homogêneo e que o empuxo total é calculado por metro linear.

Exemplo 2.1 Diagrama de empuxos em solos coesivos

Para uma parede de 6,5 m de altura, calcular as resultantes de empuxo ativo e seus respectivos pontos de aplicação, considerando as diferentes hipóteses associadas à presença de trinca de tração. Parâmetros do solo: $\phi' = 25°$, $c' = 10$ kPa e $\gamma = 17{,}5$ kN/m³.

Solução

$$k_a = \frac{1-\operatorname{sen} \phi'}{1+\operatorname{sen} \phi'} = \operatorname{tg}^2\left(45° - \frac{\phi'}{2}\right) = 0{,}41$$

$$k_{ac} = \sqrt{k_a} = 0{,}64$$

O Quadro 2.2 apresenta as resultantes de empuxo ativo e seus respectivos pontos de aplicação.

QUADRO 2.2 RESULTANTES DE EMPUXO ATIVO E SEUS RESPECTIVOS PONTOS DE APLICAÇÃO

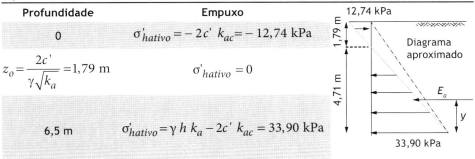

Profundidade	Empuxo
0	$\sigma'_{hativo} = -2c' \, k_{ac} = -12{,}74$ kPa
$z_o = \dfrac{2c'}{\gamma\sqrt{k_a}} = 1{,}79$ m	$\sigma'_{hativo} = 0$
6,5 m	$\sigma'_{hativo} = \gamma\, h\, k_a - 2c'\, k_{ac} = 33{,}90$ kPa

i. Desprezando a zona de tração

$$E_a = \frac{33{,}90 \times 4{,}71}{2} = 79{,}35 \text{ kN/m}$$

$$\overline{y} = \frac{4{,}71}{3} = 1{,}57 \text{ m}$$

ii. Usando o diagrama aproximado

$$E_a = \frac{33{,}90 \times 6{,}5}{2} = 110{,}18 \text{ kN/m}$$

$$\overline{y} = \frac{6{,}5}{3} = 2{,}17 \text{ m}$$

iii. Considerando a saturação da trinca associada ao diagrama aproximado

$$E_a = 110{,}18 \text{ kN/m} + \frac{9{,}81(1{,}79)^2}{2} = 125{,}9 \text{ kN/m}$$

$$\overline{y} = \frac{110{,}18 \times 2{,}17 + 15{,}72 \times 5{,}31}{125{,}9} = 2{,}56 \text{ m}$$

Para esse exemplo, não houve diferença significativa entre as soluções com o diagrama aproximado.

Maciços com nível freático

No caso da existência de um nível freático, o problema pode ser resolvido adicionando-se a parcela da água, isto é:

$$E_a = \int_0^H \left(k_a\, \sigma'_v - 2c'k_{ac} \right) dz + \int_0^H u(z)\, dz \quad (2.27)$$

Na condição estática de poropressão, o empuxo ativo é dado por:

$$E_a = \left[\frac{\gamma' H^2 k_a}{2} - 2c'H k_{ac} \right] + \frac{\gamma_w H_w^2}{2} \quad (2.28)$$

em que γ_w é o peso específico da água, e H_w, a altura da coluna d'água. Cabe observar que, descontando a parcela de coesão, a parcela referente ao empuxo de água $\left(\frac{\gamma_w H_w^2}{2}\right)$ se assemelha ao primeiro termo da parcela de empuxo causado pelos sólidos $\left(\frac{\gamma' H^2 k_a}{2}\right)$, a menos do coeficiente de empuxo ativo k_a. Uma vez que k_a é sempre menor que 1, a tensão efetiva horizontal é sempre uma parcela da tensão efetiva vertical. Por outro lado, em face da condição hidrostática, a pressão da água é integralmente transmitida na direção horizontal; em outras palavras, o coeficiente de empuxo da água é sempre igual a 1 ($[k_a]_{água} = 1$).

No caso de condição passiva, o cálculo do empuxo torna-se:

$$E_p = \int_0^H \left(k_p\, \sigma'_v + 2c'k_{pc} \right) + \int_0^H u(z)\, dz \quad (2.29)$$

Alternativamente, a solução pode ser obtida admitindo-se a existência de dois estratos, um acima do nível freático, de peso específico γ, e outro abaixo do nível freático, estático, de peso específico γ_{sub}, como mostra a Fig. 2.11. O diagrama (A) é referente ao solo acima do nível freático. A tensão horizontal cresce com a profundidade até a altura do nível d'água. A partir daí, o diagrama permanece constante, já que o estrato superior pode ser considerado como uma sobrecarga uniformemente distribuída de valor $k\gamma (H - H_w)$. O diagrama (B) refere-se ao solo abaixo do nível freático. O diagrama (C) é o das pressões hidrostáticas.

Ressalta-se que, uma vez que se trata do mesmo solo, o diagrama resultante apresenta uma quebra no nível freático, mas não uma descontinuidade.

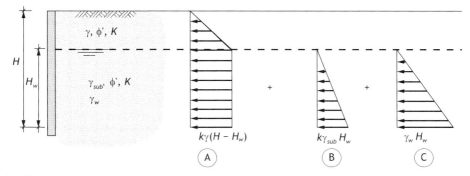

Fig. 2.11 *Aplicação do método de Rankine: (A) diagrama referente ao solo acima do nível freático; (B) diagrama referente ao solo abaixo do nível freático; (C) diagrama das pressões hidrostáticas*

2.2.3 Casos particulares

Maciço com superfície inclinada

Considere-se um maciço não coesivo com uma superfície inclinada de ângulo β em relação à horizontal. Supondo um elemento a uma determinada profundidade (z), com os lados verticais e topo e base inclinados de β, assume-se que a tensão vertical (σ'_z) e os empuxos ativo (E_a) e passivo (E_p) atuem também a uma inclinação β, conforme apresentado na Fig. 2.12. Como essas tensões não são normais aos seus próprios planos, elas não são tensões principais.

Levando em conta que a tensão vertical em um elemento, a uma profundidade z, seja dada pelo somatório dos pesos acima desse nível, dividido pela área da base do elemento, de largura unitária, com inclinação β com a horizontal, isto é:

$$\sigma_z = \frac{F}{A} = \frac{\gamma\, z\, b \cos \beta}{b} = \gamma\, z \cos \beta \qquad (2.30)$$

Decompondo nas direções normal e tangencial, têm-se:

$$\begin{aligned}\sigma_n &= \gamma\, z \cos^2 \beta \\ \tau_n &= \gamma\, z \cos \beta \operatorname{sen} \beta\end{aligned} \qquad (2.31)$$

Verifica-se que a distância *OA* (Fig. 2.12C) é uma representação gráfica da tensão vertical (σ_z), já que:

$$\sigma_n = OA \cos \beta \qquad (2.32)$$

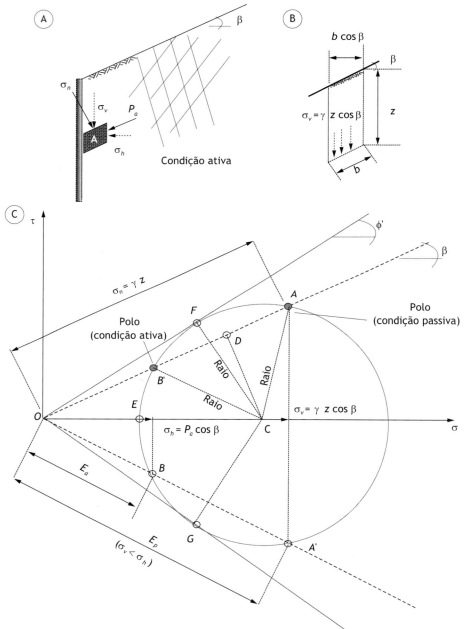

Fig. 2.12 Aplicação do método de Rankine a maciços com superfície inclinada: (A) tensões atuantes no elemento A; (B) tensão vertical em elemento inclinado; (C) tensões determinadas no círculo de Mohr
Fonte: Craig (1974).

Se a condição de movimentação do solo mobilizar o equilíbrio plástico, haverá um círculo de Mohr passando pelo ponto A e tangenciando a envoltória de ruptura.

Passando-se pelo ponto A uma reta inclinada de β, encontra-se a posição do polo (mostrado na figura pelo ponto B'), e, consequentemente, a reta vertical que cruza o polo define o valor da tensão normal (σ_h) atuante no plano vertical.

O empuxo (E_a), paralelo à superfície do terreno, fica então definido pela distância OB, posto que:

$$\sigma_h = E_a \cos \beta \qquad (2.33)$$

Com isso, estendendo o conceito do coeficiente de empuxo para a condição de superfície inclinada, chega-se a:

$$E_a = k_a \sigma_z \qquad (2.34)$$

Pela Fig. 2.12, verifica-se que:

$$k_a = \frac{E_a}{\sigma_z} = \frac{\overline{OB'}}{\overline{OA}} = \frac{\overline{OD} - \overline{B'D}}{\overline{OD} + \overline{AD}} \qquad (2.35)$$

Mas $\overline{B'D} = \overline{AD}$, então:

$$k_a = \frac{\overline{OD} - \overline{AD}}{\overline{OD} + \overline{AD}} \qquad (2.36)$$

Observando que:

$$\begin{aligned} OD &= OC \cos \beta \\ AC &= FC = \text{raio} \\ DC &= OC \, \text{sen} \, \phi \end{aligned} \qquad (2.37)$$

E que, com base no triângulo CDA, tem-se:

$$AC^2 = AD^2 + CD^2$$
$$\text{ou} \qquad (2.38)$$
$$AD = FC = \sqrt{\left(OC^2 \, \text{sen}^2 \, \phi - OC^2 \, \text{sen}^2 \, \beta\right)}$$

Chega-se à equação do coeficiente de empuxo ativo para a condição de terreno inclinado:

$$K_a = \frac{\cos\beta - \sqrt{\cos^2\beta - \cos^2\phi}}{\cos\beta + \sqrt{\cos^2\beta - \cos^2\phi}} \quad (2.39)$$

Na condição passiva, a tensão vertical é representada pela distância OB' (Fig. 2.12C). O círculo de Mohr representando o estado de tensões induzido pela compressão lateral do solo deve passar pelo ponto B'. O empuxo passivo é representado pela linha AO'. Analogamente:

$$K_p = \frac{\cos\beta + \sqrt{\cos^2\beta - \cos^2\phi}}{\cos\beta - \sqrt{\cos^2\beta - \cos^2\phi}} \quad (2.40)$$

Assim sendo, as distribuições de empuxo ativo e passivo, atuando paralelamente ao talude, são dadas por:

$$E_a = \gamma z \cos\beta \frac{\cos\beta - \sqrt{\cos^2\beta - \cos^2\phi}}{\cos\beta + \sqrt{\cos^2\beta - \cos^2\phi}} = \gamma z k_{a_\beta} \quad (2.41)$$

$$E_p = \gamma z \cos\beta \frac{\cos\beta + \sqrt{\cos^2\beta - \cos^2\phi}}{\cos\beta - \sqrt{\cos^2\beta - \cos^2\phi}} = \gamma z k_{p_\beta} \quad (2.42)$$

Superfície e face da estrutura de contenção inclinadas
As equações da teoria de Rankine são válidas para situações em que o empuxo atua em superfícies verticais, isto é, estruturas de contenção com face interna vertical, sem qualquer rugosidade.

Caso a face da estrutura não seja vertical, a componente de empuxo terá seu valor e direção afetados. Assumindo uma inclinação λ com a vertical, o valor do empuxo ativo (E_a) passa a ser representado pela distância OB_1, e o passivo (E_p), pela distância OB_2, como mostra a Fig. 2.13. Com isso, chegam-se às seguintes expressões (Craig, 1974):

$$E_a = \gamma z \cos\beta \frac{\sqrt{1 + \operatorname{sen}^2\phi - 2\operatorname{sen}\phi' \cos\theta_a}}{\cos\beta + \sqrt{\operatorname{sen}^2\phi' - \operatorname{sen}^2\beta}} = \gamma z k_{a_{\beta\lambda}} \quad (2.43)$$

$$E_p = \gamma\, z \cos\beta \frac{\sqrt{1+\mathrm{sen}^2\,\phi - 2\,\mathrm{sen}\,\phi'\cos\theta_p}}{\cos\beta - \sqrt{\mathrm{sen}^2\phi' - \mathrm{sen}^2\beta}} = \gamma\, z\, k_{p_{\beta\lambda}} \quad (2.44)$$

em que:

$$\theta_a = \mathrm{sen}^{-1}\left(\frac{\mathrm{sen}\,\beta}{\mathrm{sen}\,\phi'}\right) - \beta + 2\lambda \quad (2.45)$$

$$\theta_p = \mathrm{sen}^{-1}\left(\frac{\mathrm{sen}\,\beta}{\mathrm{sen}\,\varphi'}\right) + \beta - 2\lambda \quad (2.46)$$

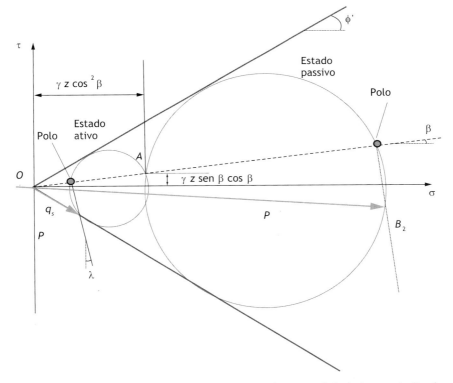

Fig. 2.13 *Método de Rankine para maciços com parede e superfície do terreno inclinadas*
Fonte: Fernandes (2014).

Há que se ressaltar que, quando a face da estrutura de contenção e a superfície do terreno são inclinadas, a altura da massa de solo que causa

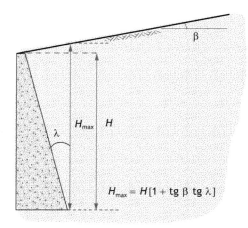

Fig. 2.14 *Altura da massa para fins de cálculo de empuxo*

empuxo torna-se maior do que a altura da estrutura, como ilustra a Fig. 2.14.

Sobrecarga uniforme

Se existe uma sobrecarga uniformemente distribuída (Δq) aplicada na superfície do terreno (Fig. 2.15), a tensão vertical em qualquer ponto do maciço aumenta naturalmente. Com isso, as equações de empuxo ativo e passivo passam a incorporar uma parcela adicional dada por $k\Delta q$; isto é, para a condição ativa:

$$E_a = \int_0^h \left(k_a \underbrace{\left[\gamma' h + \Delta q \right]}_{\sigma'_v} - 2c' k_{ac} \right) dz = \frac{\gamma' h^2 k_a}{2} - 2c' h k_{pc} + k_a \, \Delta q h \quad (2.47)$$

E, para a condição passiva:

$$E_p = \int_0^h \left(k_p \underbrace{\left[\gamma' h + \Delta q \right]}_{\sigma'_v} + 2c' k_{pc} \right) dz = \frac{\gamma' h^2 k_p}{2} + 2c' h k_{pc} + k_p \, \Delta q h \quad (2.48)$$

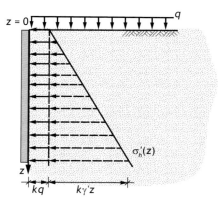

Fig. 2.15 *Aplicação do método de Rankine a casos com sobrecarga uniforme (c' = 0)*

em que γ' é o peso específico do solo (em termos efetivos). Com isso, verifica-se que a existência de uma sobrecarga uniformemente distribuída na superfície do terreno implica o acréscimo de um diagrama retangular de tensões. O efeito da sobrecarga pode ser também considerado como uma altura equivalente de aterro, conforme pode ser observado na Fig. 2.15.

Maciços estratificados

Considere-se o maciço estratificado ilustrado na Fig. 2.16. Cada estrato apresenta um valor de peso específico (γ) e ângulo de atrito (ϕ'); consequentemente, cada estrato possui um valor de coeficiente de empuxo (K) distinto.

A tensão horizontal no ponto imediatamente acima da superfície de separação dos estratos é calculada por:

$$\sigma'_h = k_1\,\gamma_1\,h_1 \quad (2.49)$$

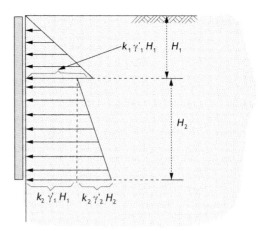

Fig. 2.16 Exemplo de aplicação do método de Rankine a maciços estratificados ($c' = 0$)

No cálculo das tensões para as profundidades correspondentes ao estrato 2, o estrato 1 pode ser considerado como uma sobrecarga uniformemente distribuída de valor ($k_2\,\gamma_1\,h_1$), dando origem a um diagrama retangular. Esse diagrama se soma ao das tensões associadas ao estrato 2; isto é:

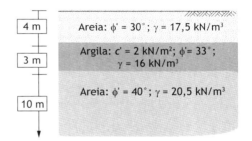

Fig. 2.17 Perfil geotécnico

$$\sigma'_h = \underbrace{k_2\,\gamma_1\,h_1}_{\substack{\text{parcela}\\\text{do solo 1}}} + \underbrace{k_2\,\gamma_2\,h_2}_{\substack{\text{parcela}\\\text{do solo 2}}} \quad (2.50)$$

Ressalta-se que, pelo fato de os coeficientes de empuxo serem diferentes nas diversas camadas, o diagrama resultante apresenta uma descontinuidade nas profundidades de separação dos estratos. Nesse caso, o ponto de aplicação do empuxo deve ser calculado com base no equilíbrio das forças resultantes de cada um dos diagramas.

Exemplo 2.2 Diagrama de empuxo em solo estratificado

Dado o perfil da Fig. 2.17, plotar as distribuições de tensão horizontal correspondentes às condições ativa e passiva e calcular os empuxos totais.

Solução
A Tab. 2.2 apresenta o cálculo dos coeficientes de empuxo, e a Fig. 2.18, o diagrama de empuxos.

TAB. 2.2 CÁLCULO DOS COEFICIENTES DE EMPUXO

Solo	$k_a = \text{tg}^2\left(45° - \phi'/2\right)$	$k_p = \text{tg}^2\left(45° + \phi'/2\right)$
Areia (ϕ = 30°)	0,33	3,00
Argila	0,29	3,39
Areia (ϕ = 40°)	0,21	4,59

Profundidade - 4 m

$\sigma_v = 17,5 \times 4 = 70 \text{ kN/m}^2$

solo 1 $\quad \sigma_{ha1} = 70 \times 0,33 = 23,1 \text{ kN/m}^2$

$\sigma_{pa1} = 70 \times 3 = 210 \text{ kN/m}^2$

solo 2 $\quad \sigma_{ha} = 20,3 - 4\sqrt{0,29} = 18,14 \text{ kN/m}^2$

$\sigma_{pa} = 237,3 + 4\sqrt{3,39} = 244,67 \text{ kN/m}^2$

Profundidade - 7 m

$\sigma_v = 17,5 \times 4 + 16 \times 3 = 118 \text{ kN/m}^2$

solo 1 $\quad \sigma_{ha1} = (70+48)0,29 - 2 \times 2\sqrt{0,29} = 32,06 \text{ kN/m}^2$

$\sigma_{pa1} = 237,3 + 2 \times 2\sqrt{3,39} + 48 \times 3,39 = 407,30 \text{ kN/m}^2$

solo 2 $\quad \sigma_{ha2} = (70+48)0,21 = 24,78 \text{ kN/m}^2$

$\sigma_{pa2} = (70+48)4,59 = 541,62 \text{ kN/m}^2$

Profundidade - 17 m

$\sigma_{ha} = (70+48+20,5 \times 10)0,21 = 67,83 \text{ kN/m}^2$

$\sigma_{pa} = (70+48+20,5 \times 10)4,59 = 1.482,57 \text{ kN/m}^2$

Fig. 2.18 Diagrama de empuxos

Cálculo do empuxo total – condição ativa

$$E_a = \frac{23{,}1 \times 4}{2} + 18{,}14 \times 3 + \frac{(32{,}06 - 18{,}14)\,3}{2} + 24{,}78 \times 10 +$$
$$+ \frac{(67{,}83 - 24{,}78)\,10}{2} = 584{,}55 \text{ kN/m}$$

Cálculo do empuxo total – condição passiva

$$E_p = \frac{210 \times 4}{2} + 244{,}67 \times 3 + \frac{(407{,}3 - 244{,}67)\,3}{2} + 541{,}62 \times 10 +$$
$$+ \frac{(1.482{,}54 - 541{,}62)\,10}{2} = 11.518{,}75 \text{ kN/m}$$

Exemplo 2.3 *Maciço com nível d'água e sobrecarga*
As condições de solo adjacente a uma cortina estão dadas na Fig. 2.19.
Plotar as distribuições de empuxo ativo e passivo.

Solução

$$\sigma_{h_{ativo}} = \sigma'_v\, k_a - 2c'\sqrt{k_a} + q\, k_a + u$$

$$\sigma_{h_{passivo}} = \sigma'_v\, k_p + 2c'\sqrt{k_p} + q\, k_p + u$$

A Tab. 2.3 apresenta o cálculo dos coeficientes de empuxo, e a Fig. 2.20, o diagrama de empuxos.

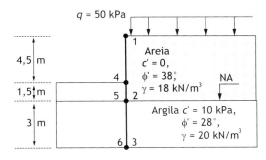

Fig. 2.19 *Perfil de solo e parâmetros*

Tab. 2.3 Cálculo dos coeficientes de empuxo

Areia	$k_a = \dfrac{1 - \text{sen}\,\phi'}{1 + \text{sen}\,\phi'} = \text{tg}^2\left(45° - \dfrac{\phi'}{2}\right) = 0{,}24$
	$k_p = \dfrac{1}{k_a} = 4{,}17$
Argila	$k_a = \dfrac{1 - \text{sen}\,\phi'}{1 + \text{sen}\,\phi'} = \text{tg}^2\left(45° - \dfrac{\phi'}{2}\right) = 0{,}36$
	$k_p = \dfrac{1}{k_a} = 2{,}78$

TAB. 2.3 Cálculo dos coeficientes de empuxo (cont.)

Ponto	σ'_v	$k_a \sigma'_v$	$k_p \sigma'_v$	$2c\sqrt{k_a}$	$2c\sqrt{k_p}$	$k_a q$	u	σh
1	0	0	-	-	-	12	-	12
2	18 × 6 = 108	25,92	-	-	-	12	-	37,92
2	108	38,88	-	12	-	18	-	44,9
3	108 + 10 × 3 = 138	49,68	-	12	-	18	30	85,7
4	0	-	0	-	-	-	-	0
5	1,5 × 18 = 27	-	112,59	-	-	-	-	112,6
5	27	-	75,06	-	33,35	-	-	108,4
6	27 + 10 × 3 = 57	-	158,46	-	33,35	-	30	221,8

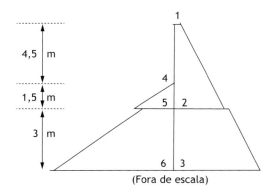

Fig. 2.20 *Diagrama de empuxos*

2.3 Teoria de Coulomb

2.3.1 Empuxo passivo

Para determinar os empuxos, arbitram-se superfícies de deslizamento, que delimitam cunhas de solo adjacentes à parede. Com base no equilíbrio das forças atuantes em cada cunha de solo, calcula-se o valor da força que a estrutura deve exercer sobre o maciço para provocar o deslizamento da cunha de empuxo passivo.

No caso do empuxo passivo, os sentidos dos deslocamentos relativos entre a cunha e o restante do maciço e entre a cunha e o muro são invertidos com relação ao ativo. Nesse caso, as forças E_p e R situam-se do outro lado da normal à superfície de deslizamento e da normal à parede, como pode ser observado na Fig. 2.21.

Na cunha de solo ABC, atuam três forças: E_p, W e R. A força W engloba o peso do solo e de eventuais sobrecargas no terreno e pode ser estimada por:

$$W = \frac{\gamma H^2}{2 \operatorname{sen}^2 \alpha} \left[\operatorname{sen}(\alpha + \theta) \frac{\operatorname{sen}(\alpha + \beta)}{\operatorname{sen}(\theta - \beta)} \right] \quad (2.51)$$

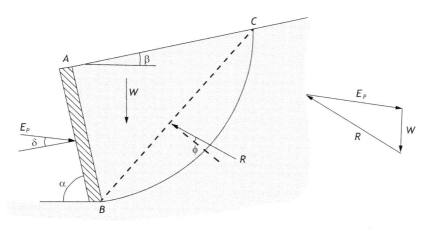

Fig. 2.21 *Empuxo passivo (poropressão nula)*

Analogamente ao empuxo ativo, aplicando-se a lei de senos no polígono (Fig. 2.21), tem-se:

$$\frac{P_p}{\text{sen}(\theta+\phi)} = \frac{W}{\text{sen}(180°-\alpha-\theta-\phi-\delta)} \quad (2.52)$$

ou

$$P_p = \frac{W\text{sen}(\theta+\phi)}{\text{sen}(180°-\alpha-\theta-\phi-\delta)} \quad (2.53)$$

$$P_p = \frac{\gamma H^2}{2}\left[\text{sen}(\alpha+\theta)\frac{\text{sen}(\alpha+\beta)}{\text{sen}(\theta-\beta)}\right]\frac{\text{sen}(\theta+\phi)}{\text{sen}(180°-\alpha-\theta-\phi-\delta)} \quad (2.54)$$

Derivando a equação anterior:

$$\frac{dP_p}{d\theta} = 0 \quad (2.55)$$

Chega-se a:

$$E_p = \frac{1}{2}\gamma H^2 k_p \quad (2.56)$$

em que:

$$k_p = \frac{\operatorname{sen}^2(\alpha-\phi)}{\operatorname{sen}^2\alpha\,\operatorname{sen}(\alpha+\delta)\left[1-\sqrt{\dfrac{\operatorname{sen}(\phi+\delta)\operatorname{sen}(\phi+\beta)}{\operatorname{sen}(\alpha+\delta)\,\operatorname{sen}(\alpha+\beta)}}\,\right]^2} \qquad (2.57)$$

Se $\beta = \delta = 0$ e $\alpha = 90°$, a equação simplifica-se e iguala-se à de Rankine:

$$E_p = \frac{\gamma H^2(1+\operatorname{sen}\phi)}{2(1-\operatorname{sen}\phi)} = \frac{\gamma H^2}{2}\operatorname{tg}^2\left(45°+\frac{\phi}{2}\right) \qquad (2.58)$$

Analogamente à condição ativa, se a superfície do terrapleno é horizontal ou apresenta uma inclinação constante e não há sobrecarga, a distribuição de empuxos pode ser considerada triangular. Caso contrário, deve-se observar as recomendações para sobrecarga.

Exemplo 2.4 *Empuxo passivo - teoria de Coulomb*

Dada uma estrutura de 5 m de altura, montar o diagrama de força passiva para a superfície mostrada na Fig. 2.22, cuja distância entre os pontos *A* e *E* é de 15 m, considerando os seguintes parâmetros do solo: $\gamma = 20$ kN/m³, $\phi' = 30°$ e $c' = 10$ kPa.

Solução

Para os parâmetros solo-muro, será considerado $c_w = c'/2$ e $\delta = \phi'/2$.

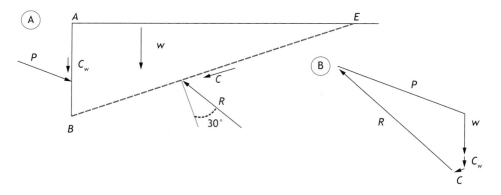

Fig. 2.22 *Cálculo do empuxo passivo: (A) esforços atuantes; (B) equilíbrio de forças*

O resultado obtido é apresentado na Tab. 2.4.

Tab. 2.4 Resultado

Peso da cunha	750 kN/m
C	158,1 kN/m
C_w	25 kN/m
E_p	1.670 kN/m

Exemplo 2.5 *Empuxo ativo - teoria de Coulomb (Navfac, 1986)*

Determinar a metodologia de cálculo do empuxo ativo levando em conta superfície do terreno irregular, sobrecarga distribuída e perfil heterogêneo, como ilustra a Fig. 2.23.

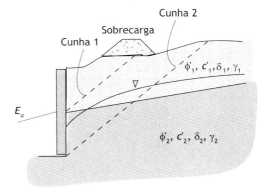

Fig. 2.23 *Geometria analisada*

Solução

A solução é feita em duas etapas:

i. Etapa A: estimativa do empuxo devido à camada de solo 1 (Fig. 2.24)
   a. estabelece-se uma determinada cunha de ruptura;
   b. calcula-se o empuxo gerado na parede por equilíbrio de forças;
   c. repete-se o processo até se obter o maior valor de P_{a1}.

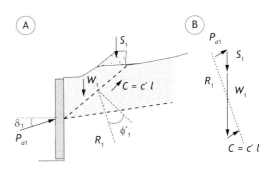

Fig. 2.24 *Análise do solo 1: (A) esforços atuantes; (B) equilíbrio de forças*

ii. Etapa B: estimativa do empuxo devido à cunha 2 (Fig. 2.25)
   a. estabelece-se uma cunha de ruptura passando pelos solos 1 e 2;
   b. calcula-se o equilíbrio da cunha superior (solo 1) e o empuxo (X) que essa cunha (b) aplica sobre a cunha a;
   c. calcula-se o equilíbrio da cunha b introduzindo a resultante (x) e o P_{a1} obtido na etapa anterior;
   d. repete-se o processo até se obter o maior valor de P_{a2}.

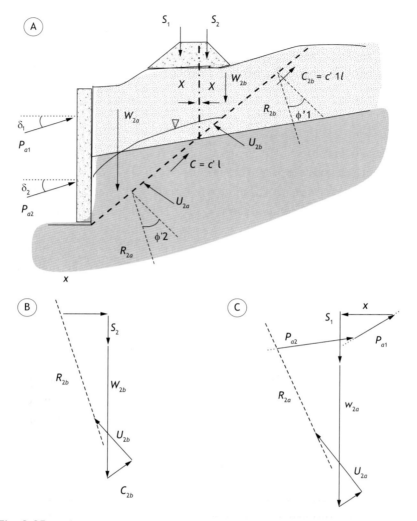

Fig. 2.25 *Análise da cunha 2: (A) esforços atuantes; (B) equilíbrio de forças - cunha b, solo 1; (C) equilíbrio de forças - cunha a, solo 2*

A distribuição de empuxo pode ser estimada com base nos diagramas equivalentes às componentes horizontais dos empuxos, conforme mostra a Fig. 2.26.

2.3.2 Influência do atrito solo-muro

A teoria de Rankine tem como hipótese a inexistência de mobilização da resistência no contato solo-estrutura de contenção. Essa condição raramente acontece na prática. Com o deslocamento do muro, a cunha de solo também se desloca, criando tensões cisalhantes entre o solo e o muro.

No caso ativo (Fig. 1.13), o peso da cunha de solo causa empuxo no muro e este será resistido pelo atrito ao longo do contato solo-muro e pela resistência do solo ao longo da

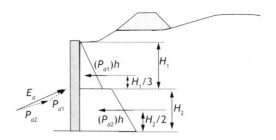

Fig. 2.26 *Distribuição de empuxos*

superfície de ruptura. Com isso, ocorre uma redução no valor do empuxo se considerada a condição em repouso. No caso passivo, acontece o processo inverso.

Haverá, portanto, rotação das tensões principais, que antes atuavam nas direções vertical e horizontal, e a resultante de empuxo terá uma inclinação δ, relativa ao ângulo de atrito entre solo e estrutura. Adicionalmente, a superfície de ruptura passa a ter uma curvatura, como ilustra a Fig. 2.27. Observa-se, entretanto, que a curvatura é mais acentuada para a situação passiva; isto é, a rugosidade do contato da parede pouco afeta a condição ativa e, com isso, a superfície de ruptura pode ser admitida como reta. Essa constatação irá possibilitar, em algumas situações, a adoção da teoria de Rankine para a estimativa do empuxo ativo, mesmo em estruturas rugosas, bastando considerar sua resultante inclinada do valor do ângulo de atrito solo-muro.

2.3.3 Hipóteses e formulação geral

A solução do problema de previsão do empuxo de terra deveria considerar as condições iniciais de tensões, a relação tensão-deformação do solo e as condições de

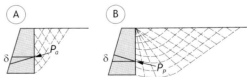

Fig. 2.27 *Curvatura da superfície de ruptura: (A) caso ativo; (B) caso passivo*

contorno que descrevem a interação solo-estrutura. No entanto, em face da sua complexidade, na prática adotam-se métodos simplificados, como é o método do equilíbrio-limite. Com base nesse método, Coulomb, em 1776, anteriormente a Rankine, propôs o cálculo do empuxo a partir do equilíbrio de forças de uma cunha de solo, em condição-limite, definida pela superfície do terreno, pela face da estrutura de contenção (muro ou parede) e por uma superfície de ruptura inclinada, plana, ligando a base da estrutura à superfície do terreno. Assim sendo, ao contrário da teoria de Rankine, a teoria de Coulomb admite a mobilização da resistência no contato solo-estrutura e não apresenta restrições quanto a condições irregulares de geometria de muro e superfície de terreno. De fato, a teoria de Rankine pode ser considerada como um caso particular da teoria de Coulomb.

No estado-limite, as forças mobilizadas no contato solo-estrutura são calculadas a partir de uma envoltória de resistência. Analogamente à envoltória de Mohr-Coulomb, a resistência no contato solo-estrutura produz uma envoltória de reta definida pelos parâmetros adesão (a ou c_w) e ângulo de atrito da interface solo-estrutura (δ); isto é:

$$\tau_{sm} = c_w + \sigma'_n \ \text{tg} \ \delta \tag{2.59}$$

A teoria de empuxo de terra de Coulomb admite as seguintes hipóteses:
- Solo homogêneo e isotrópico.
- Pode existir atrito solo-muro (δ); ou seja, em qualquer ponto da parede haverá a mobilização de resistência ao cisalhamento por unidade de área.
- Uma pequena deformação da parede é suficiente para mobilizar estado-limite.
- Postula-se um mecanismo de ruptura; isto é, estabelece-se a forma da superfície de ruptura. O método assume superfície de ruptura plana. No caso ativo, como a curvatura é pequena, o erro envolvido pode ser considerado desprezível; entretanto, no caso passivo, o erro em se arbitrar superfície plana só é pequeno para valores de $\delta < \frac{\phi}{3}$.
- A ruptura se dá como um bloco rígido sob o estado plano de deformação.
- A ruptura ocorre simultaneamente em todos os pontos ao longo da superfície de ruptura.
- A estabilidade da cunha de solo adjacente à parede é analisada exclusivamente com base no equilíbrio das forças atuantes na cunha de solo ($\sum F_i = 0$). Com isso, verifica-se que a solução do problema não

é rigorosamente correta, pois considera unicamente duas equações de equilíbrio de forças, desprezando o equilíbrio de momentos.
- A superfície que define a cunha de empuxo é, a princípio, desconhecida. Dessa forma, é necessário determinar, por tentativas, qual a superfície que corresponde ao valor-limite do empuxo.
- O material é considerado rígido plástico e não se tem informação sobre os deslocamentos.

Na ausência de dados experimentais, dependendo do tipo do solo, do material do muro e do deslocamento relativo entre o solo e o muro, é usual adotar valores para os parâmetros δ e c_w da ordem de um terço a dois terços dos valores de ϕ' e c', respectivamente. Os maiores valores correspondem a muros rugosos de alvenaria ou de concreto. A Tab. 2.5 mostra valores de δ para diferentes materiais. Mais detalhes sobre a influência do atrito solo-muro no valor do empuxo e na forma da superfície de ruptura podem ser encontrados em Tschebotarioff (1973).

TAB. 2.5 VALORES DE ATRITO SOLO-MURO (δ) PARA DIFERENTES MATERIAIS

Estrutura	Material de retroaterro	Ângulo de atrito (δ)
Concreto ou alvenaria	Pedregulho Misturas de areia e pedregulho Areia grossa	29-31
	Areia fina a média Areia média a grossa, siltosa Pedregulho siltoso ou argiloso	24-29
	Areia fina Areia fina a média, siltosa ou argilosa	19-24
Cortina metálica	Pedregulho Misturas de areia e pedregulho	22
	Areia Mistura de pedregulho, areia e silte	17
	Areia siltosa Pedregulho ou areia misturado com silte ou argila	14

Fonte: Bowles (1977).

Na realidade, o valor do ângulo δ não afeta significativamente a magnitude do empuxo ativo (E_a), mas sim a sua direção (ou linha de ação), com consequente influência na largura da base de estruturas de contenção quando se faz a verificação das condições de estabilidade.

Em geral, a consideração da mobilização da resistência no contato solo-muro reduz o valor do empuxo ativo em cerca de 7%. No entanto, essa diferença torna-se ainda maior no caso passivo. Adicionalmente, por considerar superfícies de ruptura planas, em geral se subestima o valor do empuxo para o caso passivo. Quando o ângulo δ é elevado, a curvatura da superfície é bastante acentuada e, nesse caso, o erro pode ser significativo e contra a segurança.

Em resumo, o método de Coulomb determina que sejam propostas diversas superfícies de ruptura e que, a partir do equilíbrio das forças horizontal e vertical, sejam calculados valores de empuxos associados às diversas cunhas de ruptura. No caso ativo, o empuxo de projeto será o maior valor obtido entre as superfícies analisadas; já o empuxo passivo será representado pelo menor valor obtido.

É importante observar que esse método se propõe a determinar a resultante de empuxo. Assim sendo, como não se conhece a distribuição de tensões, o ponto de aplicação do empuxo também é indeterminado. Entretanto, se a superfície do terrapleno é horizontal ou apresenta uma inclinação constante e não há sobrecarga, a distribuição de empuxos pode ser considerada triangular.

No caso da inexistência de resistência no contato solo-estrutura, o método de Coulomb fornece resultado idêntico ao da teoria de Rankine, para a situação de parede vertical e superfície do terrapleno horizontal.

2.3.4 Empuxo ativo

Para determinar os empuxos, arbitra-se uma superfície de deslizamento, que delimita uma cunha de solo adjacente à parede que tende a destacar-se da massa de solo restante. Dependendo dos deslocamentos da massa de solo, originam-se cunhas de empuxo ativo. Com base no equilíbrio das forças atuantes na cunha de solo, calcula-se o valor da reação que a estrutura deve exercer para se opor ao deslizamento da cunha. Como a cunha crítica é desconhecida, o processo deve ser repetido para determinar a condição mais desfavorável.

A Fig. 2.28 esquematiza a aplicação do método de Coulomb para a determinação do empuxo ativo de um maciço de ângulo de atrito ϕ' e coesão nula atuando sobre a parede *AB*, sendo δ o ângulo de atrito solo-paramento. Na cunha de solo *ABC*, atuam três forças: *W*, *P* e *R*.

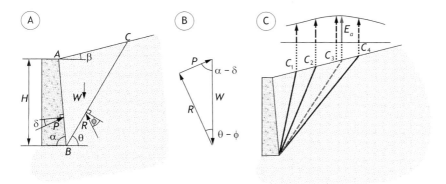

Fig. 2.28 *Método de Coulomb, caso ativo, c' = 0: (A) esforços atuantes; (B) equilíbrio de forças; (C) superfície crítica*

A força W engloba o peso do solo e de eventuais sobrecargas no terreno e, como esquematizado na Fig. 2.29, pode ser estimada por:

$$\text{área} = \frac{1}{2}\left(\overline{BD}\right)\left(\overline{AC}\right)$$

$$\left(\overline{AC}\right) = \left(\overline{AB}\right)\frac{\text{sen}(\alpha+\beta)}{\text{sen}(\theta-\beta)} \Rightarrow W = \frac{\gamma H^2}{2\,\text{sen}^2\alpha}\left[\text{sen}(\alpha+\theta)\frac{\text{sen}(\alpha+\beta)}{\text{sen}(\theta-\beta)}\right] \quad (2.60)$$

$$\left(\overline{BD}\right) = \left(\overline{AB}\right)\text{sen}(\alpha+\theta)$$

$$\left(\overline{AB}\right) = \frac{H}{\text{sen}\,\alpha}$$

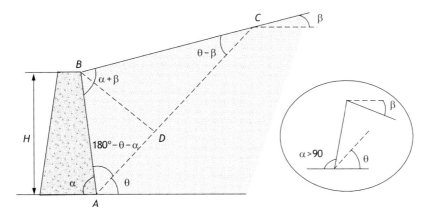

Fig. 2.29 *Cálculo do peso da cunha – solo seco*
Fonte: Bowles (1977).

A direção e o sentido das forças *P* e *R* são conhecidos, mas desconhecem-se suas magnitudes. A resultante atuante na superfície potencial de deslizamento apresenta uma inclinação ϕ' com relação à normal a essa superfície; já a resultante de empuxo ativo inclina-se do ângulo δ com relação à normal à parede. Sendo assim, com base em um simples polígono de forças, pode-se determinar o valor da força *P* que o paramento tem que exercer para evitar o escorregamento da cunha *ABC*. O empuxo deve ser calculado para diferentes inclinações *BC*, até que se determine o máximo valor de *P*, designado como empuxo ativo E_a. Aplicando a lei de senos no polígono da Fig. 2.28, tem-se (Bowles, 1977):

$$\frac{P}{\operatorname{sen}(\theta-\phi)} = \frac{W}{\operatorname{sen}(180°-\alpha-\theta+\phi+\delta)} \qquad (2.61)$$

Com isso:

$$P = \frac{W\operatorname{sen}(\theta-\phi)}{\operatorname{sen}(180°-\alpha-\theta+\phi+\delta)} \qquad (2.62)$$

Substituindo o peso da cunha:

$$P = \frac{\gamma H^2}{2\operatorname{sen}^2\alpha}\left[\operatorname{sen}(\alpha+\theta)\frac{\operatorname{sen}(\alpha+\beta)}{\operatorname{sen}(\theta-\beta)}\right]\frac{\operatorname{sen}(\theta-\phi)}{\operatorname{sen}(180°-\alpha-\theta+\phi+\delta)} \qquad (2.63)$$

Derivando a equação anterior e igualando a derivada a zero (para o empuxo máximo):

$$\frac{dP}{d\theta} = 0 \qquad (2.64)$$

Chega-se a:

$$E_a = \frac{1}{2}\gamma H^2 k_a \qquad (2.65)$$

em que:

$$k_a = \frac{\operatorname{sen}^2(\alpha+\phi)}{\operatorname{sen}^2\alpha \operatorname{sen}(\alpha-\delta)\left[1+\sqrt{\frac{\operatorname{sen}(\phi+\delta)\operatorname{sen}(\phi-\beta)}{\operatorname{sen}(\alpha-\delta)\operatorname{sen}(\alpha+\beta)}}\right]^2} \qquad (2.66)$$

Se $\beta = \delta = 0°$ e $\alpha = 90°$, a equação simplifica-se e iguala-se à de Rankine:

$$E_a = \frac{\gamma H^2 (1 - \text{sen } \phi)}{2(1 + \text{sen } \phi)} = \frac{\gamma H^2}{2} \text{tg}^2 \left(45° - \frac{\phi}{2} \right) \quad (2.67)$$

Solo coesivo

A teoria de Coulomb pode ser estendida para solos coesivos, considerando a parcela de adesão c_w. Nesse caso, assume-se que trincas de tração possam se desenvolver até uma profundidade z_0, a qual é estimada de acordo com a teoria de Rankine (ver seção "Solo coesivo", p. 26). As superfícies potenciais planas de ruptura se desenvolvem conforme mostra a Fig. 2.30, sendo as forças atuantes na cunha $ABCD$ dadas por:

i. peso da cunha W;
ii. reação entre a parede e o solo (P), com inclinação δ em relação à normal à superfície;
iii. força devido à componente de adesão: $C_w = c_w \cdot EB$;
iv. reação R no plano potencial de deslizamento, atuando a um ângulo ϕ' em relação à normal à superfície;
v. força no plano potencial de deslizamento devido à parcela de coesão $C = c' \cdot BC$.

As direções de todas as componentes são conhecidas, assim como as magnitudes de W, C_w e C. Com o traçado do polígono de forças, determina-se o valor de P.

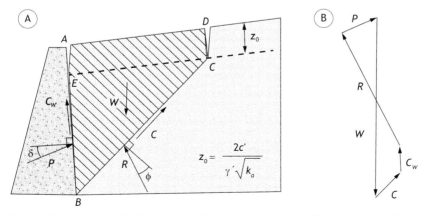

Fig. 2.30 *Método de Coulomb, caso ativo, solo seco, $c' > 0$: (A) esforços atuantes; (B) diagrama de forças*

Caso a trinca fique saturada, a parcela de carga correspondente deve ser acrescida ao polígono de forças.

Presença de água

No caso da existência de um nível freático, o problema pode ser resolvido adicionando-se a parcela da água. A Fig. 2.31 mostra uma superfície potencial de ruptura plana e a distribuição de poropressão atuante ao longo do plano AB, determinada pela rede de fluxo. Os esforços atuantes na cunha são originados por:

i. peso da cunha W;
ii. reação entre a parede e o solo (P), com inclinação δ;
iii. reação R no plano potencial de deslizamento, atuando a um ângulo φ' em relação à normal ao plano;
iv. resultante das pressões de água atuante ao longo da linha AB.

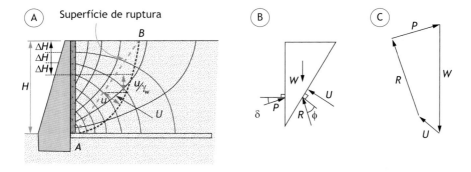

Fig. 2.31 *Método de Coulomb, caso ativo, c' = 0, presença de água: (A) rede de fluxo; (B) esforços atuantes; (C) diagrama de forças*

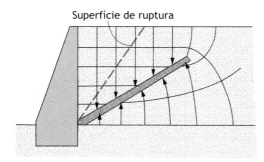

Fig. 2.32 *Dreno inclinado (u = 0)*

Cabe ressaltar que as pressões de água variam dependendo da posição e da eficiência do sistema de drenagem. Na Fig. 2.32, o dreno inclinado impõe um padrão de fluxo essencialmente vertical, o que acarreta poropressões nulas nessa região.

Exemplo 2.6 *Muro vertical - teoria de Coulomb*

Dado um muro com paramento vertical liso e com 14 m de altura, calcular o empuxo ativo considerando os parâmetros do solo iguais a $\gamma = 18$ kN/m^3, $\phi' = 30°$ e $c' = 11,5$ kPa.

Solução

Para o paramento liso, não será considerada a mobilização da resistência no contato solo-muro ($c_w = 0$ e $\delta = 0$).

Determinação da profundidade z_0, assumida para as trincas de tração. Essa estimativa é feita pela teoria de Rankine:

$$k_a = 0,33$$

$$z_0 = \frac{2c'}{\gamma'\sqrt{k_a}} = 2,22 \text{ m}$$

Serão analisadas três superfícies de ruptura potenciais, determinando a crítica como a que apresentar o maior valor para o empuxo ativo. A solução é exibida na Fig. 2.33, ao passo que a Tab. 2.6 apresenta os resultados para as três superfícies de ruptura consideradas.

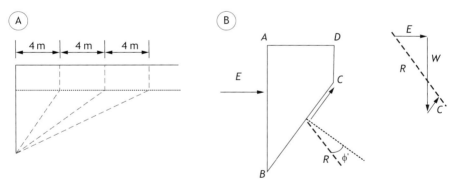

Fig. 2.33 *Solução: (A) cunhas analisadas; (B) esforços atuantes e diagrama de forças - primeira superfície X = 4 m*

TAB. 2.6 RESULTADOS PARA AS TRÊS SUPERFÍCIES DE RUPTURA CONSIDERADAS

Distância (m)	4	8	12
Área ABCD (m²)	32,4	64,9	97,3
W (kN/m)	584	1.168	1.752
C (kN/m)	143,1	163,8	193,4
E_a (kN/m)	345	390	240

Pode-se definir o empuxo ativo como igual a 290,59 kN/m, com superfície de ruptura ocorrendo para a segunda hipótese considerada.

Exemplo 2.7 Muro vertical com presença de água - teoria de Coulomb

Para o mesmo muro analisado anteriormente (paramento vertical com 14 m de altura), calcular o empuxo ativo incluindo nível d'água 4 m abaixo da superfície do terreno e desprezando a parcela de coesão ($\gamma = 18$ kN/m^3, $\phi = 30°$).

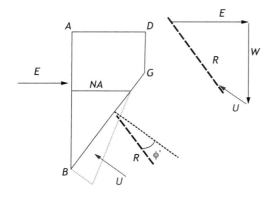

Fig. 2.34 *Esforços atuantes e diagrama de forças (para distâncias X = 4 m)*

Solução

O empuxo do solo será calculado levando em conta três cunhas diferentes, com distâncias na superfície de $X = 4$ m, 8 m e 12 m. O empuxo ativo corresponderá ao valor máximo encontrado entre as cunhas consideradas.

A Fig. 2.34 ilustra os esforços atuantes e o diagrama de forças. A Tab. 2.7 resume os resultados para cada cunha considerada.

TAB. 2.7 RESULTADOS PARA CADA CUNHA CONSIDERADA

Distância (m)	4	8	12
Comprimento BG (m)	10,5	12,1	14,2
U (kN/m)	525	605	710
E_a total (kN/m)	870	930	790

Nesse caso em análise, pode-se determinar o empuxo ativo como igual ao definido na primeira cunha.

2.3.5 Método de Culmann

Culmann, em 1866, propôs um método gráfico para a realização do equilíbrio de forças atuantes na cunha. Assim como o método de Coulomb, o método gráfico de Culmann pode ser utilizado para qualquer que seja a superfície do terreno, podendo ainda incorporar sobrecargas concentradas ou distribuídas no topo do retroaterro e/ou a existência de nível freático no interior do retroaterro. A solução gráfica fornece, essencialmente, o valor máximo (ativo) ou mínimo (passivo) da resultante de empuxo.

Empuxo ativo (c' = 0)

Para solos não coesivos, recomenda-se o seguinte procedimento gráfico, como mostra a Fig. 2.35:

i. traça-se a reta bg, conhecida como linha de peso, que faz um ângulo ϕ' com a horizontal; com isso, o ângulo entre bb' e qualquer superfície de ruptura é ($\psi = \rho - \phi'$);
ii. traça-se a reta bf, conhecida como linha de pressão, que faz um ângulo ($\theta = \alpha - \delta$) com a reta bg;
iii. arbitra-se a primeira superfície de deslizamento bc_1;
iv. calcula-se o peso do solo da cunha abc (e de eventuais sobrecargas);
v. marca-se o ponto d_1 sobre a reta bg de modo que a distância bd_1 represente o peso da cunha abc_1, em uma escala de forças arbitrariamente escolhida;
vi. o segmento e_1d_1, paralelo a bf, representa, na escala de forças adotada, a reação que o paramento tem que exercer para evitar o deslizamento da cunha abc_1;
vii. variando-se as cunhas, determina-se o empuxo ativo (E_a) como o valor máximo calculado de P_a.

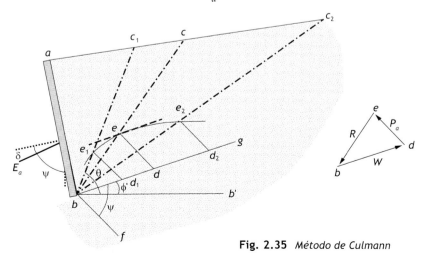

Fig. 2.35 *Método de Culmann*

A Fig. 2.36 apresenta exemplos de aplicação do método para um muro gravidade de seção trapezoidal e um muro cantiléver, além do diagrama de forças associado a cada cunha.

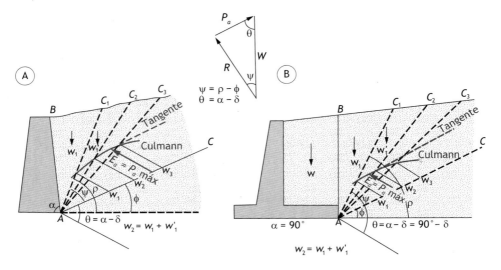

Fig. 2.36 *Exemplos de aplicação do método de Culmann: (A) seção trapezoidal; (B) cantiléver*

Empuxo passivo ($c = 0$; $\delta < \frac{\phi'}{3}$)

O método de Culmann pode ser estendido para o caso passivo se $\delta < \frac{\phi'}{3}$. Nesse caso, a curvatura da superfície potencial de ruptura é pequena. A Fig. 2.37 ilustra o esquema de aplicação do método. O empuxo passivo corresponde ao menor valor de *P*.

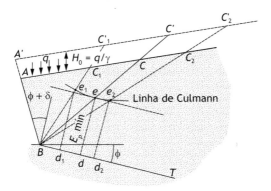

Fig. 2.37 *Método de Culmann para o cálculo de empuxo passivo para $\delta < \phi/3$*

Sobrecarga em linha

No caso da existência de sobrecarga distribuída em linha, uma das superfícies potenciais de ruptura deve coincidir com o ponto de aplicação da carga. Nessa posição, calculam-se os empuxos sem e com a sobrecarga. Com isso, a curva de Culmann passa a apresentar uma descontinuidade, conforme indicado na Fig. 2.38.

Para os casos de sobrecarga pontual ou distribuída em linha, o ponto de aplicação do empuxo varia para três situações distintas, como mostra a Fig. 2.39. Na Fig. 2.39A, o ponto de aplicação do empuxo é obtido traçando-se uma reta passando pelo baricentro CG da cunha ABC_1, sendo paralela ao plano de escorregamento AC. Nas Figs. 2.39B,C, o ponto de aplicação varia dependendo da posição da carga concentrada (V).

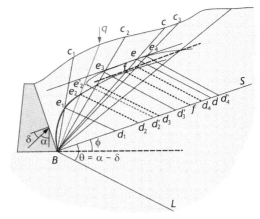

Fig. 2.38 *Método de Culmann com sobrecarga em linha*

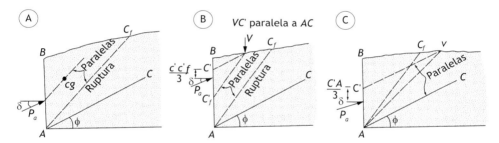

Fig. 2.39 *Ponto de aplicação do empuxo*

2.3.6 Método do círculo de atrito – empuxo passivo

Os métodos de Coulomb e Culmann, apesar de incorporarem o fato de a rugosidade da parede mobilizar resistência no contato solo-estrutura, assumem como hipótese a superfície de ruptura plana. No entanto, as tensões cisalhantes tornam a superfície de ruptura curva. Do ponto de vista prático, essa curvatura pode ser desprezada para a condição ativa e, portanto, qualquer um dos métodos mencionados pode ser utilizado. Por outro lado, na condição passiva, a curvatura é mais acentuada e não deve ser desprezada, particularmente quando a parcela de atrito solo-estrutura (δ) é superior à terça parte do coeficiente de atrito do solo; isto é, quando $\delta < \frac{\phi'}{3}$, a curvatura da superfície de ruptura deve ser levada em conta. Caso contrário, o empuxo passivo será sobre-estimado e contra a segurança.

O método do círculo de atrito (φ) é um método gráfico que considera a superfície de ruptura como um arco de círculo (*BC*) (centro *O* e raio *r*) e uma linha reta (*CE*), tangente ao trecho *BC*, conforme ilustra a Fig. 2.40 (Terzaghi, 1949).

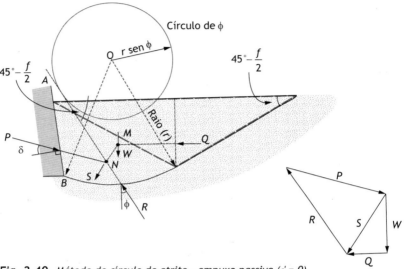

Fig. 2.40 *Método do círculo de atrito - empuxo passivo (c' = 0)*

Quando a condição passiva é totalmente mobilizada, o solo no interior da cunha *ACE* está no estado passivo de Rankine. Consequentemente, os ângulos *EAC* e *AEC* são $45° - \phi'/2$. É preciso então satisfazer o equilíbrio de forças da massa *ABCD*, em que:
- *W* = peso de *ABCD* atuando no centroide;
- *Q* = força horizontal no plano *DC*, representada pelo empuxo de Rankine, atuante a um terço de *DC* e dada por:

$$Q = E_p = \frac{\gamma' h^2 K_p}{2} + 2c' h K_{pc} \quad (2.68)$$

- *P* = força de reação, atuando num ângulo δ acima da normal e a uma distância *AB*/3;
- *R* = reação na superfície de ruptura *BC*. Quando a resistência ao cisalhamento é totalmente mobilizada, assume-se que a reação *R* atua num ângulo φ com a normal. A linha de ação de *R* é, portanto, tangente ao círculo de centro *O* e raio $r \operatorname{sen} \phi$.

Os valores das forças W e Q são conhecidos e a resultante entre elas (S) é determinada graficamente. Com isso, fecha-se o polígono de forças com as direções de R e P.

O método deve ser aplicado a várias superfícies para então obter-se o valor mínimo a ser adotado em projeto ($E_p = P_{min}$). Em resumo, para solos não coesivos e terrapleno horizontal, seguem-se os seguintes passos:

i. desenhar o muro e o retroaterro em escala;
ii. traçar uma reta passando por A e fazendo um ângulo de $45° - \phi'/2$ com a horizontal;
iii. arbitrar ponto C;
iv. pelo ponto C, traçar uma reta fazendo um ângulo de $45° - \phi'/2$ até a superfície do terreno (ponto E);
v. calcular o empuxo passivo na cunha EDC;
vi. determinar o centro do círculo (O) passando por BC:
    a. traça-se a mediatriz de BC
    b. traça-se uma perpendicular à reta CE, passando pelo ponto C
    c. a interseção das retas define o ponto O
vii. calcular o peso W;
viii. prolongar a direção de aplicação da força de empuxo Q até encontrar a força W (ponto M);
ix. neste ponto, traçar uma reta paralela à direção da resultante S;
x. prolongar a linha de ação de E_p até encontrar a linha anterior (ponto N);
xi. traçar o círculo de raio $= r \operatorname{sen} \phi' = OB \operatorname{sen} \phi'$;
xii. a resultante passa pelo ponto N e é tangente ao círculo $r \operatorname{sen} \phi$;
xiii. repetir o processo a partir do item iii. até obter o menor valor de P.

É possível introduzir também parcelas relativas à coesão e à sobrecarga. No caso de sobrecarga, basta acrescentar a parcela da sobrecarga no valor de Q e W.

Solo coesivo ($c \neq 0$)

Para o solo coesivo, a componente de coesão c ao longo de um trecho curvo (ds) da superfície de ruptura (Fig. 2.41) poderá ser decomposta em uma parcela paralela a BC e outra normal:

$$c_p = cds \cos \beta$$
$$c_n = cds \operatorname{sen} \beta$$
(2.69)

A resultante será paralela a BC e as parcelas normais irão se anular.

$$R_p = cBC$$
$$R_n = 0 \qquad (2.70)$$

Adicionalmente, o momento da resultante com relação ao centro do círculo é igual à soma dos momentos das forças devidas à coesão. Se r' for a menor distância entre R_p e o círculo O,

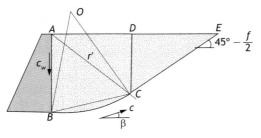

$$M_{R_p} = \sum M_{cds}$$
$$R_p \, r' = c \sum (ds) \, r \qquad (2.71)$$
$$cBC \, r' = c \, arco(BC) \, r$$

Com isso:

$$r' = \frac{arco(BC)}{BC} r \qquad (2.72)$$

Fig. 2.41 *Superfície curva - empuxo passivo, parcela de coesão*

Para o caso de solo coesivo, recomenda-se resolver o problema em duas parcelas, repetindo o processo até se encontrar o valor mínimo do empuxo passivo:
- *primeira parcela*: solo $c = 0$ e $\gamma \neq 0 \Rightarrow$ realizar procedimento anterior (Fig. 2.40) e calcular o empuxo E_p^1;
- *segunda parcela*: $\gamma = 0$ e $c \neq 0 \Rightarrow$ calcular o empuxo E_p^2, de acordo com a Fig. 2.42, com base nos seguintes passos:

i. calcular o empuxo passivo na cunha *EDC*, o qual será uniformemente distribuído na vertical *CD*:

$$Q_c = E_p = \underbrace{\frac{\gamma h_{DC}^2 k_p}{2}}_{=0} + 2c'\sqrt{k_p} = 2c'\sqrt{k_p} \qquad (2.73)$$

ii. calcular a distância r' de acordo com a Eq. 2.74 e traçar uma reta paralela a *BC* até encontrar o prolongamento da face do muro *AB*, determinando o ponto *F*;

$$r' = \left(\frac{\widehat{BC}}{\overline{BC}}\right) r = \left(\frac{\widehat{BC}}{\overline{BC}}\right) \overline{OC} \qquad (2.74)$$

iii. pelo ponto F, traçar uma paralela à direção de C1 até encontrar o prolongamento de Q_c, definindo o ponto G;
iv. pelo ponto G, traçar uma paralela à resultante das forças conhecidas (S) até encontrar o prolongamento da direção do empuxo passivo (E_p), definindo o ponto I;
v. a resultante passa pelo ponto I e é tangente ao círculo r sen ϕ'.

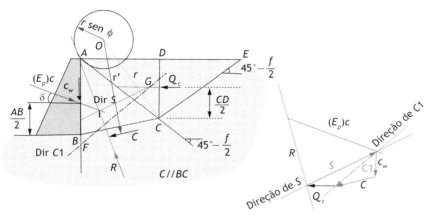

C1 = resultante de c e c_w
S = resultante das forças conhecidas

Fig. 2.42 *Superfície curva - empuxo passivo ($\gamma = 0$ e $c \neq 0$)*

Exemplo 2.8 Método do círculo de atrito - empuxo passivo - solo coesivo

Dada uma estrutura de 5 m de altura, calcular a força passiva para a superfície inclinada de 30° levando em conta os seguintes parâmetros do solo: $\gamma = 20$ kN/m³, $\phi = 30°$ e $c = 10$ kPa.

Solução
Cálculo da primeira parcela: considerando o solo não coesivo
i. traçar as retas partindo de A e E com a inclinação de 30° (45°−ϕ/2);
ii. realizar o cálculo para o empuxo passivo da cunha EDC (altura CD = 4,33 m) segundo Rankine para solos não coesivos:

$$Q = E_p = \frac{\gamma h^2 k_p}{2} = \frac{20(4,33)^2 6,11}{2} = 1.144,7 \text{ kN/m}$$

em que:

$$k_p = \frac{\text{sen}^2\left(90°-30°\right)}{\text{sen}^2 90° \,\text{sen}\left(90°+20°\right)\left[1-\sqrt{\dfrac{\text{sen}\left(30°+20°\right)\text{sen}\left(30°+0\right)}{\text{sen}\left(90°+20°\right)\text{sen}\left(90°+0\right)}}\,\right]^2} = 6,11$$

iii. determinar o centro do círculo e calcular o peso (W) da massa $ABCD$;
iv. fazendo o traçado das forças Q e W em escala, é determinada a direção e a magnitude de S = 1.389,1 kN/m (Fig. 2.43);
v. traçar o círculo de raio igual a:

Raio = r sen ϕ = 8,94 × 0,5 = 4,47 m

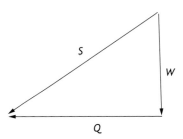

Fig. 2.43 *Direção e magnitude de S*

vi. traçar uma tangente ao círculo com ângulo de ϕ com a vertical, obtendo assim o ponto de aplicação da força R na superfície de ruptura $BC \Rightarrow R = 878,12$ kN/m;
vii. fecha-se o polígono de forças com a inclinação de P definida como o ângulo δ com a normal ao muro. Definido o polígono em escala, a magnitude de P é 2.154,76 kN/m (Fig. 2.44).

Cálculo da segunda parcela: considerando o solo coesivo

i. Determinar Q levando em conta apenas a coesão:

$Q = 2\,c\,h\,k_{pc} = 213,98$ kN/m

$C_w = 5 \times 5 = 25$ kN/m

$C = 10 \times 7,53 = 75,3$ kN/m

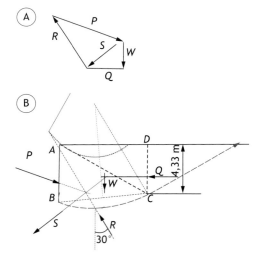

Fig. 2.44 *Parcela de atrito - empuxo passivo (c' = 0): (A) equilíbrio de forças; (B) construção do método do círculo de atrito*

ii. Checadas as dimensões referentes às magnitudes das forças calculadas anteriormente, o valor da força P é determinado graficamente, sendo igual a 413,91 kN/m (Fig. 2.45).

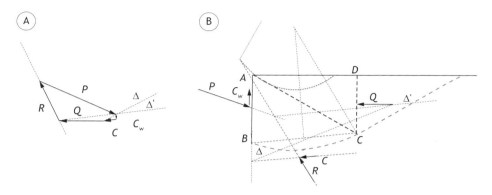

Fig. 2.45 *Parcela de coesão - empuxo passivo (γ = 0): (A) equilíbrio de forças; (B) construção do método do círculo de atrito*

Cálculo final: empuxo total obtido pelo método do círculo de atrito
A Tab. 2.8 apresenta os resultados dos cálculos feitos para as duas fases do método do círculo de atrito (no sistema de unidade internacional), ficando o empuxo total definido como 2.568,67 kN/m.

O mesmo exemplo foi calculado pelo método de Coulomb para uma superfície de ruptura atingindo, na superfície do terreno, uma distância de 15 m da extremidade do muro, aproximadamente compatível com a superfície analisada neste exemplo. O método de Coulomb forneceu um valor de empuxo de 1.949,55 kN/m, 25% menor do que o calculado pelo método do círculo de atrito.

Tab. 2.8 Resultados dos cálculos feitos para as duas fases do método do círculo de atrito

	Parâmetro	Valor
Fase 1 - solo não coesivo	k_p	6,105358
	CD	4,33 m
	Q	1.144,687 kN/m
	Ponto de Q	1,443333 m
	Área ABCD	39,2 m²
	W	784,0 kN/m
	Centroide x	3,6731 m
	Centroide y	-2,6225 m
	S	1.389,08 kN/m
	R	878,12 kN/m
	P1	2.154,76 kN/m
Fase 2 - solo coesivo	k_{pc}	2,470902
	CD	4,33 m
	Q	213,9801 kN/m
	Ponto de Q	2,165 m
	C	75,299 kN/m
	C_w	25 kN/m
	P2	413,91 kN/m
	Empuxo total	2.568,67 kN/m

O método de Coulomb subestima o valor do empuxo passivo, e, como esse empuxo é favorável à estabilidade, o uso do método de Coulomb gera uma solução mais conservativa.

2.3.7 Teoria da elasticidade para sobrecarga

Existem várias formas de cálculo da parcela de empuxo devido a sobrecargas. No caso de sobrecarga uniformemente distribuída, esta é automaticamente incorporada ao peso da cunha. Já para carregamentos em linha, o valor da carga poderá ser acrescido ao peso da cunha desde que a sobrecarga esteja posicionada dentro da região de abrangência da cunha. Por exemplo, a sobrecarga aplicada em linha mostrada na Fig. 2.46 não será incluída no cálculo do peso da cunha AB, mas estará presente quando for feita a avaliação do empuxo, considerando a cunha AC.

Cabe lembrar que, apesar de a carga P não ser computada no cálculo do empuxo da superfície potencial de ruptura AB, a presença da carga altera a posição da resultante de empuxo, como mostra a Fig. 2.39.

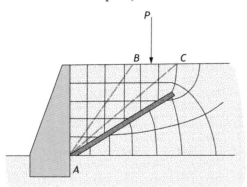

Fig. 2.46 *Sobrecarga em linha*

De forma geral, os acréscimos de tensão horizontal devido a sobrecargas em solos não coesivos poderão ser calculados com base nas soluções da teoria da elasticidade, como mostra a Fig. 2.47, fazendo-se uma correção quanto às deformações associadas. As equações da teoria da elasticidade pressupõem um espaço elástico semi-infinito; isto é, o solo se estende além da linha OO' e o diagrama de tensões horizontais gerado pela sobrecarga acarreta um deslocamento da vertical OO' para a linha ab. Considerando que o muro é rígido e que parte do deslocamento será impedido, haverá um incremento nas tensões horizontais. A neutralização dos deslocamentos equivale à aplicação de tensões horizontais idênticas, mas em sentido contrário, como uma imagem refletida. Como consequência, os empuxos serão o dobro do valor estimado pela teoria da elasticidade. Em muros convencionais, têm-se deslocamentos que levam à plastificação da massa arrimada, sendo mais representativa a adoção da condição ativa (k_a) em vez do uso do coeficiente de empuxo no repouso (k_o).

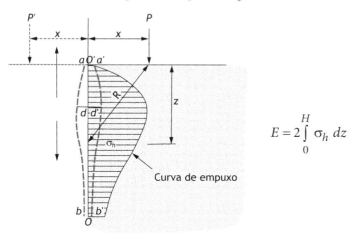

$$E = 2\int_0^H \sigma_h \, dz$$

Fig. 2.47 *Solução - teoria da elasticidade*

São apresentadas nas Figs. 2.48 a 2.50 algumas das equações da teoria da elasticidade para o cálculo da distribuição de empuxos, para carregamentos puntuais e distribuídos em linha, incorporando o fato de a parede ser rígida.

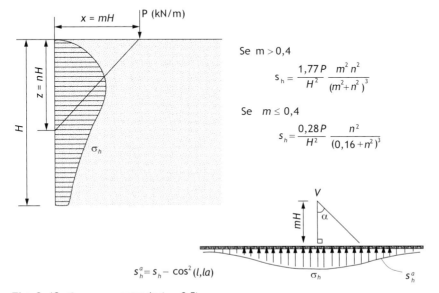

Fig. 2.48 *Carga concentrada ($v = 0,5$)*

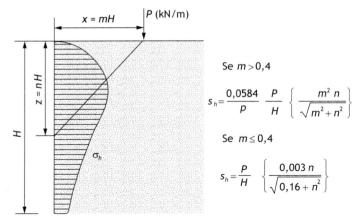

Fig. 2.49 *Carga concentrada distribuída em linha (v = 0,5)*

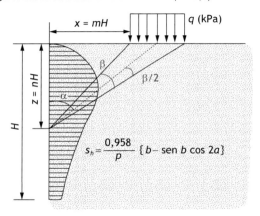

Fig. 2.50 *Carregamento uniforme distribuído em linha*

Para carregamentos irregulares, Newmark (1942) propôs um gráfico de influência, mostrado na Fig. 2.51, para o cálculo das tensões horizontais considerando uma vertical flexível. Para o caso de estruturas rígidas, o valor deve ser duplicado; ou seja:

$$\sigma_h = 2(IMq)$$

em que I é o fator de influência (= 0,001), M é o número de quadrados contidos na área carregada, quando desenhada em escala e posicionada na Fig. 2.51, tal que a vertical que cruza o ponto O coincida com a vertical onde se deseja determinar a tensão horizontal, e q é o valor da tensão vertical. A escala AB corresponde a 1 unidade e define a profundidade de cálculo; isto é, $z = AB$.

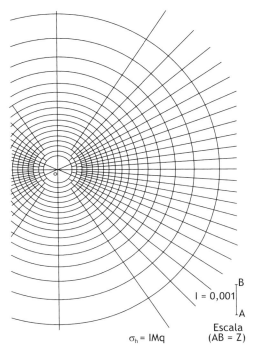

Fig. 2.51 *Solução para o cálculo de empuxo no ponto O para carregamentos irregulares ($v = 0,5$)*

Exemplo 2.9 *Empuxo ativo devido à sobrecarga*

Calcular a distribuição de tensão lateral atuante numa parede rígida de 9 m de altura devido a um tanque circular de 3,0 m de diâmetro localizado a 4,5 m de distância da parede, que, na superfície, transmite 22 kPa.

Solução
O resultado dos cálculos é apresentado na Tab. 2.9 e na Fig. 2.52.

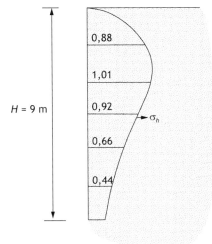

Fig. 2.52 *Distribuição de empuxos em kPa*

TAB. 2.9 CÁLCULO DA DISTRIBUIÇÃO DE TENSÃO LATERAL

Profundidade (m)	Escala AB	Diâmetro do tanque (3 m) (em termos de AB)	Distância da parede (4,5 m) (em termos de AB)	M	$\sigma_h = 2(IMq)$ (kPa) $I = 0,001$ e $q = 22$ kPa
1,5	1,5	2AB	3AB	20	0,88
3,0	3,0	1AB	1,5AB	23	1,01
4,5	4,5	0,67AB	1AB	21	0,92
6,0	6,0	0,5AB	0,77AB	15	0,66
7,5	7,5	2,5AB	0,61AB	10	0,44

Teoria de empuxo aplicada a estruturas enterradas – cortinas 3

Ao contrário dos muros, as estruturas de contenção esbeltas, denominadas cortinas, estão sujeitas a deformações por flexão. As cortinas são recomendadas quando não se dispõe de área suficiente para abrigar a base do muro e/ou quando se trata de conter desníveis superiores a 5 m.

As cortinas são elementos de contenção muito utilizados em escavações para projetos de fundações e de obras subterrâneas (metrôs, galerias, tubulações enterradas, subsolos de edifícios etc.) e como estruturas portuárias. A Fig. 3.1 ilustra exemplos de diferentes soluções com cortinas. Verifica-se que, em determinadas situações, o trecho enterrado, denominado ficha, não é suficiente para garantir a estabilidade. Nesses casos, faz-se uso de tirantes ou estroncas.

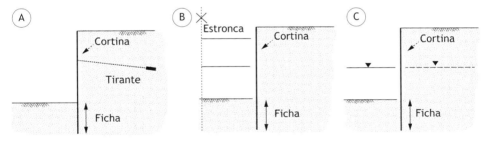

Fig. 3.1 *Exemplos de cortinas: (A) atirantada; (B) estroncada; (C) em balanço*

A construção da cortina pode envolver atividades de escavação, para o caso de obras subterrâneas, e/ou retroaterro. Como consequência da modificação do estado de tensões originais, a massa do solo adjacente sofrerá deslocamentos, os quais irão nortear o cálculo da distribuição das tensões horizontais nas estruturas enterradas. Como os deslocamentos a que as estruturas esbeltas são submetidas nem sempre atendem às hipóteses das teorias clássicas de Rankine e Coulomb, os métodos de cálculo, em algumas situações, foram concebidos com base em monitoramento de obras, estudo de modelos reduzidos e simulações numéricas.

A partir da década de 1970, com a execução de grandes escavações para a implantação de subsolos, bem como o início da execução das obras dos metrôs nas principais capitais brasileiras, gerou-se um grande banco de dados dos casos instrumentados. Uma série de pesquisas de mestrado e doutorado foi elaborada com base nas instrumentações realizadas naquela ocasião, com resultado direto na melhoria dos procedimentos de projeto, processos executivos e ferramentas de análise.

Massad (2003) resumiu grande parte da experiência adquirida em obras em São Paulo, incluindo as seções experimentais do metrô, onde foram realizadas medidas de recalques em estruturas adjacentes, deslocamentos horizontais para dentro das valas e cargas nas estroncas.

Velloso e Lopes (1975) apresentaram aspectos de projeto e execução de paredes moldadas no solo com ilustrações de casos de obra executados, até aquela data, atingindo 19 m escavados e cinco níveis de estroncamento.

3.1 Tipos de cortina

Existem inúmeras soluções executivas para a implantação de cortinas, estando as mais usuais apresentadas na Fig. 3.2. Cabe observar que algumas soluções são mais adequadas a escavações de caráter provisório, e outras, indicadas a obras definitivas.

Quando se utilizam perfis metálicos em escavações em terreno de argila mole, onde os empuxos são muito elevados, costuma-se executar uma blindagem com chapas de aço soldadas nos perfis verticais.

No caso de escavações temporárias, deve-se, sempre que possível, verificar a possibilidade de executar a escavação em taludes, como exemplifica a Fig. 3.3, reduzindo o custo associado à estrutura de escoramento. Esse tipo de solução é mais comum longe das cidades, na periferia ou em obras industriais.

Nos centros urbanos, a falta de espaço, a proximidade dos vizinhos e a presença de condutos de serviços impedem, na maioria das vezes, o taludamento do terreno natural, tornando necessário o projeto da estrutura de contenção. Em situações dessa natureza, caso existam edificações próximas, deve-se tomar os cuidados cabíveis para evitar recalques ou movimentos que afetem a estabilidade ou a integridade das obras vizinhas.

3 # Teoria de empuxo aplicada a estruturas enterradas - cortinas

Fig. 3.2 *Exemplos de soluções executivas: (A) cortina de perfis com prancha de madeira com viga de solidarização; (B) cortina atirantada; (C) parede de concreto estroncada; (D) perfil metálico com pranchão; (E) várias soluções; (F) cortina de estacas justapostas*
Fonte: (A) Superfil Engenharia, (C) Fundesp e (F) Infraestrutura Engenharia.

As rupturas possíveis de ocorrer nas obras de escavações podem ser graves, resultando, inclusive, na morte de trabalhadores e no comprometimento da estabilidade das estruturas vizinhas. Evitar as rupturas é o problema principal.

Estas podem decorrer de vários fatores: tensões excessivas do sistema de suporte, aproxi-

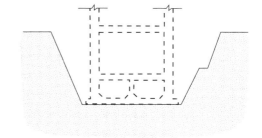

Fig. 3.3 *Exemplo de solução em taludes*

mando-se da resistência dos materiais envolvidos, tais como esforços de flexão na cortina excedendo os valores resistentes, esforços nas estroncas superando a carga-limite de flambagem, ficha insuficiente, resistência ao cisalhamento do solo no fundo da escavação incapaz de resistir à estabilidade à ruptura global, possibilidade de liquefação do solo (fenômeno da areia movediça), ruptura hidráulica quando da ocorrência de elevadas poropressões sem possibilidade de drenagem etc. Muitas são, portanto, as análises geotécnicas necessárias para a garantia da estabilidade da escavação.

Em face da extensão do assunto, a determinação do empuxo será abordada neste capítulo e as demais verificações da estabilidade de obras de contenção subterrâneas serão detalhadas no Cap. 4.

3.2 Cálculo do empuxo

O cálculo do empuxo atuante na parede da escavação consiste numa das etapas do projeto. A análise dos esforços na cortina deve considerar cada estágio de escavação e levar em conta o tipo de execução prevista para a obra.

Quando não existem construções vizinhas próximas à obra, o empuxo do solo pode ser calculado com o coeficiente de empuxo ativo da teoria de Rankine (k_a), já que não há a necessidade de evitar deslocamentos das paredes.

No caso de existirem construções de grande importância, por exemplo, construções tombadas pelo patrimônio histórico, nas proximidades da escavação em estudo, o empuxo do solo na parede costuma ser calculado com o coeficiente de empuxo no repouso (k_o). De fato, nessas condições, não são permitidos deslocamentos, sendo o projeto executado para a parede inamovível.

O Quadro 3.1 resume as orientações que foram utilizadas por ocasião dos projetos iniciais das escavações para o metrô do Rio de Janeiro, ainda na década de 1970. Tais sugestões podem ser adotadas ainda hoje na falta de uma orientação específica.

Serão apresentados, a seguir, métodos de dimensionamento para diferentes condições e etapas de escavação.

Os métodos estão subdivididos em função das diferentes etapas executivas. No caso de mais de uma linha de apoio, faz-se necessária também uma distinção entre as paredes flexíveis e as paredes rígidas, uma vez que os deslocamentos para mais de uma linha de apoio já não atendem às hipóteses das teorias clássicas de Rankine e Coulomb.

Quadro 3.1 Orientações para anteprojeto

Coeficiente de empuxo k	Deslocamentos permissíveis	Condições
k_a	>0,002H	(1) Prédios afastados ou que sofrem influência pequena
2/3 k_a + 1/3 k_o	<0,002H	(2) Prédios nas vizinhanças, mas pouco sensíveis aos deslocamentos
(k_a + k_o)/2	<0,002H	(3) Prédios sensíveis aos deslocamentos
2/3 k_o + 1/3 k_a	<0,002H	(4) Prédios muito sensíveis
k_o	Peq	(5) Prédios importantes

Cabe destacar que o engenheiro projetista deve estar atento aos deslocamentos e procurar adaptar o cálculo de empuxo dos métodos clássicos de dimensionamento descritos a seguir às diferentes situações e valores de coeficientes de empuxo, conforme resumido no Quadro 3.1.

É comum considerar uma sobrecarga uniformemente distribuída (em geral, 10 kN/m²) como carregamento representando veículos de rua, construção e maquinário da obra. Havendo a possibilidade de chegarem junto à parede máquinas e veículos pesados de construção, como no caso de cortinas de obras portuárias, deve-se considerar um carregamento representativo, dependendo do peso das máquinas, atuando numa certa faixa de largura. No caso de fundações vizinhas que transmitam as cargas ao maciço de solo no trecho da cortina, costuma-se considerar uma carga distribuída, na faixa correspondente à área construída, de 10 kN/m² para cada pavimento.

3.2.1 Cortinas em balanço

Cortinas trabalhando em balanço podem ser utilizadas em casos de escavações de pequena profundidade ou em etapas iniciais de uma escavação profunda. Conceitualmente, admite-se que a cortina sofra uma rotação sob o efeito do empuxo ativo que atua no seu trecho livre, como mostra a Fig. 3.4. Essa rotação desperta o empuxo passivo à frente do trecho enterrado até o ponto de rotação. Abaixo desse ponto, as condições de empuxo se invertem. Com base nessas premissas, estabelece-se o diagrama resultante de empuxos ativo e passivo.

O dimensionamento da cortina em balanço é feito a partir da determinação do comprimento do trecho enterrado da cortina,

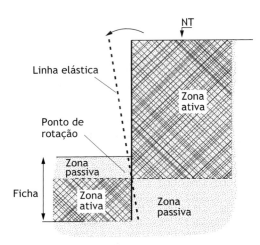

Fig. 3.4 *Tipo de deslocamento da cortina em balanço*

denominado ficha, necessário para garantir a estabilidade da estrutura de contenção.

Apresentam-se, a seguir, as expressões para o cálculo dos diagramas de empuxo separando as condições drenada e não drenada. Quando o momento mais crítico da obra é a longo prazo, o projeto deve considerar a condição drenada, já que ela pressupõe ter havido dissipação total de qualquer excesso de poropressão gerado pelo descarregamento. Essa condição é adequada ao caso de perfis de solo arenoso e em obras permanentes em solo argiloso normalmente adensado ou levemente pré-adensado.

Solos argilosos com elevado grau de pré-adensamento tendem a gerar excessos de poropressão ainda mais negativos no descarregamento. Nesse caso, o momento mais crítico da obra ocorre a longo prazo, quando os excessos de poropressão forem totalmente dissipados.

Cabe ressaltar que a condição não drenada deve ser adotada em solos argilosos normalmente adensados ou levemente pré-adensados, quando se precisa garantir a estabilidade ao final da escavação. Essa situação é comum em escavações temporárias ou em etapas provisórias de uma escavação definitiva.

No caso de solos estratificados, as camadas arenosas apresentam sempre comportamento drenado, ao passo que as argilosas podem exibir comportamento drenado ou não drenado, dependendo do intervalo de tempo em que ocorre a escavação. O que deve ser observado é que as condições de equilíbrio são sempre as mesmas, embora os termos das equações de equilíbrio sejam função da natureza do terreno, do tipo de análise (drenada ou não drenada), da estratigrafia do perfil do subsolo, das condições da poropressão etc.

O Quadro 3.2 resume as condições de análise para o cálculo dos empuxos em projetos de escavação.

Quadro 3.2 Condições de análise

Escavação	Tipo de solo	Condição crítica	Tipo de análise
Permanente	Areia	Longo prazo	Drenada
	Argila normalmente adensada ou levemente pré-adensada		
	Argila pré-adensada		
Provisória	Argila normalmente adensada ou levemente pré-adensada	Final de construção	Não drenada
	Argila pré-adensada		

Análise drenada

A cortina em balanço sofre uma rotação sob o efeito do empuxo ativo que resulta na formação das zonas ativa e passiva, indicadas na Fig. 3.4. Como resultado, surge uma distribuição de empuxos não linear (Fig. 3.5A), a qual é simplificada para uma distribuição linear (Fig. 3.5B).

Existem duas alternativas de cálculo: o método convencional, que calcula o diagrama simplificado com base nas equações de Rankine, e o método simplificado, que substitui o empuxo passivo na base da ficha por uma força equivalente.

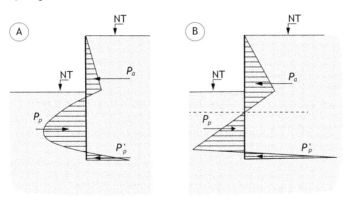

Fig. 3.5 *Distribuição de empuxos em cortina em balanço: (A) provável distribuição de empuxos; (B) diagrama simplificado para cálculo (solo granular sem água)*

Método convencional

O método convencional consiste no estabelecimento do diagrama de tensões, como mostra a Fig. 3.6. Nesse exemplo, característico de uma situação simples de cortina de cais, a resultante do diagrama de poropressão é nula e o solo se encontra submerso. Com a presença do ponto de rotação, haverá alternância, ao longo da profundidade, da condição de movimentação da cortina e, consequentemente, da mobilização dos estados ativo e passivo em ambos os lados (Fig. 3.6B).

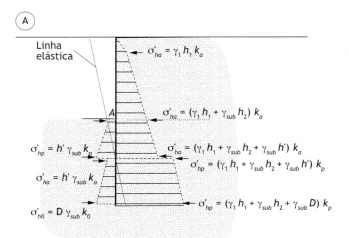

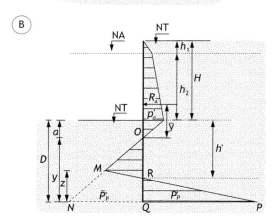

Fig. 3.6 *Exemplo de cortina de cais - resultante de poropressão nula: (A) diagrama de empuxos; (B) diagrama resultante de empuxos*

Como a posição do ponto de rotação (M) é desconhecida, o cálculo é feito assumindo-se, inicialmente, que toda a região abaixo da escavação (à esquerda da cortina) encontra-se sob condição passiva, e, em seguida, o cálculo é refeito admitindo-se a condição oposta.

Com isso, calculam-se inicialmente a tensão horizontal efetiva ativa na base, no nível da escavação (p'_a), e a resultante da tensão efetiva horizontal (passiva – ativa) na base da cortina ($\overline{p}'_p$) para essa premissa inicial. Isto é:

$$p'_a = k_a \sigma'_v = k_a(\sigma_v - u) = k_a\left[(\gamma h_1 + \gamma_{sat} h_2) - (\gamma_w h_2)\right] \quad (3.1)$$

Logo:

$$p'_a = \left[\gamma h_1 + (\gamma_{sat} - \gamma_w)h_2\right]k_a \quad (3.2)$$

Para a hipótese de mobilização da condição passiva abaixo do nível da escavação, tem-se:

$$\overline{p}'_p = \left[\sigma'_v\, k_p\right]_{esquerda} - \left[\sigma'_v\, k_a\right]_{direita} \quad (3.3)$$

Com isso:

$$\overline{p}'_p = \left[(\gamma_{sat}-\gamma_w)(a+y)\right](k_p - k_a) - \left[\gamma h_1 + (\gamma_{sat}-\gamma_w)h_2\right]k_a \quad (3.4)$$

ou

$$\overline{p}'_p = \left[(\gamma_{sat}-\gamma_w)(a+y)\right](k_p - k_a) - p'_a \quad (3.5)$$

Por semelhança de triângulos, tem-se:

$$\frac{a}{y} = \frac{p'_a}{\overline{p}'_p} \therefore \overline{p}'_p = p'_a\,\frac{y}{a} \quad (3.6)$$

Logo:

$$p'_a\,\frac{y}{a} = \left[(\gamma_{sat}-\gamma_w)(a+y)\right](k_p - k_a) - p'_a \quad (3.7)$$

$$p'_a\,\frac{(y+a)}{a} = \left[(\gamma_{sat}-\gamma_w)(a+y)\right](k_p - k_a) \quad (3.8)$$

Com isso, a distância da base da escavação até o ponto de tensões nulas (ponto O) fica definida como (a):

$$a = \frac{p'_a}{(\gamma_{sat} - \gamma_w)(k_p - k_a)} \qquad (3.9)$$

Substituindo a Eq. 3.9 na Eq. 3.6, tem-se:

$$\overline{p}'_p = p'_a \frac{y}{p'_a}(\gamma_{sat} - \gamma_w)(k_p - k_a) \qquad (3.10)$$

ou

$$\overline{p}'_p = y(\gamma_{sat} - \gamma_w)(k_p - k_a) \qquad (3.11)$$

Admitindo a existência do ponto de rotação no nível do ponto M, a resultante de tensão efetiva horizontal (passiva – ativa) na base da cortina (p'_p) seria calculada considerando a mobilização da condição passiva à direita da cortina e da ativa à esquerda, na região abaixo da escavação. Com isso:

$$p'_p = \left[\sigma'_v k_p\right]_{direita} - \left[\sigma'_v k_a\right]_{esquerda} \qquad (3.12)$$

ou

$$p'_p = \left[\gamma h_1 + (\gamma_{sat} - \gamma_w)(h_2 + a + y)\right]k_p - (\gamma_{sat} - \gamma_w)(a + y)k_a \qquad (3.13)$$

Uma vez calculadas as tensões, a ficha é determinada pela resolução das equações de equilíbrio de forças e momentos atuantes na cortina. Definindo R_a como a resultante de empuxo ativo atuante acima do ponto de tensões nulas (ponto O), tem-se o equilíbrio de forças horizontais, dado por:

$$\sum F_H = R_a - \text{área do triângulo } OMR + \text{área do triângulo } RPQ = 0 \qquad (3.14)$$

As parcelas relativas às áreas dos triângulos OMR e RPQ (Fig. 3.6) podem ser calculadas com base nas áreas dos triângulos ONQ e MNP. Com isso:

$$\sum F_H = R_a - \text{área do triângulo } ONQ + \text{área do triângulo } MNP = 0 \qquad (3.15)$$

ou seja:

$$R_a - \overline{p}'_p \frac{y}{2} + \left(\overline{p}'_p + p'_p\right)\frac{z}{2} = 0 \quad (3.16)$$

O valor de z fica determinado como:

$$z = \frac{\overline{p}'_p \, y - 2R_a}{\overline{p}'_p + p'_p} \quad (3.17)$$

Estabelecendo a equação de equilíbrio de momentos em relação à base da cortina, tem-se:

$$\sum M = R_a \left(y + \overline{y}\right) + \frac{z^2}{6}\left(\overline{p}'_p + p'_p\right) - \overline{p}'_p \frac{y^2}{6} = 0 \quad (3.18)$$

$$6R_a\left(y + \overline{y}\right) + z^2\left(\overline{p}'_p + p'_p\right) - \overline{p}'_p \, y^2 = 0 \quad (3.19)$$

Combinando as Eqs. 3.10 e 3.13, chega-se à relação:

$$p'_p = \overline{p}'_p + r \quad (3.20)$$

em que:

$$r = \left[\gamma h_1 + \left(\gamma_{sat} - \gamma_w\right)h_2\right]\left(k_p + k_a\right) \quad (3.21)$$

Tomando as Eqs. 3.11, 3.17 e 3.20 e substituindo na equação de equilíbrio de momentos (Eq. 3.19), obtém-se uma equação de quarto grau em y, cuja solução pode ser obtida por tentativas:

$$\left(\gamma_{sat} - \gamma_w\right)^2 \left(k_p - k_a\right)^2 y^4 + \left(\gamma_{sat} - \gamma_w\right)\left(k_p - k_a\right)r y^3 - $$
$$8R_a\left(\gamma_{sat} - \gamma_w\right)\left(k_p - k_a\right)y^2 - 6R_a\left[r + 2\left(\gamma_{sat} - \gamma_w\right)\left(k_p - k_a\right)\overline{y}\right]y - \quad (3.22)$$
$$2R_a\left(3r\overline{y} + 2R_a\right) = 0$$

Uma vez calculado o comprimento y (Fig. 3.6), a profundidade da ficha (D) fica determinada como:

$$D = y + a \quad (3.23)$$

Aspectos de projeto

Apresentam-se, a seguir, alguns comentários que devem ser observados quando da aplicação das equações para a determinação da ficha em cortinas em balanço:

i. No desenvolvimento matemático exibido anteriormente, foi assumido empuxo de água nulo; isto é, não há fluxo, já que os níveis d'água no entorno da cortina encontram-se na mesma cota. Em muitas ocasiões, há a necessidade de considerar essa diferença de nível d'água e, portanto, os empuxos gerados pelo fluxo.

ii. Em face das incertezas associadas ao perfil de distribuição de empuxos e aos parâmetros geotécnicos, recomenda-se, após o cálculo da ficha (D), considerar:
   a) acréscimo no comprimento da ficha da ordem de 20% a 40%; ou
   b) minoração do valor de k_p em 1,5 a 2 vezes.

iii. O dimensionamento estrutural é feito com base no cálculo do momento fletor máximo, o qual ocorre na profundidade onde o cortante é nulo. Assim sendo, calcula-se a profundidade (ponto R') na qual o diagrama $OM'R'$ fornece uma resultante igual à resultante do diagrama ativo (R_a – acima do ponto O), como mostra Fig. 3.7. Com isso, a posição do ponto R' fica definida com base em:

$$R_a - R_p = 0 \quad (3.24)$$

Assim, o momento máximo é calculado por:

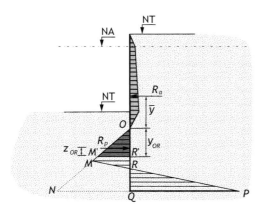

Fig. 3.7 *Posição de cortante nulo e momento fletor máximo*

$$M_{max} = R_a(\overline{y} + y_{OR}) - R_p z_{OR} \quad (3.25)$$

Exemplo 3.1 *Cortina em balanço - método convencional*

Para a cortina em balanço apresentada na Fig. 3.8, determinar o comprimento total a ser cravado. Para fins de segurança de projeto, majorar o comprimento da ficha em 30%. Assumir o NA na cava na mesma cota do NA do terreno.

3 # Teoria de empuxo aplicada a estruturas enterradas - cortinas

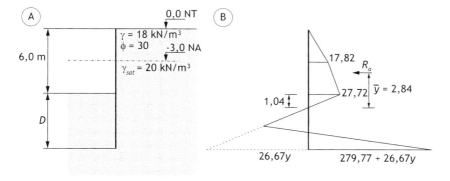

Fig. 3.8 *Exemplo de cortina em balanço: (A) geometria; (B) empuxos*

Solução

Na profundidade de 3 m, dado que $k_a = 0{,}33$ ($k_p = 3$), a tensão efetiva horizontal é:

$$\left[\sigma'_h\right]_{3\,m} = 18 \times 3 \times 0{,}33 = 17{,}82\,\text{kPa}$$

Na profundidade de 6 m:

$$\left[\sigma'_h\right]_{6\,m} = \left[18 \times 3 + (20 - 10)\,3\right] 0{,}33 = 27{,}72\,\text{kPa}$$

A profundidade onde o diagrama de tensões horizontais se anula é calculada como:

$$a = \frac{27{,}72}{(20-10)(3-0{,}33)} = 1{,}04\,\text{m}$$

O valor da resultante dos esforços (R_a) é dado por:

$$R_a = \left(17{,}82 \times \frac{3}{2}\right) + \left(17{,}82 + 27{,}72\right)\frac{3}{2} + \left(27{,}72 \times \frac{1{,}04}{2}\right) = 109{,}45\,\text{kN/m}$$

O ponto de aplicação da resultante em relação ao ponto de tensões nulas (ponto O) é $\bar{y}$, tal que:

$$R_a \bar{y} = \left[\left(17{,}82 \times \frac{3}{2}\right)\left(\frac{1}{3}3 + 3 + 1{,}04\right) + \left(17{,}82 \times 3\right)\left(\frac{1}{2}3 + 1{,}04\right) + \right.$$

$$\left. + \left(27{,}72 - 17{,}82\right)\frac{3}{2}\left(\frac{1}{3}3 + 1{,}04\right) + \left(\frac{27{,}72 \times 1{,}04}{2}\right)\left(\frac{2}{3}1{,}04\right)\right] = 310{,}79\,\text{kN}\cdot\text{m/m}$$

Sendo o valor de $\bar{y}$ igual a:

$$\frac{310,79}{109,45} = 2,84 \, m$$

Na base da cortina, o valor da tensão efetiva resultante (passiva – ativa) no lado esquerdo é determinado pela semelhança de triângulos:

$$\frac{[\sigma'_{h_{passivo}} - \sigma'_{h_{ativo}}]}{y} = \frac{27,72}{1,04}$$

Logo:

$$\left[\sigma'_{h_{passivo}} - \sigma'_{h_{ativo}}\right] = 27,72 \frac{y}{1,04} = 26,67\,y$$

Na base da cortina, o valor da tensão efetiva resultante (passiva – ativa) do lado direito é calculado por:

$$\sigma'_{h_{passivo}} - \sigma'_{h_{ativo}} = \{[18 \times 3 + (20-10)(3+1,04+y)]3\} -$$
$$- \left[(20-10)(1,04+y)0,33\right] = 279,77 + 26,67\,y$$

Estabelecendo o equilíbrio de momentos na base da cortina:

$$R_a(\bar{y}+y) - 27,72\frac{y}{1,04}\frac{y^2}{6} + \left(279,77 + 26,67\,y + 27,72\frac{y}{1,04}\right)\frac{z^2}{6} = 0$$

O valor de z é obtido pelo equilíbrio das forças na direção horizontal:

$$R_a - \left(27,72\frac{y}{1,04}\right)\frac{y}{2} + \left(27,72\frac{y}{1,04} + 279,77 + 26,67\,y\right)\frac{z}{2} = 0$$

Desenvolvendo, obtém-se:

$$\frac{26,67\,y^2 - 218,90}{53,32\,y + 279,77} = z$$

Substituindo os valores de R_a e $\bar{y}$ e a expressão relativa a z na equação de equilíbrio de momentos:

$$y^4 + 10,48y^3 - 49,22y^2 - 398,11y - 800,95 = 0$$

Chega-se a $y = 7$. A ficha será:

$$D = y + a \cong 8\,\text{m}$$

Que, majorada de 30%, resulta num comprimento de ficha de 10,4 m e num comprimento total da cortina de 16,4 m.

O ponto de cortante nulo está situado abaixo do ponto de tensões nulas, na profundidade y_{OR} (Fig. 3.7), em que:

$$R_a = 26,67\, y_{OR}\, \frac{y_{OR}}{2} = 109,45\,\text{kN/m}$$

O valor de y_{OR} será:

$$y_{OR} = \sqrt{\frac{109,45}{53,34}} \cong 2,84\,\text{m}$$

Nesta seção, o momento máximo vale:

$$M_{máx} = 109,45\,(2,84 + 2,84) - \frac{26,67\,(2,84)^3}{6} = 621,68 - 101,82 \cong 520\,\text{kN}\cdot\text{m/m}$$

Método simplificado

O método simplificado é apenas uma alternativa ao método convencional, sendo capaz de tratar a cortina em balanço de uma forma algébrica mais simples. Nesse método, o diagrama inferior *RPQ* da Fig. 3.6 é substituído por sua resultante, como mostra a Fig. 3.9. Embora não sejam estabelecidas, como no método convencional, as equações de equilíbrio, sua resolução chega aos mesmos resultados, de uma forma muito mais simples, pela sequência de cálculo a seguir:

i. Determinação da profundidade z_1 (Fig. 3.9), tal que o momento devido à resultante do diagrama de tensões ativas (*aoc*) seja a metade do momento devido à resultante das tensões passivas (*oef*).

$$R_a\, y_a = \frac{1}{2} R_p\, y_p \qquad (3.26)$$

Essa premissa equivale a estabelecer um fator de segurança igual a 2; isto é:

$$FS = \frac{R_p \, \overline{yp}}{R_a \, \overline{ya}} = 2 \qquad (3.27)$$

ii. Correção da profundidade z_1 em 15% para permitir a mobilização dos esforços à direita e próximo ao pé da cortina (Fig. 3.6). Essa região do diagrama é denominada contrapassivo P.

$$z_{1_M} = 1{,}15 z_1 \qquad (3.28)$$

iii. Determinação da posição de cortante nulo (z_2) conforme mostrado nas Fig. 3.7 e 3.9. Nesse ponto, determina-se o momento máximo da mesma forma vista no método convencional.

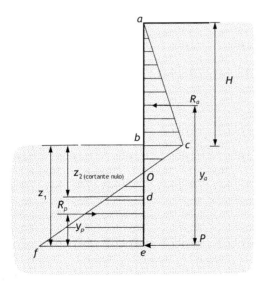

Fig. 3.9 *Esquema de cálculo - método simplificado*

Exemplo 3.2 *Cortina em balanço - método simplificado*
Para a mesma cortina em balanço apresentada no exemplo anterior (Fig. 3.9), determinar o comprimento total usando o método simplificado.

Solução
Uma vez que a resultante R_a e o braço de alavanca da resultante em relação ao ponto de tensões nulas foram calculados no exemplo anterior, basta a determinação de z_1 por meio da Eq. 3.26. Com isso:

$$R_a \left(\overline{y} + z_1 - a \right) 2 = 26{,}67 \frac{(z_1 - a)^3}{6}$$

Substituindo R_a, $\overline{y}$ e a, calculados anteriormente, chega-se a:

$$109{,}45 \left(2{,}84 + z_1 - 1{,}04 \right) 2 = 26{,}67 \frac{(z_1 - 1{,}04)^3}{6} \text{ ou } z_1 = 9{,}19 \, \text{m}$$

Majorando z_1 em 15%, tem-se um comprimento total $(H + D)$ da cortina em balanço de:

$$H + D = 6 + 1,15 \times 9,19 = 16,5 \text{ m}$$

Observa-se que esse resultado é praticamente idêntico ao calculado anteriormente com o método convencional, apesar da simplicidade do ponto de vista algébrico.

Análise não drenada - solos argilosos (análise a curto prazo)
No caso de solos argilosos, deve-se identificar o momento crítico da obra, o qual está relacionado ao menor valor de tensão efetiva, como indicado no Quadro 3.2.

Conceitualmente, a análise não drenada pode ser feita em termos de tensões efetivas, utilizando os parâmetros efetivos de resistência ao cisalhamento (c', ϕ'), desde que sejam incorporados, no cálculo da poropressão, os excessos de poropressão gerados pelo processo de escavação.

Alternativamente, as análises não drenadas podem ser realizadas em termos de tensão total, empregando os parâmetros não drenados $(c = S_u$ e $\phi = 0)$. Quando se utiliza essa abordagem, o diagrama de tensões, calculado pela teoria de Rankine, torna-se mais simples, pois resulta em $k_a = k_p = 1$. A Fig. 3.10 ilustra o diagrama de empuxos. No trecho em balanço, recomenda-se desprezar a região da trinca e adotar o uso do diagrama aproximado (Cap. 2).

A tensão horizontal total ativa no ponto A, na base da escavação (p_a), na argila, é dada por:

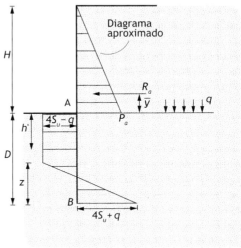

Fig. 3.10 *Distribuição de empuxos em cortina em solo argiloso - análise a curto prazo em termos de tensões totais*

$$\left[p_a\right]_A = q k_a - 2c\sqrt{k_a} = q - 2S_u \qquad (3.29)$$

À esquerda da cortina atua o passivo e, como a sobrecarga é nula, tem-se no nível do ponto A:

$$\left[p_p\right]_A = +2c\sqrt{k_p} = 2S_u \qquad (3.30)$$

Assim, a resultante da tensão horizontal na base da escavação, na argila, é dada por:

$$\left[p_p - p_a\right]_A = 2S_u - (q - 2S_u) = 4S_u - q \qquad (3.31)$$

Na base da cortina, as regiões ativa e passiva se invertem (Fig. 3.4) e, com isso, tem-se, no caso drenado:

$$\left[p_p - p_a\right]_B = \left[\sigma'_v k_p + 2c'\sqrt{k_p}\right] - \left[\sigma'_v k_a - 2c'\sqrt{k_a}\right] = \qquad (3.32)$$
$$= \left[(q + \{\gamma_{sat} - \gamma_\omega\}D)k_p + 2c'\sqrt{k_p}\right] -$$
$$- \left[(\{\gamma_{sat} - \gamma_\omega\}D)k_a - 2c'\sqrt{k_a}\right]$$

Para a condição não drenada, em termos de tensão total, tem-se $c = S_u$ e $\phi = 0$; consequentemente, $k_p = k_a = 1$. Desse modo:

$$\left[p_p - p_a\right]_B = q + 4S_u \qquad (3.33)$$

Uma vez calculadas as tensões, a ficha é determinada pela resolução das equações de equilíbrio de forças e momentos atuantes na cortina. Definindo como R_a a resultante de empuxo ativo atuante na região em balanço, tem-se o equilíbrio de forças horizontais como estabelecido pela equação a seguir. Nessa equação, o diagrama abaixo do nível da escavação foi calculado pela superposição (Fig. 3.10B) de um retângulo de largura $[4S_u - q]$ e altura D e de um triângulo de altura z e base $[(4S_u - q) + (4S_u + q)]$.

Nessa equação, a altura z (Fig. 3.10), acima do pé da cortina, corresponde à posição do ponto de rotação, onde há uma inversão na mobilização dos empuxos ativo e passivo.

$$\sum F_h = R_a + \frac{z}{2}(4S_u - q + 4S_u + q) - D(4S_u - q) = 0 \qquad (3.34)$$

A solução da Eq. 3.34 permite o cálculo de z (Fig. 3.10). Até a profundidade D − z, o diagrama de empuxo é constante e igual a (4S$_u$ − q):

$$z = \frac{\left[D(4S_u - q) - R_a\right]}{4S_u} \qquad (3.35)$$

Em termos de equilíbrio de momentos em relação à base da cortina, tem-se:

$$\sum M = R_a(\overline{y} + D) - (4S_u - q)\frac{D^2}{2} + (4S_u - q + 4S_u + q)\frac{z^2}{6} =$$
$$= R_a(\overline{y} + D) - \frac{D^2}{2}(4S_u - q) + \frac{z^2}{3}4S_u = 0 \qquad (3.36)$$

Substituindo o valor de z (Eq. 3.35) na equação anterior, chega-se a:

$$D^2(4S_u - q) - 2DR_a - \frac{R_a(12S_u\,\overline{y} + R_a)}{2S_u + q} = 0 \qquad (3.37)$$

em que:
 D = ficha;
 R_a = resultante do diagrama de pressões acima do nível de escavação;
 $\overline{y}$ = localização da resultante em relação ao nível da escavação;
 q = tensão vertical ao nível da escavação;
 S_u = resistência não drenada do solo.

Aspectos de projeto

Apresentam-se, a seguir, alguns comentários que devem ser observados quando da aplicação das equações para a determinação da ficha em cortinas em balanço:
i. Em face das incertezas associadas ao perfil de distribuição de empuxos e parâmetros geotécnicos, recomenda-se, após o cálculo da ficha (D), considerar:
   a) acréscimo no comprimento da ficha da ordem de 20% a 40%; ou
   b) minoração do valor de S_u em 1,5 a 2 vezes.
ii. O dimensionamento estrutural é feito com base no cálculo do momento fletor máximo, o qual ocorre na profundidade h', onde o cortante é nulo. Assim sendo, a distância h', medida a partir da base da escavação, é dada por:

$$h' = \frac{R_a}{(4S_u - q)} \qquad (3.38)$$

Sendo o momento fletor máximo definido pela equação:

$$M_{máx} = R_a(\overline{y} + h') - (4S_u - q)\frac{h'^2}{2} \qquad (3.39)$$

iii. Observar que existe uma altura crítica H acima da qual não é possível calcular a cortina. Isso porque, com $\phi = 0$, os diagramas de empuxo ativo e passivo crescem igualmente com a profundidade e no trecho à frente da cortina tem-se um diagrama resultante que pode não conseguir prover o equilíbrio necessário. Essa condição ocorre caso q se iguale a $4S_u$, já que:

$$4S_u - q = 0 \qquad (3.40)$$

ou

$$q = 4S_u \qquad (3.41)$$

Exemplo 3.3 *Cortina em balanço em solo argiloso - análise a curto prazo*

Numa escavação provisória, será necessário executar uma cortina em balanço com ficha em solo argiloso, como mostra a Fig. 3.11. Determinar o comprimento máximo da cortina e os esforços de flexão na parede.

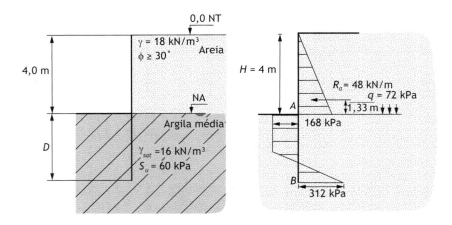

Fig. 3.11 *Exemplo de cortina em solo argiloso*

Solução
Cálculo da sobrecarga no nível da escavação, assumindo $\phi' = 30°$ ($k_a = 0,33$):

$$q = \gamma\, h = 18 \times 4 = 72\,\text{kPa}$$

Tensão horizontal ativa na profundidade de 4 m:
i. Na areia:

$$\left[\sigma_h\right]_a = \gamma\, h\, k_a = 18 \times 4 \times 0,33 = 24\,\text{kPa}$$

ii. Na argila:

$$\left[\sigma_h\right]_a = \gamma\, h\, k_a - 2S_u\sqrt{k_a} = 18 \times 4 \times 1 - 2 \times 60 = -48\,\text{kPa}$$

Tensão horizontal passiva na profundidade de 4 m:

$$\left[\sigma_h\right]_p = +2S_u\sqrt{k_p} = 2 \times 60 = 120\,\text{kPa}$$

Tensão horizontal resultante na profundidade de 4 m, na fronteira inferior (argila):

$$\left[\sigma_h\right]_p - \left[\sigma_h\right]_a = 120 - (-48) = 168\,\text{kPa}$$

ou

$$\left[\sigma_h\right]_{resultante} = 4S_u - q = 4 \times 60 - 72 = 168\,\text{kPa}$$

Esse valor se mantém até que, a uma altura z acima do pé da cortina, há uma mudança no sentido do diagrama.

Tensão horizontal passiva no pé da cortina (na argila $k_p = k_a = 1$):

$$\left[\sigma_h\right]_p = [\Sigma\,\gamma\,h]k_p + 2S_u\sqrt{k_p} = \left[18 \times 4 + 16D\right] + 2 \times 60 = 192 + 16D$$

Tensão horizontal ativa no pé da cortina:

$$\left[\sigma_h\right]_a = \left[\gamma\, D\right]k_a - 2S_u\sqrt{k_a} = \left[16D\right] - 2 \times 60 = 16D - 120$$

Resultante de tensão horizontal no pé da cortina:

$$\left[\sigma_h\right]_p - \left[\sigma_h\right]_a = 192 + 16D - \left(16D - 120\right) = 312\,\text{kPa}$$

ou

$$\left[\sigma_h\right]_{resultante} = 4S_u + q = 4 \times 60 + 72 = 312\,\text{kPa}$$

Resultante de empuxo até o nível da escavação:

$$R_a = \frac{(24 \times 4)}{2} = 48\,\text{kN/m}$$

Para o caso estudado, $\overline{y} = \frac{1}{3} \times 4 = 1{,}33$ m. Com isso, de acordo com a Eq. 3.37, tem-se:

$$D^2(4 \times 60 - 72) - 2D \times 48 - \frac{48(12 \times 60 \times 1{,}33 + 48)}{2 \times 60 + 72} = 0$$

$$168D^2 - 96D - 251{,}4 = 0$$

$$D^2 - 0{,}57D - 1{,}5 = 0$$

Resolvendo, chega-se a $D = 1{,}54$ m.
O valor de z, calculado pela Eq. 3.35, é dado por:

$$z = \frac{1{,}54(4 \times 60 - 72) - 48}{4 \times 60} = 0{,}88\,\text{m}$$

O ponto de cortante nulo ocorre em:

$$h' = \frac{R_a}{(4S_u - q')} = \frac{48}{(240 - 72)} = 0{,}29\,\text{m}$$

O momento fletor máximo será, portanto,

$$M_{máx} = R_a(1{,}33 + h') - \frac{168\,h'^2}{2} = 70{,}7\,\text{kNm/m}$$

3.2.2 Cortinas com um nível de apoio

A solução de cortina em balanço não é adequada a escavações com desníveis muito elevados, já que seriam necessários comprimentos excessivos de ficha para garantir a estabilidade da cortina. Adicionalmente, tanto os esforços quanto os deslocamentos da parede (e, consequentemente, os recalques nas estruturas vizinhas) também seriam elevados. Nesses casos, recomenda-se a adoção de apoios posicionados em um ou mais níveis ao longo do trecho livre da cortina.

Para o caso de um único nível de apoio, a aplicação dos diagramas de Rankine ainda é válida, segundo a maior parte dos autores. Cabe observar que, dependendo do tamanho da ficha, o padrão de deslocamentos na cortina se altera. Consequentemente, os diagramas de empuxo também mudam.

A Fig. 3.12 exemplifica a solução de cortina com um nível de apoio para duas situações diferentes de comprimento de ficha. Na condição de apoio livre (*free earth support*) (Fig. 3.12A), a ficha é pequena. A ação passiva do solo sobre a ficha não é capaz de promover uma restrição efetiva às deformações (e rotação) na cortina. O empuxo ativo (R_a) é equilibrado pela reação (empuxo passivo) ao longo da ficha (esforço P) e pela reação do apoio (T).

Na condição de apoio fixo (*fixed earth support*) (Fig. 3.12B), a ficha é longa o suficiente para exercer uma restrição efetiva às deformações (e rotação) da cortina. Com isso, tem-se um esforço adicional (P') que também auxilia no equilíbrio, acarretando a redução tanto dos esforços de flexão na parede quanto dos esforços transmitidos ao apoio.

A experiência mostra que a solução de cortina com apoio fixo é a alternativa mais econômica. Embora a cortina seja mais longa, os momentos fletores são significativamente reduzidos se comparados aos calculados para o apoio livre. Há casos, entretanto, em que o apoio livre se impõe, como:

- quando há ocorrência de argilas de baixa a média consistência abaixo da linha de escavação;
- quando há ocorrência de rocha próxima à base da escavação, de forma a dificultar a penetração adicional da cortina.

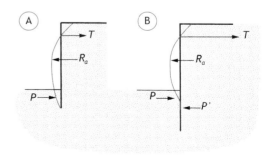

Fig. 3.12 *Cortina com um apoio (A) livre e (B) fixo*

Método do apoio livre (free earth support)

O método do apoio livre considera que a cortina tenha rigidez suficiente para girar em torno do ponto de ancoragem, desenvolvendo-se tensões passivas na frente da cortina e ativas atrás da cortina.

Analogamente ao dimensionamento das cortinas em balanço, apresentam-se, a seguir, as expressões para o cálculo dos diagramas de empuxo separando as condições drenada e não drenada.

Solos arenosos - condição drenada

A Fig. 3.13 mostra a distribuição de empuxos ao longo da profundidade, assumindo a hipótese de distribuição linear. A distribuição de empuxos tende a manter a mobilização da condição ativa atrás da cortina e da passiva à frente.

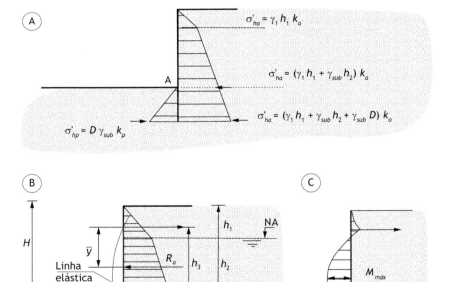

Fig. 3.13 Distribuição de empuxos e esforços na cortina - método do apoio livre - condição drenada: (A) diagrama de empuxos; (B) diagrama resultante de empuxos; (C) diagrama de momento fletor

Da mesma forma que para estruturas em balanço, (p'_a) e $(\overline{p}'_p)$ são calculados pelas Eqs. 3.2 e 3.5. Com isso, a distância da base da escavação até o ponto de tensões nulas (*a*) fica definida como mostra a Eq. 3.9.

Realizando o equilíbrio de momentos em relação ao ponto de apoio, tem-se:

$$\sum M = R_a \, \overline{y} - R_p \left(\frac{2y}{3} + a + h_3 \right) = 0 \qquad (3.42)$$

ou

$$R_a \, \overline{y} = R_p \left(\frac{2y}{3} + a + h_3 \right) \qquad (3.43)$$

Mas

$$R_p = \overline{p}'_p \frac{y}{2} \qquad (3.44)$$

e

$$\overline{p}'_p = \left[(\gamma_{sat} - \gamma_w)(a+y) \right] k_p - \\ - \left[\gamma h_1 + (\gamma_{sat} - \gamma_w) h_2 + (\gamma_{sat} - \gamma_w)(a+y) \right] k_a \qquad (3.45)$$

ou

$$\overline{p}'_p = (\gamma_{sat} - \gamma_w)(a+y)(k_p - k_a) - p'_a \qquad (3.46)$$

mas, por semelhança de triângulos,

$$\frac{p'_a}{a} = \frac{\overline{p}'_p}{y} \rightarrow \overline{p}'_p = \frac{p'_a \, y}{a} \qquad (3.47)$$

Substituindo o valor de *a* (Eq. 3.9) na Eq. 3.47, chega-se a:

$$\overline{p}'_p = (\gamma_{sat} - \gamma_w)(k_p - k_a) y \qquad (3.48)$$

Substituindo a Eq. 3.48 na Eq. 3.44, obtém-se a expressão da resultante do empuxo passivo abaixo do ponto O:

$$R_p = (\gamma_{sat} - \gamma_w) \frac{y^2}{2} (k_p - k_a) \qquad (3.49)$$

Substituindo essa expressão na Eq. 3.43, chega-se a uma equação de terceiro grau em y, cuja solução pode ser obtida por tentativas:

$$R_a \bar{y} = (\gamma_{sat} - \gamma_w)\frac{y^2}{2}(k_p - k_a)\left(\frac{2y}{3} + a + h_3\right) = \qquad(3.50)$$

$$= y^3\left[\frac{(\gamma_{sat} - \gamma_a)}{3}(k_p - k_a)\right] +$$

$$+ y^2\left[\frac{(\gamma_{sat} - \gamma_a)}{2}(k_p - k_a)(a + h_3)\right] - R_a \bar{y} = 0$$

O comprimento da ficha (D) fica determinado por:

$$D = a + y \qquad(3.51)$$

O dimensionamento do sistema de apoio é feito com base no cálculo da força na ancoragem (F_a), por meio do equilíbrio de forças horizontais:

$$F_a = R_a - R_p \qquad(3.52)$$

Aspectos de projeto

Assim como ocorre com o dimensionamento de cortinas em balanço, recomenda-se:

i. Após o cálculo da ficha, aplicar um acréscimo de 20% a 40% no valor de D ou minorar k_p de 1,5 a 2,0.
ii. Em algumas ocasiões, há a necessidade de considerar o desnível entre os níveis d'água externo e interno.
iii. O dimensionamento estrutural da cortina baseia-se no valor do momento máximo.
iv. Ainda com relação aos momentos fletores, Rowe (1952) estabeleceu, exclusivamente para cortinas de estacas-prancha metálicas, uma relação entre a redução de momentos fletores, calculados pelo método do apoio livre, e um parâmetro de flexibilidade, que ele denominou *flexibility number* ρ, dado por:

$$\rho = \frac{H^4}{EI} \qquad(3.53)$$

em que H é o comprimento total da cortina, E, o seu módulo de elasticidade, e I, o momento de inércia por unidade de comprimento da cortina. A redução de momentos de Rowe é indicada em diversas referências (Teng, 1962; Tschebotarioff, 1973), sendo válida para solos medianamente compactos e apenas para cortinas de estacas-prancha metálicas.

Exemplo 3.4 Cortina com um nível de apoio (livre) - análise drenada

Calcular, pelo método do apoio livre, a ficha e os esforços de flexão em uma cortina de contenção de uma escavação de 6 m de altura, em um maciço arenoso com peso específico de 18 kN/m³ e $\phi' = 30°$. (Fig. 3.14). Considerar o nível d'água profundo e com um nível de escoramento no topo.

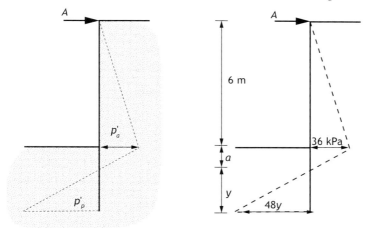

Fig. 3.14 *Exemplo de cortina com um nível de apoio - condição drenada*

Solução
No nível da escavação, a tensão efetiva horizontal ativa é dada por:

$$p'_a = \sigma'_v \, k_a = 18 \times 6 \times 0{,}33 = 36 \text{ kPa}$$

Na extremidade inferior da parede, a tensão efetiva horizontal resultante é determinada por:

$$\overline{p}'_p = (\gamma_{sat} - \gamma_w)(a + y)(k_p - k_a) - p'_a$$

Mas a profundidade a é calculada por:

$$a = \frac{p'_a}{\gamma(k_p - k_a)} = \frac{36}{18\left(3 - \dfrac{1}{3}\right)} = 0,75\,\text{m}$$

Assim:

$$\overline{p}'_p = 18(0,75 + y)(3 - 0,33) - 36 = 36 - 48y - 36 = 48y$$

Com base no equilíbrio de momentos em relação ao ponto de apoio, chega-se a:

$$\sum M = \frac{36 \times 6}{2}\frac{2}{3} 6 + 36\frac{0,75}{2}(6 + 0,25) - \frac{48 y^2}{2}\left(6,75 + \frac{2}{3}y\right) = 0$$

$$16 y^3 + 162 y^2 - 516,375 = 0$$

Com isso, chega-se a y = 1,65 m, definindo a ficha de D = 0,75 + 1,65 = 2,40 m.

Em projeto, recomenda-se considerar um acréscimo no comprimento da ordem de 20% a 40%. Levando em conta 20% de acréscimo da ficha, chega-se ao comprimento total da parede: 6 + 2,9 ≈ 9 m.

Com $\sum F_h = 0$, obtém-se o esforço no nível do escoramento:

$$A - 36\frac{6}{2} - 36\frac{0,75}{2} + 48\frac{1,65^2}{2} = 0,\ \text{logo}\ A = 56,16\ \text{kN/m}$$

O esforço máximo de flexão (momento fletor máximo) ocorre no ponto onde o esforço cortante é nulo, dado por:

$$56,16 - \frac{\gamma z^2}{6} = 0$$

Sendo γ = 18 kN/m³, então z = 4,32 m.

O momento fletor máximo é, portanto:

$$M_{máx} = 56,16 \times 4,32 - 18\frac{(4,32)^3}{6}\frac{2}{3} = 81,1\ \text{kN/m}$$

Análise não drenada - solos argilosos (análise a curto prazo)

No caso de cortina com apoio livre em condições não drenadas, a profundidade da ficha é pequena o suficiente para se considerar, abaixo da linha de escavação, o diagrama resultante retangular, como indicado na Fig. 3.15. Com isso, as expressões de cálculo da ficha se tornam mais simples.

Realizando o equilíbrio de momentos em relação ao ponto de ancoragem, tem-se:

$$R_a \, \overline{y} - D(4S_u - q)\left(h_3 + \frac{D}{2}\right) = 0 \qquad (3.54)$$

Rearranjando a Eq. 3.54, chega-se a uma equação de segundo grau cuja solução define o valor da ficha (D):

$$D^2 + 2Dh_3 - \frac{2\overline{y}\,R_a}{(4S_u - q)} = 0 \qquad (3.55)$$

Para a determinação da força na ancoragem, basta garantir o equilíbrio de forças horizontais; isto é:

$$\sum F_H = 0 \therefore F_a = R_a - R_p \qquad (3.56)$$

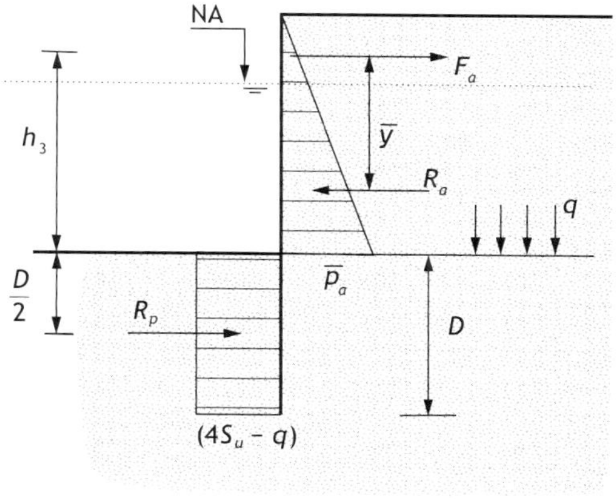

Fig. 3.15 *Distribuição de empuxos em cortina com um nível de apoio - condição não drenada*

Método do apoio fixo *(fixed earth support)*
No método do apoio fixo, a ficha é longa o suficiente para prover uma restrição efetiva às deformações e rotação da cortina. Como resultado, o momento fletor atuante na extremidade inferior da cortina é negativo, como mostra a Fig. 3.16. A linha elástica ($E(y)$) muda sua curvatura no ponto de inflexão I. Nesse ponto de inflexão, tem-se:

$$\frac{d^2\,E(y)}{d\,y^2} = 0 \qquad (3.57)$$

Consequentemente, o momento fletor se anula nesse ponto, já que:

$$\frac{d^2\,E(y)}{d\,y^2} = -\frac{M}{E\,I} \qquad (3.58)$$

em que:
M = momento fletor;
E = módulo de elasticidade;
I = momento de inércia.

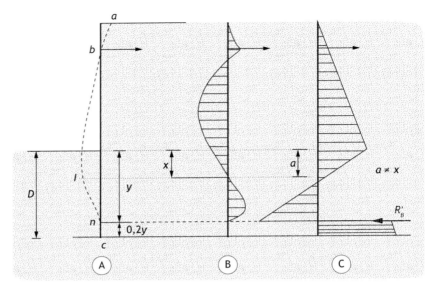

Fig. 3.16 *Cortina com um nível de apoio - método do apoio fixo: (A) linha elástica; (B) distribuição de momentos; (C) distribuição de empuxos*

Solos arenosos - condição drenada

Serão apresentados, a seguir, diferentes métodos de dimensionamento.

Método da linha elástica

O método clássico de dimensionamento de cortinas de apoio fixo, conhecido como método da linha elástica, baseia-se no padrão de deslocamentos previsto, como mostra a Fig. 3.16A, e considera um conjunto de hipóteses simplificadoras; isto é:

i. A deformada da cortina passa pelo ponto de interseção desta com a ancoragem.
ii. A cortina é fixa a partir do ponto n; isto é, a cortina não se desloca abaixo desse ponto ou a deformada nesse ponto é vertical.
iii. A resistência passiva do solo na extremidade inferior da cortina é substituída por uma força equivalente (R'_B), apresentada na Fig. 3.16C, localizada a uma distância acima da ponta, da ordem de $0{,}2y$.

Inicialmente, escolhe-se um valor arbitrário para a profundidade y. Em seguida, determina-se a linha elástica ($E(y)$), uma vez que se conhece, segundo a teoria de Rankine, o diagrama resultante de empuxo, forçando a verticalidade da linha elástica no ponto n.

Se a linha elástica obtida não interceptar a vertical no nível de ancoragem ($y = 0$) é sinal de que a profundidade y foi estimada de forma incorreta e não é compatível com as condições de equilíbrio impostas. Um novo valor para y deve ser arbitrado e o procedimento de cálculo repetido até que a linha elástica intercepte a vertical no nível de ancoragem.

O uso do método é extremamente demorado e, por isso, ele raramente é utilizado na prática.

Método da viga equivalente (Blum, 1931)

Em 1931, com base no método da linha elástica, Blum propôs um novo procedimento, muito mais simples, conhecido como método da viga equivalente. Como premissa inicial, o autor estabeleceu uma relação entre o coeficiente de empuxo ativo do solo e a distância x, indicada na Fig. 3.16, correspondente à posição do ponto de inflexão (I) da elástica. A Fig. 3.17 mostra a curva proposta por Blum.

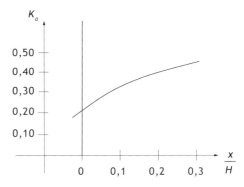

Fig. 3.17 Relação teórica entre k_a e a distância x (H = altura da cortina)

Cornfield (1975) apresentou os valores da distância x (Fig. 3.16), abaixo do nível da escavação, correspondente ao ponto de inflexão I, em forma de tabela (Tab. 3.1).

TAB. 3.1 Distância x em função do ângulo de atrito ϕ' e da altura H da escavação

ϕ	30°	35°	40°
x/H	$0,08H$	$0,03H$	0

Assim sendo, o dimensionamento da cortina, segundo o método da viga equivalente de Blum, consiste em considerar uma rótula no ponto de inflexão I, onde o momento fletor é zero. Isso é feito subdividindo a cortina em dois trechos, como mostra a Fig. 3.18:

i. O trecho da cortina acima da rótula (ponto de inflexão I) pode ser tratado separadamente como uma viga isostática, simplesmente apoiada ao nível da ancoragem e no ponto de inflexão (I). Com isso, com base no diagrama de empuxos, é possível determinar a força na ancoragem, a reação (R_B) no apoio fictício e o diagrama de momentos fletores nesse trecho da cortina.

ii. O trecho inferior ao ponto de inflexão (I) também é tratado como uma viga simplesmente apoiada. Todas as cargas atuantes são conhecidas, exceto a reação R'_B. O vão ($y - x$), necessário ao equilíbrio, também não é conhecido. Esse vão, contudo, pode ser facilmente determinado fazendo $\sum M = 0$ no ponto de aplicação de R'_B. Calculado ($y - x$), como x é conhecido, determina-se y e, em seguida, a ficha, considerada como $D = 1,2y$.

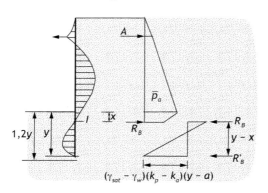

Fig. 3.18 *Método da viga equivalente de Blum (1931)*

Da mesma forma que nos casos anteriores, ressalta-se que, quando houver diferenças entre os diagramas de poropressão em lados opostos da cortina, a poropressão resultante deve ser incorporada ao cálculo. Esse diagrama deverá ser somado ao de tensões efetivas horizontais, para o estabelecimento das tensões totais que são transferidas à cortina.

O método do apoio fixo foi concebido apenas para solos arenosos. No caso de escavações em solos argilosos em situação drenada (a longo prazo), seu emprego é também realizado na prática. Em solos argilosos sob condição não drenada, costuma-se utilizar o método do apoio livre, principalmente quando a ficha se encontra em argila rija. Na ocorrência de argila de menor consistência na região da ficha, o método do apoio livre irá resultar em penetrações excessivas e soluções pouco econômicas.

Cornfield (1975) ressalta que, embora o método do apoio fixo possa não ser confiável para toda a vida útil da obra, no caso de solos de comportamento não drenado, muitas cortinas calculadas por esse método têm apresentado comportamento satisfatório, sem registros de rupturas.

Método da viga substituta (Verdeyen; Roisin, 1952)

Verdeyen e Roisin (1952) apresentaram um método analítico designado como método da viga substituta. Trata-se de considerar um engastamento da cortina, realizado por meio da imposição de uma ficha longa, de modo semelhante ao proposto nos métodos da linha elástica e da viga equivalente (Blum, 1931). No entanto, o modelo de cálculo é ainda mais simples, uma vez que na viga substituta considera-se que o ponto de inflexão corresponde à profundidade onde as tensões horizontais são nulas. Esse método também é conhecido, na prática, como método de Anderson, embora a referência a Anderson não tenha sido feita pela maioria dos autores.

A Fig. 3.19 ilustra a sua aplicação. A cortina com um nível de apoio é subdividida em dois tramos, AB e BD, ambos considerados como vigas isostáticas.

Considera-se que o empuxo resultante no pé da cortina, equivalente ao trecho inferior da ficha, é concentrado no ponto D. A ficha deve ser determinada de modo a prover uma reação R, no nível B da viga substituta inferior, que supere a reação, nesse mesmo nível, imposta pela viga superior.

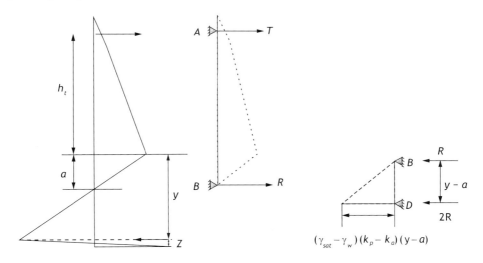

Fig. 3.19 *Método da viga substituta de Verdeyen e Roisin (1952)*

Com isso, as etapas de cálculo são as seguintes:
i. Traçado do diagrama de empuxos: recomenda-se a minoração do coeficiente de empuxo passivo, adotando-se um valor inferior ao disponível na ruptura. Essa redução acarreta o aumento do valor

da distância a, correspondente à profundidade da tensão horizontal nula em relação ao nível da escavação, bem como do valor do comprimento do vão da viga inferior ($y - a$). Os autores sugerem uma redução no coeficiente de empuxo passivo (E_p) de até 1,3, para $\phi' \geq 25°$, e de até 1,6, para $\phi' < 25°$.

ii. Cálculo da carga no apoio, T, pelo equilíbrio de momentos em torno do ponto B da viga substituta superior (AB).

$$T(h_t + a) = R_a \, \overline{y} \qquad (3.59)$$

em que R_a é a resultante do diagrama de empuxo ativo, e $\overline{y}$, o ponto de aplicação dessa resultante em relação ao ponto B.

iii. Cálculo da reação fictícia R pelo equilíbrio de esforço horizontal da viga substituta AB.

$$R = R_a - T \qquad (3.60)$$

iv. Cálculo da profundidade ($y - a$) por meio da equação:

$$(k'_p - k_a)\gamma \frac{(y-a)^2}{2} = 3R \qquad (3.61)$$

em que k'_p é o coeficiente de empuxo passivo minorado (k_p/FS). Assim sendo:

$$y - a = \sqrt{\frac{6R}{(k'_p - k_a)\gamma}} \qquad (3.62)$$

O valor de ($y - a$) é obtido, portanto, a partir da viga substituta BD, seja pelo equilíbrio de forças, seja pelo equilíbrio de momentos, como mostrado pelas Eqs. 3.61 e 3.62.

i. Cálculo da profundidade z, abaixo do ponto D, de tal forma que o diagrama de tensões forneça uma resultante equivalente à reação $2R$. Geralmente, essa verificação é dispensada quando se considera para z um valor equivalente a 20% de y. Com isso, o comprimento final da ficha será 1,2y.

ii. Cálculo do momento máximo da cortina, que ocorre na profundidade de esforço cortante nulo.

No que diz respeito ao diagrama de tensões, Verdeyen e Roisin (1952) salientaram que, ao contrário das cortinas em balanço, a restrição imposta aos deslocamentos do topo pela linha de apoio (tirante ou estronca) resulta numa concentração de tensões no trecho superior da cortina. Isso acarreta uma mudança no diagrama de empuxo ativo, conforme ilustrado na Fig. 3.20.

Com isso, os autores propuseram a adoção de um diagrama modificado, construído graficamente, como mostra a Fig. 3.21. Nessa figura, indica-se o caso mais geral, onde é incluída a ação de sobrecarga uniformemente distribuída na superfície do terreno. A linha tracejada superior corresponde ao diagrama de empuxo passivo de Rankine e define o trecho inicial do diagrama de empuxo aparente até uma profundidade equivalente a 0,075H, sendo H a altura da escavação. O trecho seguinte é obtido ligando o ponto de tensão horizontal máxima à tensão ativa equivalente exclusivamente à sobrecarga, no nível da escavação. Esse trecho será interceptado pelo diagrama de empuxo ativo, calculado pela teoria de Rankine. Com isso, o útimo trecho do diagrama segue a linha do empuxo ativo de Rankine.

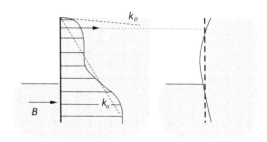

Fig. 3.20 Concentração de tensões próximo ao apoio
Fonte: adaptado de Verdeyen e Roisin (1952).

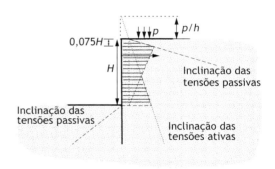

Fig. 3.21 Construção gráfica do diagrama de empuxo aparente, proposta por Verdeyen e Roisin (1952)

Exemplo 3.5 *Cortina com um nível de apoio (apoio fixo) - análise drenada*

Para o mesmo caso analisado no exemplo anterior (escavação de 6 m de altura em maciço arenoso com peso específico de 18 kN/m^3, $\phi' = 30°$, nível d'água profundo e com um nível de escoramento no topo), calcular, pelo método do apoio fixo, o comprimento da ficha e o esforço máximo de flexão na cortina. De forma simplificada, considerar o ponto de inflexão como aquele onde as tensões horizontais são nulas. Utilizar duas formas de se proceder à segurança: i) majorando a ficha e ii) reduzindo o coeficiente de empuxo passivo.

Solução

i. Majorando a ficha.

O diagrama de tensões, pela teoria clássica de Rankine, é o mesmo estabelecido anteriormente. Resolvendo o equilíbrio de momentos para a viga biapoiada superior, tem-se (Fig. 3.22):

$$\sum(Momentos)_{nível\,da\,ancoragem} = 0$$

$$\sum M = \frac{36 \times 6}{2}\frac{2}{3}6 + 36\frac{0,75}{2}(6+0,25) - R_B\,6,75 = 0$$

$$R_B = 76,5\,\text{kN/m}$$

Resolvendo o equilíbrio de momentos para a viga biapoiada inferior, tem-se:

$$\sum(Momentos)_{R'_B} = 0$$

$$\frac{\overline{p}'_p\,(y-a)}{2}\frac{1}{3}(y-a) = R_B(y-a)$$

$$\frac{48(y-0,75)^2}{6} = 76,5\ \text{kN/m}$$

Com isso, $y - a = 3,1$ m, e $y = 3,1 + 0,75 = 3,85$ m.

A ficha será $1,2y = 1,2(3,85) = 4,6$ m e o comprimento total da parede = 10,6 m.

Ao resolver a viga substituta superior, obtém-se o momento fletor máximo de 116,2 kN · m/m e a carga no apoio $R_A = 45$ kN/m.

ii. Aplicando a segurança por meio da redução no coeficiente de empuxo passivo, com redução de 1,3:

$$k'_p = 3/1{,}3 = 2{,}3$$

$$a = \frac{p'_a}{\gamma\left(k'_p - k_a\right)} = \frac{36}{18\left(2{,}3 - \dfrac{1}{3}\right)} = 1{,}0\,\text{m}$$

Assim:

$$\sum\left(Momentos\right)_{nível\,da\,ancoragem} = 0$$

$$\sum M = \frac{36 \times 6}{2}\frac{2}{3}6 + 36\frac{1{,}0}{2}\left(6 + 0{,}33\right) - R_B\,7{,}0 = 0$$

$$R_B = 78\;\text{kN/m}$$

Resolvendo o equilíbrio de momentos para a viga biapoiada inferior, tem-se:

$$\sum\left(Momentos\right)_{R'_B} = 0$$

$$\frac{\overline{p}'_p\left(y-a\right)}{2}\frac{1}{3}\left(y-a\right) = R_B\left(y-a\right)$$

$$\frac{18\left(2{,}3 - 0{,}33\right)\left(y-a\right)^2}{6} = 78\;\text{kN/m}$$

Com isso, $y - a = 3{,}6$ m, e $y = 3{,}6 + 1{,}0 = 4{,}6$ m.

Nesse caso, não se majora a ficha e seu valor será $y = 4{,}6$ m e o comprimento total da parede = 10,6 m.

Ao resolver a viga substituta superior, obtém-se o momento fletor máximo de 127,2 kN · m/m e a carga no apoio $R_A = 47{,}8$ kN/m.

A Tab. 3.2 compara os métodos do apoio livre e fixo na definição do comprimento de ficha. Para o método do apoio fixo, ambas as soluções para a segurança são apresentadas. A Fig. 3.23 mostra os diagramas de momento

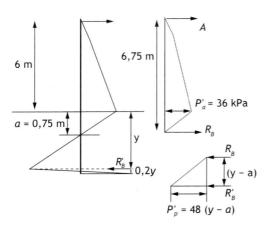

Fig. 3.22 *Solução do Exemplo 3.5 (x = a)*

fletor. Observa-se que o método do apoio fixo fornece um comprimento maior da cortina. Por outro lado, o momento máximo e o esforço na ancoragem são menores. Comparando a aplicação da segurança, para o método do apoio fixo, o resultado da ficha é equivalente, porém a aplicação da segurança pela redução do coeficiente de empuxo passivo é mais conservativa na determinação do momento fletor máximo e no esforço na ancoragem.

Tab. 3.2 Comparação entre os métodos do apoio livre e fixo

Modelo de cálculo	Comprimento da parede (m)	$M_{máx}$ (kN · m/m)	Esforço da ancoragem (kN/m)
Apoio livre	9,0	162	56,16
Apoio fixo (i)	10,6	116	45
Apoio fixo (ii)	10,6	128	48

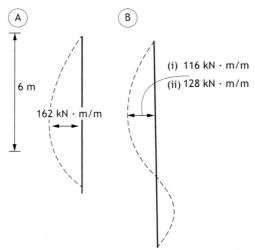

Fig. 3.23 *Solução do Exemplo 3.5 (x = a) - comparação entre diagramas de momento fletor: (A) apoio livre; (B) apoio fixo*

Exemplo 3.6 *Cortina com um nível de apoio (apoio fixo) - análise drenada - método de Verdeyen e Roisin (1952)*

Para o mesmo caso analisado no exemplo anterior (escavação de 6 m de altura em maciço arenoso com peso específico de 18 kN/m³, $\phi' = 30°$, nível d'água profundo e com um nível de escoramento no topo), calcular, pelo método analítico da viga substituta, o comprimento da ficha e o esforço máximo de flexão na cortina (Fig. 3.24).

Solução

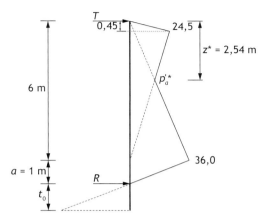

Fig. 3.24 *Diagramas de empuxo*

$$p'_1 = \gamma\, z_1\, k_p = 18 \times 0{,}45 \times 3 = 24{,}5\, \text{kPa}$$

$$p'_a = 36\, \text{kPa}$$

Ponto de interseção dos diagramas:

$$\frac{24{,}5}{6-0{,}45} = \frac{p'_a{}^*}{6-z^*} \rightarrow p'_a{}^* = 24{,}5\, \frac{6-z^*}{5{,}55}\, (I)$$

$$\frac{p'_a{}^*}{z^*} = \frac{36}{6} \rightarrow p'_a{}^* = 6 z^*\, (II)$$

Igualando as equações (I) e (II):

$$\frac{24{,}5}{5{,}55}\left(6-z^*\right) = 6 z^*$$

$$4{,}41\left(6-z^*\right) = 6 z^*$$

$$26{,}48 = \left(6 + 4{,}41\right) z^*$$

$$z^* = \frac{26,48}{10,41} = 2,54\,\text{m} \quad \text{e} \quad p_a'^{\,*} = 15,24\,\text{kPa}$$

Como $\phi' = 30°$, a redução de k_p será considerada como 1,3, conforme proposta de Verdeyen e Roisin (1952).

$$k_{p_{reduzido}} = \frac{3,0}{1,3} = 2,3$$

$$a = \frac{p_a'}{\gamma\left(k_{p_{reduzido}} - k_a\right)} = \frac{36}{18(2,3-0,3)} = 1\,\text{m}$$

$$R_a \cong \frac{24,5 \times 6}{2} + \frac{36 \times 6}{2} - \frac{15,24 \times 6}{2} + \frac{36 \times 1}{2} = 153,78\,\text{kN/m}$$

E o ponto de aplicação da resultante R_a em relação ao ponto de tensões nulas:

$$\overline{y} = \left\{ \frac{24,5 \times 0,45}{2}\left(6 - \frac{2}{3}0,45 + 1\right) + \frac{24,5(6-0,45)}{2}\left[\frac{2}{3}(6-0,45)+1\right] + \right.$$

$$\frac{36 \times 6}{2} 3 - \frac{15,24 \times 2,54}{2}\left(\frac{2,54}{3}+4,46\right) - \frac{15,24 \times 3,46}{2}$$

$$\left. \left(\frac{2}{3}3,46+1\right) + \frac{36 \times 1}{2}\frac{2}{3} \right\} \frac{1}{153,78}$$

$$\overline{y} = \{36,93 + 319,55 + 324 - 102,71 - 87,18 + 12\}\frac{1}{153,78}$$

$$\overline{y} = 3,27\,\text{m}$$

Reação no apoio:

$$T(6+1) = 153,78 \times 3,27 \rightarrow T = 71,8\,\text{kN/m}$$

A reação no apoio fictício é:

$$R = R_a - T = 153,78 - 71,8 = 81,98\,\text{kN/m}$$

O valor de t_0:

$$t_0 = \sqrt{\frac{6 \times 81,98}{(2,3-0,3)18}} = 3,7\,\text{m}$$

A ficha será: 1 + 1,2 × 3,7 = 5,4 m.
E o comprimento total da cortina: 11,4 m.
Resolvendo a viga do tramo superior, chega-se ao momento máximo de: 140,2 kN · m/m.

A Tab. 3.3 compara os métodos do apoio livre com o método da viga substituta. Sem dúvida, a proposta de Verdeyen e Roisin (1952), apesar de simples, fornece o resultado mais conservativo, como decorrência da aplicação simultânea da majoração da ficha em 20%, bem como da redução no coeficiente de empuxo passivo ($FS = 1,3$), embora o esforço de flexão na cortina seja inferior ao calculado pelo método do apoio livre.

TAB. 3.3 COMPARAÇÃO ENTRE OS MÉTODOS DO APOIO LIVRE E DA VIGA SUBSTITUTA

Modelo de cálculo	Comprimento da parede (m)	$M_{máx}$ (kN · m/m)	Esforço da ancoragem (kN/m)
Apoio livre	9,0	162	56,16
Viga substituta	11,4	140	71,8

Com relação aos métodos que utilizam o apoio fixo, mostrados na Tab. 3.2, observa-se que o método de Verdeyen e Roisin (1952) forneceu o resultado mais conservativo em relação ao comprimento da ficha, ao esforço de flexão da cortina e à reação no nível do apoio. Ainda assim, esse método é mais interessante do ponto de vista econômico em comparação ao método do apoio livre.

Exemplo 3.7 *Cortina com um nível de apoio (apoio fixo) - análise drenada - definição da altura da escavação em balanço*
Para o mesmo caso analisado no exemplo anterior (escavação em maciço arenoso com peso específico de 18 kN/m³, $\phi' = 30°$, comprimento da parede de 10,4 m e nível d'água profundo), qual seria a maior altura de escavação a ser executada com segurança antes de a linha de apoio na superfície ser ativada?

Nesse caso, conhece-se o elemento pré-moldado que será utilizado, com 10,6 m de comprimento e com resistência à flexão para absorver um momento atuante de 116 kNm/m. A variável a ser definida é a altura da escavação H. A Fig. 3.25 mostra o diagrama de empuxos ao longo da parede.

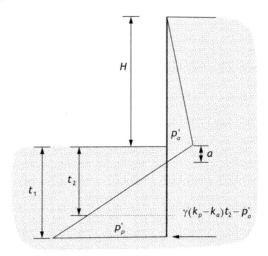

Fig. 3.25 Exemplo 3.7 - diagrama resultante de empuxos

Solução
A tensão efetiva horizontal ativa no nível da escavação é dada por:

$$p'_a = \sigma'_v k_a = \gamma H k_a = \frac{18H}{3} = 6H$$

Na profundidade t_2 abaixo do NT:

$$a = \frac{p'_a}{\gamma(k_p - k_a)} = \frac{6H}{18\left(3 - \frac{1}{3}\right)} = \frac{H}{8}$$

$$p'_p = 18\left(3 - \frac{1}{3}\right)t_2 - 6H = 48t_2 - 6H$$

Fazendo o cortante igualar-se a zero em t_2, chega-se a:

$$6H\frac{H}{2} + 6H\frac{H}{8}\frac{1}{2} - (48t_2 - 6H)\left(t_2 - \frac{H}{8}\right)\frac{1}{2} = 0$$

$$8t_2^2 - 2Ht_2 - H^2 = 0$$

Com isso:

$$t_2 = \frac{H}{2}$$

Da mesma forma, o momento máximo será:

$$M_{máx} = p'_a \frac{H}{2}\left(\frac{H}{3}+t_2\right) + p'_a \frac{a}{2}\left(t_2-\frac{a}{3}\right) - (48t_2 - 6H)\frac{1}{2}\frac{(t_2-a)^2}{3}$$

$$M_{máx} = 6H \frac{H}{2}\left(\frac{H}{3}+\frac{H}{2}\right) + 6H \frac{H}{16}\left(\frac{H}{2}-\frac{H}{24}\right) - \left(48\frac{H}{2}-6H\right)\frac{1}{2}\frac{\left(\frac{H}{2}-\frac{H}{8}\right)^2}{3} = \frac{144H^3}{64}$$

Como esse momento tem que ser no máximo igual a 116 kN · m/m, chega-se a:

$$H = 3,7\,\text{m}$$

Para esse valor de H, o que resta da cortina disponível para a ficha em balanço é um comprimento de (10,6 − 3,7) = 6,9 m, ou seja, 1,86H, maior do que a ficha necessária, da ordem de 1,5H.

Cabe destacar que, no caso de construções próximas, tem-se muitas vezes que reduzir o trecho em balanço por causa dos deslocamentos horizontais excessivos, ocasionando recalques elevados nas construções vizinhas. Esse aspecto será visto no capítulo seguinte.

Aspectos de projeto

A prática indica que deve ser empregado, sempre que possível, o método do apoio fixo, uma vez que é mais interessante sob o ponto de vista econômico. Apesar de o comprimento da parede ser um pouco maior, os esforços de flexão menores permitem a adoção de um elemento estrutural mais esbelto e, portanto, mais leve. Além disso, como a ficha provê um apoio fictício adequado, que restringe a rotação do trecho inferior, o esforço na ancoragem também é menor.

3.2.3 Cortinas com vários níveis de apoio

No caso de cortinas com vários níveis de apoio, as pressões de terra não podem ser calculadas pelas teorias clássicas (Rankine, Coulomb etc.), uma vez que seu padrão de deslocamentos não satisfaz às hipóteses dessas teorias.

Como indicado na Fig. 3.26, à medida que a escavação progride, as estroncas 1, 2, 3 vão sendo sucessivamente instaladas, restringindo os deslocamentos do solo junto à parede. Os maiores movimentos ocorrem apenas nos trechos inferiores, ainda não escorados. Ao final da escavação, a parede de face AB foi, na verdade, escorada na posição AB'.

Quanto aos empuxos, na parte superior da cortina desenvolvem-se tensões horizontais que se aproximam da condição de empuxo no repouso ou mesmo a superam, o que acarreta tensões mais elevadas. A restrição ao deslocamento do trecho superior da parede provoca uma redistribuição das pressões de terra por arqueamento vertical. O diagrama resultante teórico tem a forma parabólica indicada na Fig. 3.26.

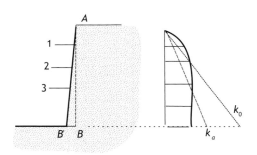

Fig. 3.26 *Comportamento de cortinas com vários níveis de apoio*

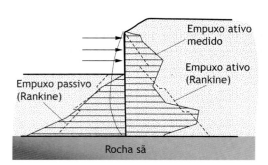

Fig. 3.27 *Distribuição de tensões ativa e passiva medida em célula de carga*
Fonte: adaptado de Bjerrum, Clausen e Duncan (1972).

A diferença fundamental entre um muro gravidade e uma cortina com escoramentos é o fato de o muro constituir uma unidade estrutural e, com isso, seu movimento ser de um corpo rígido, sem sofrer maior influência de uma heterogeneidade local. Todavia, numa cortina escorada, qualquer estronca pode romper-se individualmente, sobrecarregando as estroncas vizinhas, podendo assim iniciar um mecanismo de ruptura progressiva (Terzaghi; Peck, 1967). Por todas essas razões é que ainda não se dispõe, até o momento, de nenhuma técnica geral que permita avaliar as pressões laterais nos escoramentos e os esforços nas estroncas.

A Fig. 3.27 compara os empuxos calculados pela teoria de Rankine com aqueles medidos por Bjerrum, Clausen e Duncan (1972) no metrô de Oslo. Observa-se que a restrição dos deslocamentos horizontais decorrente do posicionamento das diversas linhas de estroncas confirma o acréscimo do diagrama no trecho mais superior da cortina.

A experiência brasileira em projeto e execução de cortinas diafragma com apoios múltiplos (Velloso; Lopes, 1975) motivou a prática de diferenciar os escoramentos em dois tipos:
i. *escoramentos flexíveis*: casos de cortinas de estacas-prancha e perfis metálicos com pranchada;
ii. *escoramentos rígidos*: casos de paredes diafragma de espessura robusta.

Seguindo essa orientação, as seções seguintes apresentam, de forma destacada, essas duas situações.

As recomendações alemãs (German Geotechnical Society, 2008) resumem diretrizes do grupo de trabalho da Sociedade Alemã de Geotecnia, que, segundo os autores, garantem a estabilidade e o desempenho das escavações escoradas. Nessas recomendações, os autores propõem diversas distribuições de tensões horizontais ativas em função do número de apoios e da distribuição dos apoios ao longo da profundidade. Um resumo da experiência alemã foi apresentado recentemente por Santos (2016).

Cortinas flexíveis

No caso de cortinas flexíveis em areias e argilas moles a médias, os diagramas de pressões utilizados resultam da compilação dos trabalhos de instrumentação e medições *in loco*, portanto, de natureza empírica. Dentre estes, destacam-se os diagramas de empuxo aparente propostos por Terzaghi e Peck (1967), muito utilizados na prática profissional e apresentados a seguir.

Areias

Os diagramas aparentes em areias foram baseados em medições das cargas nas estroncas na ocasião da construção do metrô de Berlim, convertendo tais valores para as pressões de terra. As escavações atingiram cerca de 11,5 m e as estroncas foram uniformemente espaçadas ao longo da profundidade da escavação. Para fins de cálculo, assumiu-se a base da escavação como também sendo uma estronca. Os resultados, comparados com registros nos metrôs de Nova York e Munique, mostraram haver uma distribuição de pressões de terra aproximadamente parabólica, sendo o valor máximo localizado em torno da meia altura da escavação.

Terzaghi e Peck (1967) então propuseram a adoção de uma envoltória de pressões que incorporasse todos os registros de diagramas de empuxo aparente disponíveis na época. Os autores chegaram a uma envoltória retangular para areias, mostrada na Fig. 3.28, estabelecida em função de $k_a \gamma H$, sendo k_a o coeficiente de empuxo ativo de Rankine.

Cabe ressaltar que os registros se basearam em escavações em areias na faixa de 8 m a 12 m de profundidade e que se deve ter cuidado no emprego da envoltória de empuxo aparente quando a escavação atingir profundidades significativamente mais elevadas. Além disso, o diagrama é meramente um artifício que permite o cálculo dos esforços nas estroncas e dos momentos fletores na cortina. Os momentos fletores reais na cortina e na viga de solidarização serão, em geral, inferiores aos valores calculados.

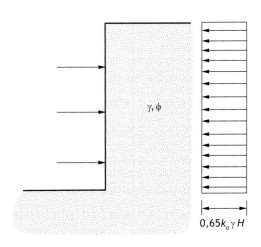

Fig. 3.28 *Envoltória de empuxo aparente em areias (Terzaghi; Peck, 1967)*

Argilas

No caso de solos argilosos, ao contrário dos solos arenosos, Terzaghi e Peck (1967) analisaram um número significativo de medições de carga em estroncas, sendo a maioria delas coletada nas cidades de Oslo, Chicago e Tóquio.

A variedade dos diagramas aparentes de pressões de terra deixou claro o papel do método construtivo na geração dos esforços nas estroncas, particularmente o intervalo de tempo entre a escavação e a instalação da estronca.

Em uma escavação com espaçamento horizontal entre estroncas constante ao longo da extensão da cava, a soma das cargas nas estroncas em uma seção vertical é razoavelmente constante. Entretanto, o valor individual de cada nível de estronca pode variar bastante em cada seção como resultado das heterogeneidades locais. Assim, não se deve basear o projeto no registro de uma única estronca.

A resultante de empuxo (P_a) em uma cortina estroncada em argila mole a média, sob condição não drenada ($\phi = 0$), pode ser determinada por:

em que:
$$P_a = \frac{1}{2}\gamma H^2 k_a \qquad (3.63)$$

$$k_a = 1 - \frac{4S_u}{\gamma H} \qquad (3.64)$$

Essa equação é válida desde que $N = (\gamma H)/(S_u) < 4$. Por outro lado, assim como ocorre em areias, existe uma variação significativa no diagrama de empuxo aparente entre diferentes verticais de uma mesma escavação e entre escavações de diferentes regiões. Como consequência, Terzaghi e Peck (1967) recomendaram o emprego de uma envoltória de empuxo aparente, mostrada na Fig. 3.29, em que:

$$k_a = 1 - m\frac{4Su}{\gamma H} \qquad (3.65)$$

Sendo $m = 1$, exceto para argilas normalmente adensadas, quando $N > 4$; nesses casos, $m < 1$.

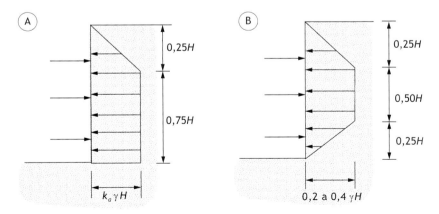

Fig. 3.29 *Envoltória de empuxo aparente em argilas: (A) argilas moles a médias; (B) argilas rijas (Terzaghi; Peck, 1967)*

No caso de argilas rijas, o valor $0{,}2\gamma H$ só deve ser usado quando os movimentos da cortina são pequenos, e o tempo de construção, reduzido.

Exemplo 3.8 Cortina flexível com vários níveis de apoio

Uma escavação em solo arenoso, com perfis metálicos e pranchas de madeira, mostrada na Fig. 3.30, apresenta três níveis de escoras, espaçadas horizontalmente de 2,2 m. Os parâmetros do solo são: peso específico de 16 kN/m³ e $\phi' = 30°$. Determinar a carga nas escoras assumindo a escavação provisória e NA rebaixado durante a obra.

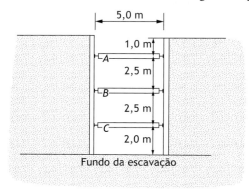

Fig. 3.30 *Escavação escorada em areia*

Solução

O diagrama de tensões efetivas horizontais, obtido de acordo com a Fig. 3.28, fornece:

$$p'_a = 0{,}65\,\gamma H\,k_a = 0{,}65 \times 16 \times 8\,\frac{1}{3} = 27{,}73\,\text{kPa}$$

As reações nas escoras serão calculadas para cada trecho, como indicado na Fig. 3.31.

i. *Considerando o trecho superior:*

Faz-se $\sum M = 0$ no nível do apoio B e calcula-se o valor do esforço na escora superior (R_a):

$$R_a\, 2{,}5 = \left(27{,}73 \times 3{,}5\,\frac{3{,}5}{2}\right)$$

$$R_a = 67{,}9\,\text{kN/m}$$

Por equilíbrio de esforços horizontais, tem-se o valor de R'_b:

$$R'_b = \left(27{,}73 \times 3{,}5\right) - 67{,}9 = 29{,}16\,\text{kN/m}$$

ii. *Considerando o trecho inferior:*

Faz-se $\sum M = 0$ no nível do apoio B e calcula-se o valor do esforço na escora inferior (R_c):

$$R_c\,2,5 = 27,73 \times 4,5 \times 2,25$$

$$R_c = 112,3\ \text{kN/m}$$

Por equilíbrio de esforços horizontais, tem-se o valor de R''_b:

$$R''_b = (27,73 \times 4,5) - 112,3 = 12,48\ \text{kN/m}$$

Os esforços previstos nas escoras são, portanto:

No nível superior: 67,9 kN/m × 2,2 m = 149,4 kN
No nível intermediário: (29,16 + 12,48) kN/m × 2,2 m = 91,6 kN
No nível inferior: 112,3 kN/m × 2,2 m = 247,1 kN

Cortinas rígidas

Paredes moldadas *in loco* são exemplo de cortinas rígidas. Segundo Velloso e Lopes (1975), os métodos do apoio fixo e do apoio livre podem ser estendidos a cortinas com vários níveis de apoios. Nesse caso, o método do apoio fixo seria aplicado aos primeiros estágios de escavação, enquanto a ficha se apresenta como longa. Nos últimos estágios de escavação, situação em que a ficha costuma ser curta, recomenda-se o método do apoio livre.

Cabe ressaltar que não se sabe, *a priori*, a partir de qual estágio a ficha remanescente será curta, situação em que é mais indicado o método do apoio livre. Assim sendo, a escolha do método adequado é feita por tentativas; isto é, inicialmente se considera a ficha como se

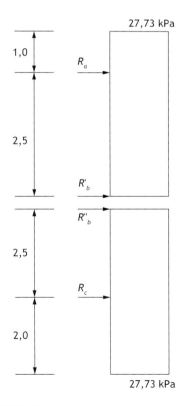

Fig. 3.31 *Esquema de reação nas escoras*

fora longa e determina-se, pelo método do apoio fixo, o comprimento necessário para essa situação. Verifica-se, em seguida, se o comprimento de ficha remanescente da parede atende à medida mínima necessária para garantir a estabilidade. Caso não atenda, o cálculo deve ser refeito por meio do método do apoio livre.

Em decorrência da redistribuição de tensões, o diagrama de empuxo aparente deve ser considerado retangular, com área equivalente ao diagrama de empuxo obtido pela distribuição de Rankine, como mostra a Fig. 3.32. Nos casos de solos argilosos de baixa consistência, pouco sujeitos ao efeito de arqueamento, e em casos nos quais se preveem deslocamentos elevados na parte superior da cortina, a distribuição triangular da teoria de Rankine pode ser mantida.

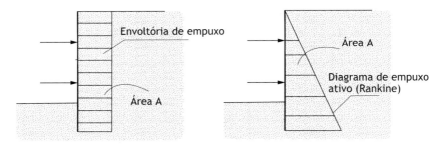

Fig. 3.32 *Envoltória de empuxo aparente (tensões efetivas) em paredes moldadas in loco*

Weissenbach, Hettler e Simpson (2003) apresentam diferentes redistribuições de tensões efetivas para cortinas flexíveis e rígidas, variando também com a posição e o número de apoios.

Esses autores destacam que o diagrama de tensões em cada caso particular depende de muitos fatores. A preferência deve ser dada a distribuições cujos pontos de mudança no diagrama coincidam com a localização dos apoios. Por essa razão, eles não consideram satisfatória a distribuição trapezoidal de Terzaghi e Peck para paredes flexíveis. No caso de haver dúvida sobre a distribuição mais realística, os citados autores recomendam proceder a uma instrumentação de campo. No caso da não previsão de instrumentação de campo, por ser muito cara, sugerem que várias distribuições realísticas sejam utilizadas no projeto, principalmente para cortinas escoradas. Para cortinas apoiadas em tirantes protendidos, no entanto, esse aspecto é menos importante, uma vez que a distribuição já é especificada inicialmente por meio da protensão.

As recomendações da German Geotechnical Society (2008) permitem que se opte por uma distribuição retangular em vez de uma realística sem qualquer consideração da localização dos apoios. Essa associação sugere ainda a adoção de fatores corretivos para aumentar tanto a carga na estronca como as forças cisalhantes na parte superior do apoio.

Weissenbach, Hettler e Simpson (2003) também fazem considerações acerca das tensões ativas advindas de sobrecargas, tanto infinitas como localizadas. Como nas escavações de subsolo as sobrecargas são consideradas, na maioria dos casos, como infinitas, essas considerações não serão incorporadas neste capítulo. Já em cortinas de portos, onde há a sobrecarga de guindastes, além de outras sobrecargas, esses aspectos assumem maior importância. Weissenbach, Hettler e Simpson (2003) fazem considerações também sobre a etapa construtiva da estrutura, em que os apoios vão sendo retirados e transferidos para as lajes da estrutura com o avanço da construção. Esses aspectos também não serão tratados neste capítulo, de forma a não estendê-lo em demasia.

Ficha longa - método do apoio fixo

Nos estágios iniciais da escavação (enquanto a ficha pode ser considerada longa), a estabilidade da cortina é calculada com base no método do apoio fixo, mostrado na seção "Método do apoio fixo (*fixed earth support*)" (p. 99), considerando o diagrama de empuxo retangular, em face da existência de mais de um apoio.

No caso, por exemplo, do emprego do método da viga substituta (Verdeyen; Roisin, 1952), os cálculos devem seguir os seguintes passos:

i. Determinar o diagrama de empuxos ativo e passivo segundo a teoria de Rankine. Na região acima do ponto de inflexão (I), mostrado na Fig. 3.33A, a área do retângulo equivale à área do diagrama ativo resultante, como indicado na Fig. 3.33B. No ponto de inflexão (momento nulo), adota-se um apoio fictício (rótula).

ii. Calcular as reações nos apoios (A, B e C) da viga superior (Fig. 3.34), bem como os momentos fletores, por meio de soluções da hiperestática.

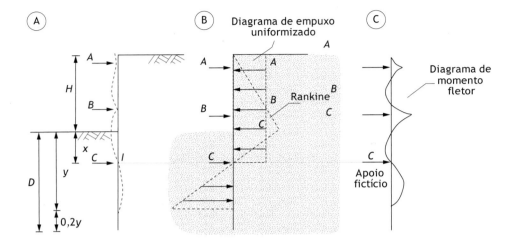

Fig. 3.33 Método do apoio fixo (H = altura escavada e x = profundidade do NT até o ponto de inflexão): (A) deslocamento; (B) empuxo; (C) diagrama de momentos

iii. Dado que a reação R_c foi calculada, determinar o comprimento necessário de ficha a partir do equilíbrio da viga substituta inferior (Fig. 3.34). No caso de se optar pelo equilíbrio de momentos em relação ao pé da cortina, tem-se:

$$R_c(y-x) = \frac{(k_p - k_a)\gamma'(y-x)^2}{2} \frac{(y-x)}{3} \qquad (3.66)$$

$$(y-x) = \sqrt{\frac{6R_c}{\gamma'(k_p - k_a)}} \qquad (3.67)$$

iv. Caso o comprimento da ficha existente não satisfaça ao comprimento calculado, não haverá restrição à rotação da parede no trecho da ficha. Nesse caso, deve-se adotar o método do apoio livre em substituição ao método do apoio fixo.

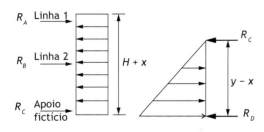

Fig. 3.34 Método do apoio fixo - cálculo das reações

Caso não houver a presença de água no trecho da ficha, o peso específico submerso (γ') será substituído pelo peso específico úmido do solo (γ_t) no trecho da ficha.

Ficha curta - método do apoio livre

Quando se considera o método do apoio livre, já se conhece a distribuição do empuxo resultante, calculado na seção anterior, "Ficha longa – método do apoio fixo". Nesse caso, o apoio fictício muda de posição, passando a ser considerado na posição do centro de gravidade do empuxo passivo disponível, como mostra a Fig. 3.35.

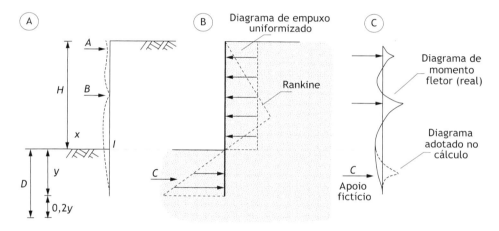

Fig. 3.35 *Posição do apoio fictício (ponto C) do método do apoio livre: (A) deslocamento; (B) empuxo; (C) diagrama de momentos*

Os cálculos devem seguir os seguintes passos:
i. Desprezar o diagrama passivo, substituindo seu efeito por uma resultante (R_c).
ii. Calcular as reações nos apoios (A, B e C) (Fig. 3.35), bem como os momentos fletores, por meio de soluções da hiperestática. Como o apoio é fictício, o diagrama de momentos calculado para o trecho inferior da cortina (curva tracejada – Fig. 3.35C) deve ser corrigido (adoçado) para sua forma mais provável.
iii. Comparar o valor calculado de R_c com a resultante do diagrama passivo disponível $[R_c]_d$:

a) se $R_c \le [R_c]_d$ – o método do apoio livre se aplica;
b) se $R_c > [R_c]_d$ – o método do apoio livre não se aplica. Nesse caso, o cálculo deve ser refeito considerando o trecho inferior em balanço, e o diagrama de empuxo aparente, retangular, abrangerá toda a extensão da cortina, como mostra a Fig. 3.36. A área desse diagrama equivale à área resultante da soma dos diagramas ativo e passivo disponíveis.

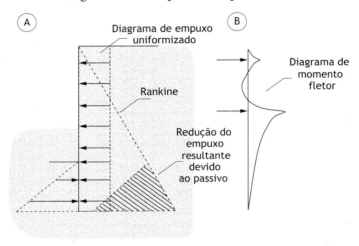

Fig. 3.36 *Situação em balanço, quando o método do apoio livre não se aplica: (A) empuxo; (B) diagrama de momentos*

3.2.4 Cortinas com ficha descontínua

São designadas como cortinas com ficha descontínua aquelas constituídas por peças verticais cravadas até uma profundidade abaixo do nível da escavação (perfis metálicos, estacas, por exemplo) e entre as quais são dispostas, horizontalmente, acima do nível da escavação, pranchas de madeira (ou de concreto pré-moldado, ou de blindagem de aço etc.), como mostrado na Fig. 3.37.

O cálculo deve ser realizado procurando determinar o menor valor de empuxo resistente considerando cada uma das situações:
i. empuxo como parede contínua;
ii. empuxo como estacas isoladas (parede descontínua).

Weissenbach, Hettler e Simpson (2003) propuseram um método de cálculo baseado em ensaios em protótipos e em modelos para o cálculo do empuxo como estaca isolada (parede descontínua). O autor sugere a obtenção de larguras equivalentes superiores à largura da estaca ($b_o + b'_s$) (Fig. 3.37) para o cálculo da resultante do empuxo passivo.

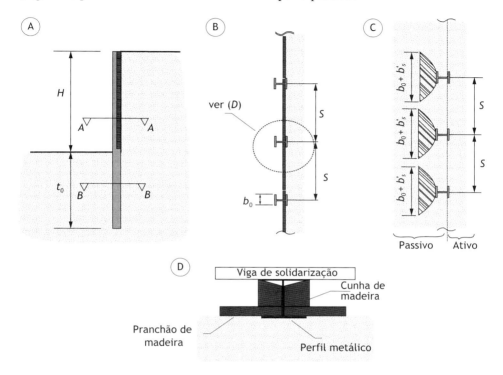

Fig. 3.37 *Esquema de cortina com ficha descontínua: (A) perfil transversal; (B) corte AA; (C) corte BB*

O incremento de largura correspondente à componente de atrito é dado por:

$$b'_{s,\phi} = 0,60 \, \text{tg} \, \phi' \, t_0 \tag{3.68}$$

Sendo t_0 o comprimento da ficha.

Já o incremento de largura correspondente à parcela de coesão é dado por:

$$b'_{s,c} = 0,90 \left(1 + \text{tg} \, \phi \right) t_0 \tag{3.69}$$

Na determinação da resultante do empuxo passivo, a largura ($b_0 + b'_s$) é introduzida na equação do empuxo, resultando em:

$$E_p = \frac{1}{2}\gamma' k_p t_0^2 \left(b_0 + b'_{s,\phi}\right) + 2c'\sqrt{k_p}\, t_0 \left(b_0 + b'_{s,c}\right) \qquad (3.70)$$

O autor sugere ainda o uso de uma redução no valor do empuxo, dada por:

$$E_p = E_{crít}\sqrt{\frac{b_0}{b_{crít}}} \qquad (3.71)$$

Sendo $b_{crít}$ uma largura de perfil crítica, definida empiricamente como:

$$b_{crít} = 0,30 t_0 \qquad (3.72)$$

e $E_{crít}$ o valor do empuxo calculado para uma parede com $b_o = b_{crít}$.

Observa-se que a Eq. 3.70 fornece o empuxo disponível para cada perfil. Esse valor, dividido pelo espaçamento entre perfis, deve ser comparado àquele correspondente a uma parede contínua. Caso seja maior, deverá ser considerado o cálculo da parede contínua, e não do perfil trabalhando de forma isolada.

Ao leitor interessado num texto mais completo sobre esse assunto, recomenda-se consultar Santos (2016), com exemplo de cálculo em seu anexo.

Exemplo 3.9 *Cortina com ficha descontínua*

Considerar a escavação calculada no Exemplo 3.4, de 6 m de altura, em solo arenoso com peso específico de 18 kN/m³ e $\phi' = 30°$, e com um nível de escoramento no topo. No caso do emprego de perfis metálicos I duplo de 12" (antigo CSN), a cada 1,6 m, com pranchões de madeira, verificar se o comprimento da ficha, calculado pelo método do apoio livre, é suficiente.

Solução

O dimensionamento pelo método do apoio livre (Exemplo 3.4) forneceu um comprimento de ficha de $D = 2,40$ m, sem majoração.

O cálculo deve ser realizado procurando-se determinar o menor valor de empuxo considerando as duas situações:

i. Para ficha contínua, o empuxo passivo resistente é de:

$$E = \frac{1}{2}k_p \; \gamma t_0^2 = \frac{1}{2} 18 \times 2,4^2 \times 3 = 155,52 \text{ kN/m}$$

ii. Verificação da parede com a ficha descontínua:
Para o caso do perfil duplo I, a largura do perfil composto é de:

$$II \; 12"\times 5" \; 1/4$$

$$b_0 = 2 \times 5,25 \times 2,54 = 26,7 \text{ cm}$$

e

$$b_{crít} = 0,30 t_0 = 0,80 \text{ m}$$

Dado que $b_0 \leq b_{crít}$, deve-se usar a redução no valor do empuxo:

$$E_p = E_{crít}\sqrt{\frac{b_0}{b_{crít}}}$$

$$b'_{s,\phi} = 0,60 \text{tg } \phi \; t_0 = 0,60 \text{ tg} 30° \times 2,4 = 0,83 \text{ m}$$

$$E_{crít} = \frac{1}{2}k_p \; \gamma \; t_0^2 \left(b_0 + b'_{s,\phi}\right) = \frac{1}{2} 3 \times 18 \times 2,4^2 \left(0,8 + 0,83\right) = 253,2 \text{ kN}$$

$$E_p = E_{crít}\sqrt{\frac{b_0}{b_{crít}}} = 253,2\sqrt{\frac{0,267}{0,80}} = 146,3 \text{ kN}$$

Como os perfis são espaçados horizontalmente de 1,6 m, o valor do empuxo por metro linear é de:

$$\frac{146,3}{1,6} = 91,5 \text{ kN/m}$$

Conclui-se que o projeto deve contemplar os perfis trabalhando como elementos isolados para o espaçamento de 1,6 m, já que esse valor foi inferior ao calculado para a parede contínua.

Exemplo 3.10 *Cortina com ficha descontínua - determinação do comprimento da ficha*

Para o exemplo anterior, determinar qual seria a melhor alternativa de projeto que atendesse ao empuxo passivo ($E = 155,52$ kN/m) calculado pelo método do apoio livre.

Solução

Duas alternativas poderiam ser consideradas: i) reduzir o espaçamento entre perfis ou ii) aumentar a ficha. Como o empuxo varia com o quadrado da ficha, é mais eficiente aumentar a ficha.

Desprezando o fato de o comprimento de ficha interferir no cálculo da largura equivalente, numa aproximação pode-se considerar:

$$\frac{E_{requerido}}{t^2_{requerido}} = \frac{E_{disponível}}{t^2_{disponível}}$$

Com isso:

$$t^2_{requerido} = \frac{E_{requerido}}{E_{disponível}} t^2_{disponível} = \frac{155,2}{91,5} \times 2,4^2$$

$$t_{requerido} \approx 3,0 \text{ m}$$

Recalculando o valor do empuxo, tem-se:

$$b_{crít} = 0,3 t_0 = 0,9 \text{ m}$$

$$b'_{s,\phi} = 0,60 \text{ tg } \phi \, t_0 = 0,60 \text{ tg} 30° \times 3,0 \text{ m} = 1,03 \text{ m}$$

$$E_{crít} = \frac{1}{2} k_p \gamma t_0^2 \left(b_0 + b'_{s,\phi}\right) = \frac{1}{2} 3 \times 18 \times 3^2 (1,0 + 1,03) = 493,3 \text{ kN}$$

$$E_p = E_{crít} \sqrt{\frac{b_0}{b_{crít}}} = 493,3 \sqrt{\frac{0,267}{1,00}} = 254,9 \text{ kN}$$

Com o espaçamento de 1,6 m, chega-se a $E_p = 254,9/1,6 = 159,3$ kN/m, que satisfaz ao necessário.

Aspectos adicionais de escavações

4.1 Verificação de estabilidade em cortinas

Este capítulo inclui outras verificações necessárias à garantia da estabilidade da escavação e que não estão relacionadas à simples determinação do empuxo e ao cálculo da estabilidade da parede em si. De forma a não estender em demasiado o capítulo anterior, esses aspectos foram reunidos neste capítulo.

4.1.1 Efeito de banquetas em escavações

Realizar a escavação da vala mantendo-se banquetas junto ao trecho escavado da cortina é um recurso utilizado, na prática, para a redução dos empuxos em determinada fase do projeto. Essa alternativa pode ser empregada no sentido da redução do empuxo ativo ou no aumento do empuxo passivo.

Em certas situações, o processo de execução da escavação pode ser otimizado reduzindo-se o número de escoras, o que sempre provê melhores condições de mobilidade na região escavada. O recurso de deixar a banqueta e mantê-la junto à cortina, no interior da vala, como mostra a Fig. 4.1, traz muitos benefícios, pois, além de aumentar o empuxo resistente, ajuda a reduzir os deslocamentos.

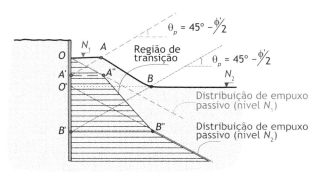

Fig. 4.1 *Diagrama de empuxo passivo em escavação em banqueta*

Influência no empuxo passivo

A Fig. 4.1 mostra uma situação em que uma banqueta é mantida junto à cortina, no interior da vala, durante a escavação.

Nesse caso, o diagrama simplificado de empuxo passivo pode ser determinado com base no conhecimento dos níveis N_1 e N_2 e da cunha de ruptura associada à mobilização do empuxo passivo, a qual faz um ângulo θ de (45 − ϕ/2) com o plano horizontal. Recomenda-se um método gráfico, seguindo-se os seguintes passos (Fig. 4.1):

i. A partir da superfície do terreno escavado (ponto O – nível N_1), traça-se o diagrama de empuxo passivo (linha pontilhada).
ii. A partir da crista da banqueta do nível N_1 (ponto A), traça-se uma reta com inclinação θ até atingir a face da parede (ponto A'). Da profundidade do ponto O até a do ponto A', tudo se passa, no cálculo do empuxo, como se o fundo da escavação estivesse integralmente no nível N_1.
iii. A partir do ponto A', traça-se uma reta horizontal até interceptar o diagrama de empuxo passivo (passo i), definindo o ponto A".
iv. A partir do nível N_2 (ponto O'), traça-se o diagrama de empuxo passivo considerando a superfície do terreno no nível N_2.
v. A partir da base da banqueta do nível N_2 (ponto B), traça-se uma reta com inclinação θ até atingir a face da parede (ponto B').
vi. A partir do ponto B', traça-se uma reta horizontal até interceptar o diagrama de empuxo passivo (passo iv), definindo o ponto B". Da profundidade do ponto B' para baixo, tudo se passa, no cálculo do empuxo, como se o fundo da escavação estivesse integralmente no nível N_2.
vii. O diagrama resultante será composto de um trecho inicial correspondente ao diagrama de empuxo passivo associado ao nível N_1 e um trecho final correspondente ao diagrama de empuxo passivo associado ao nível N_2. Entre essas dois diagramas, define-se um trecho de transição ligando os pontos A" e B".

Redução do empuxo ativo

Problemas não previstos, como de instabilidade de fundo de escavação, podem ocorrer quando se depara, durante a escavação, com um bolsão de solo de baixa resistência. Um recurso efetivo, em situações emergenciais dessa natureza, consiste em realizar uma escavação temporária em banqueta, aliviando o peso do maciço instabilizante.

O diagrama simplificado de empuxo ativo passa a ser determinado a partir dos níveis N_1 e N_2 e da cunha de ruptura associada à mobilização do empuxo ativo, a qual faz um ângulo θ de (45 + $\phi'/2$) com o plano horizontal. O traçado do diagrama segue um método gráfico, a saber (Fig. 4.2):

i. A partir da superfície do terreno original (ponto O – topo da cortina), traça-se o diagrama de empuxo ativo.
ii. A partir da crista da banqueta do nível N_1 (ponto A), traça-se uma reta com inclinação θ até atingir a face da parede (ponto A').
iii. A partir do ponto A', traça-se uma reta horizontal até interceptar o diagrama de empuxo ativo (passo i), definindo o ponto A".
iv. A partir do nível N_2 (ponto O'), traça-se o diagrama de empuxo ativo.
v. A partir da base da banqueta do nível N_2 (ponto B), traça-se uma reta com inclinação θ até atingir a face da parede (ponto B').
vi. A partir do ponto B', traça-se uma reta horizontal até interceptar o diagrama de empuxo ativo (passo iv), definindo o ponto B".
vii. O diagrama resultante será composto de um trecho inicial correspondente ao diagrama de empuxo ativo associado ao nível N_2 e um trecho final correspondente ao diagrama de empuxo ativo associado ao nível N_1. Entre esses dois diagramas, define-se um trecho de transição ligando os pontos A" e B".

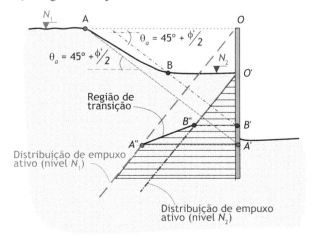

Fig. 4.2 *Diagrama de empuxo ativo em escavação em banqueta*

4.1.2 Existência de sobrecarga

A existência de sobrecargas na superfície do terreno é incorporada ao cálculo dos empuxos por meio das soluções da teoria da elasticidade, de forma análoga à apresentada para muros de arrimo, no Cap. 2. Se a sobrecarga for infinita, ela atuará aumentando o empuxo ativo como se fora um peso equivalente de terras (uma sobrealtura de cortina).

No caso da escavação de um terreno próximo a um vizinho em fundações diretas, é importante considerar essa sobrecarga na sua profundidade real de atuação, e não na superfície. Quanto maior a profundidade de embutimento da fundação superficial do vizinho, menor o seu efeito no empuxo ativo atuante na cortina, nos esforços de flexão desenvolvidos na cortina e nos deslocamentos horizontais na superfície (topo da cortina).

4.1.3 Pressões de água na cortina

Quando existem diferenças de nível d'água no entorno da cortina, ocorre o processo de fluxo da região de maior carga total para a de menor carga total. A existência de fluxo gera pressões de água a serem consideradas nas distribuições de empuxo ativo e passivo, como mostra a Fig. 4.3. Adicionalmente, surgem preocupações quanto à segurança do fundo da escavação. Gradientes hidráulicos ascendentes elevados podem dar origem ao fenômeno da areia movediça e também à ruptura hidráulica.

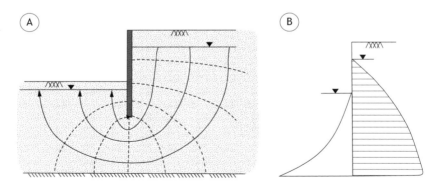

Fig. 4.3 *(A) Rede de fluxo e (B) diagrama de pressões de água*

Dependendo das condições de nível d'água e dos contrastes de permeabilidade – também denominada condutividade hidráulica – das diversas camadas presentes na massa de solo, os cenários em termos de diagrama resultante de poropressão podem ser bastante distintos. A Fig. 4.4 exemplifica essa questão considerando a presença de solos de diferentes permeabilidades.

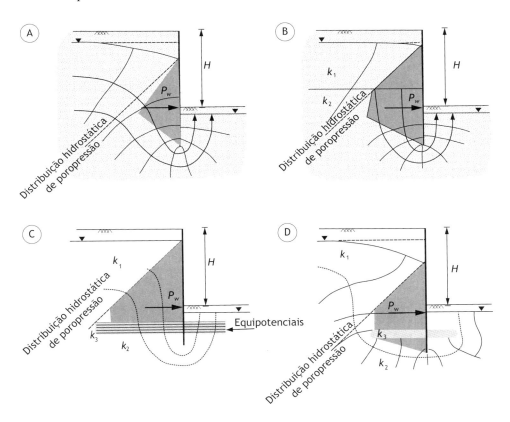

Fig. 4.4 *Condições de fluxo para a escavação abaixo do NA: (A) solo homogêneo; (B) solos de diferentes permeabilidades ($k_1 \gg k_2$); (C) presença de lente de baixa permeabilidade ($k_3 \lll k_1$ e k_2); (D) presença de bolsão de baixa permeabilidade ($k_3 \lll k_1$ e k_2)*
Fonte: modificado de Kaiser e Hewitt (1981).

Por outro lado, quando a base da cortina atingir um estrato impermeável, não haverá a possibilidade de geração de fluxo e a estrutura deverá ser dimensionada para suportar a resultante de empuxo hidrostático. Com isso, o empuxo hidrostático correspondente à diferença entre as distribuições hidrostáticas de poropressão em ambos os lados

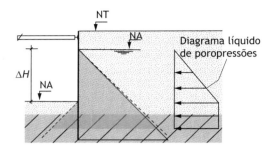

Fig. 4.5 *Diagrama líquido de poropressão*

da cortina, denominada por alguns autores de empuxo hidrostático líquido, deverá ser considerado. A Fig. 4.5 ilustra essa condição, em que se observa que, a partir da atuação do empuxo hidrostático na região passiva, o diagrama resultante torna-se constante.

As pressões atuantes na cortina decorrentes do empuxo de água são em geral muito superiores aos empuxos causados pelo solo. Assim sendo, existem algumas estratégias de projeto que visam reduzir os efeitos dos empuxos da água. Citam-se como exemplos:

i. *Sistemas de drenagem*
Em obras portuárias em solos menos permeáveis, costuma-se projetar drenos na parede (tipo barbacã), de forma a permitir que eventuais variações do NA à frente da cortina, decorrentes de flutuações das marés, sejam rapidamente equalizadas em ambos os lados da cortina.

ii. *Sistemas de rebaixamento do lençol d'água*
A introdução de um sistema de rebaixamento profundo do lençol freático pode ser uma alternativa eficaz para a redução dos esforços na cortina durante as etapas executivas (Fig. 4.6), particularmente quando ainda não se dispõe de níveis de apoio suficientes para garantir a estabilidade. O rebaixamento possibilita, também, a realização dos serviços a seco. Cabe ressaltar que há a necessidade de um gerador funcionando ininterruptamente durante a execução da obra, pois o sistema não pode falhar.

Ao final da obra, com o desligamento do rebaixamento, as solicitações nas paredes serão acrescidas do empuxo da água, cujo valor é bastante alto se comparado aos empuxos gerados pelo solo. Especial atenção deve ser dada à laje de

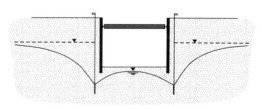

Fig. 4.6 *Sistema de rebaixamento do lençol d'água*

fundo, que exerce uma função importante como suporte, dispensando o aprofundamento da ficha.

Exemplo 4.1 *Determinação de empuxos em cortina – análise drenada – definição da altura da escavação sem apoio*

Para o caso de escavação em solo permeável da Fig. 4.7, em que já foi traçada a rede de fluxo, determinar os diagramas de empuxo total na parede.

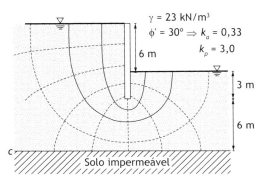

Solução
Observa-se, nesse caso, que há oito quedas de potencial, cada uma com perda de carga de 0,75 m. A Fig. 4.8 mostra as distribuições de poropressão e tensão efetiva.

Fig. 4.7 *Geometria do problema e rede de fluxo*

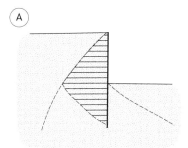
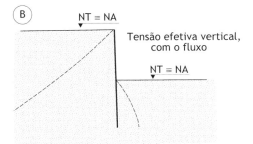

Fig. 4.8 *Distribuições de tensões: (A) poropressão; (B) tensão efetiva vertical*

Com base no diagrama de tensão efetiva vertical, determina-se a tensão efetiva horizontal, que, somada ao diagrama de poropressão, fornece o diagrama de tensões totais, apresentado na Fig. 4.9. Pelo diagrama resultante, verifica-se que o reduzido empuxo resistente no trecho inferior seria

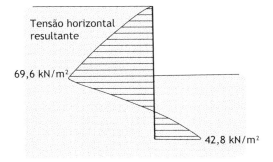

Fig. 4.9 *Diagrama de tensões totais*

insuficiente para que se procedesse a uma escavação em balanço, pois não haveria equilíbrio.

Cabe comentar que muitos projetistas acreditam que a situação hidrostática seja a mais desfavorável. Como mostra a Fig. 4.10, essa consideração é incorreta, pois acarreta uma distribuição de empuxos passiva mais elevada.

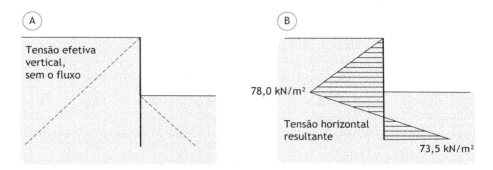

Fig. 4.10 *Distribuição de tensões - análise hidrostática: (A) poropressão hidrostática; (B) diagrama de tensões totais*

4.2 Estabilidade do fundo de escavação

Quando a tensão cisalhante num ponto do maciço envolvido na escavação exceder ou igualar a resistência ao cisalhamento do solo nesse ponto, o solo nessa pequena região estará no estado de ruptura ou estado-limite último. Quando muitos pontos atingem essa situação de ruptura, de maneira a se formar uma superfície contínua, a ruptura acontece. Esse tipo de ruptura é conhecido como ruptura geral.

No caso de escavações, dois tipos de formação de superfície de ruptura, também chamados de modos de ruptura, podem ocorrer. O primeiro caso, exemplificado na Fig. 4.11, é causado pelas tensões de terra na cortina, quando atingem o equilíbrio-limite, provocando um deslocamento considerável do solo do maciço para dentro da região escavada. As seções anteriores descreveram os métodos de estimativa do diagrama de tensões para diferentes estágios da construção e os critérios de estabilidade das cortinas de escavações. Verificou-se a relevância da estimativa do comprimento da ficha, de forma a garantir um bom comportamento da cortina e evitar a ocorrência desse modo de ruptura.

Outro tipo de ruptura, chamado de levantamento do fundo da escavação, ocorre em decorrência do peso excessivo do solo fora da região escavada quando comparado à capacidade de suporte do solo abaixo do nível da escavação.

Nesse segundo modo de ruptura, devido à reduzida capacidade de carga de maciços argilosos, principalmente argilas de baixa consistência, o solo abaixo da escavação sofre levantamento por ação do peso do maciço não escavado, caracterizando a ruptura (Fig. 4.12). Nessa situação, há que se verificar possíveis superfícies de ruptura e selecionar a mais crítica para a geometria da cava, o sistema de suporte e a estratigrafia. Trata-se de um problema que pode ser estudado com os mesmos programas utilizados para a análise da estabilidade de um talude.

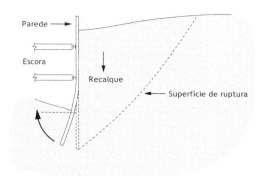

Fig. 4.11 *Ruptura por falta de capacidade resistente ao empuxo de terra ativo*

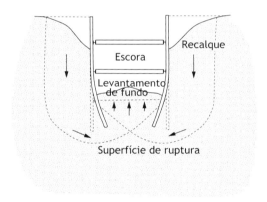

Fig. 4.12 *Ruptura por levantamento de fundo*

A análise da ruptura de fundo de escavações só é realizada em maciço de solos argilosos, e isso será justificado oportunamente nesta mesma seção. Com o avanço da escavação, assim que se atinge uma camada de argila no fundo, num processo não drenado, com $\phi = 0$, as superfícies de ruptura apresentam trechos circulares. O método de análise varia com a forma da superfície de ruptura, que está condicionada à geometria do problema e à estratigrafia do subsolo local. Os métodos de análise em geral assumem diversas possíveis superfícies e definem os fatores de segurança, que diferem, ligeiramente, entre os métodos. Aquela superfície que contempla o menor fator de segurança é a mais provável superfície potencial de ruptura. Muitos métodos têm sido propostos, sendo os mais comuns: o método de Terzaghi (1943), o de Bjerrum e Eide (1956) e um método de cálculo de estabilidade global.

4.2.1 Verificação quanto à capacidade de carga

Método de Terzaghi

As duas faixas "*ab*" no nível do fundo da escavação mostradas na Fig. 4.13 suportam uma sobrecarga devida ao peso dos blocos de solo situados acima. Se essa sobrecarga (peso da coluna de solo acima de "*ab*") se igualar à capacidade de carga do solo, o maciço argiloso abaixo do nível da escavação passa para um estado de equilíbrio plástico. As faixas "*ab*" agem como sapatas cujos pesos serão responsáveis pela ruptura do fundo da escavação, que se romperá por levantamento (Terzaghi; Peck, 1967).

A razão entre a capacidade de carga e o peso do solo na faixa de largura B_1 é o fator de segurança da superfície tentativa, como indicado na Fig. 4.13. Ao aumentar a largura B_1 até que a superfície tentativa cubra toda a escavação, pode-se verificar a situação do fator de segurança mínimo.

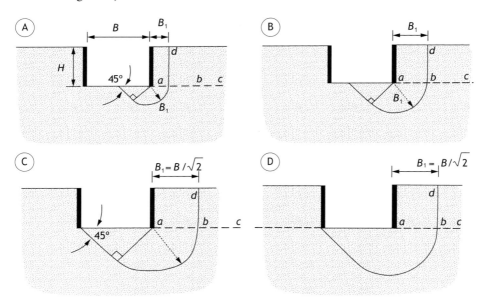

Fig. 4.13 *Capacidade de carga do fundo da escavação: (A, B) valores tentativa de B_1; (C, D) valor-limite, correspondente à ruptura, segundo Terzaghi (1943)*

No entanto, Terzaghi (1943) não verificou a segurança para valores crescentes de B_1 como ilustrado na Fig. 4.13. Ele assumiu que a superfície de ruptura correspondia a $B_1 = B/\sqrt{2}$. Conforme mostra a Fig. 4.14, a carga atuante fica determinada por:

$$P = \frac{B\sqrt{2}}{2}\gamma H - S_u H \qquad (4.1)$$

A segunda parcela da Eq. 4.1 corresponde à resistência mobilizada ao longo da superfície vertical de ruptura, por unidade de comprimento, por ocasião da ruptura.

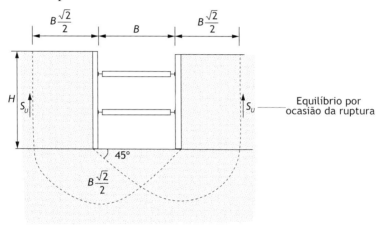

Fig. 4.14 *Verificação da ruptura de fundo segundo Terzaghi (1943)*

Dividindo a Eq. 4.1 pela largura da faixa $B\sqrt{2}/2$, chega-se à expressão de tensão por unidade de comprimento (p_v), dada por:

$$p_v = \frac{P}{B\sqrt{2}/2} = \gamma H - \sqrt{2}S_u \frac{H}{B} \qquad (4.2)$$

Para efeito de projeto, o fator de segurança recomendado com relação à ruptura de fundo é de 1,5, ou seja:

$$FS = \frac{q_{ruptura}}{p_v} \geq 1,5 \qquad (4.3)$$

Considerando que a equação de capacidade de carga para uma fundação corrida é dada por:

$$q_{ruptura} = cN_c + qN_q + \tfrac{1}{2} BN_\gamma \qquad (4.4)$$

E, no caso de $\phi = 0$, os coeficientes de capacidade de carga são $N_c = 5,7$, $N_q = 1$ e $N_\gamma = 0$, chega-se a:

$$FS = \frac{q_{ruptura}}{p_v} = \frac{5,7 S_u}{\gamma\, H - \sqrt{2}\, S_u \dfrac{H}{B}} \geq 1,5 \qquad (4.5)$$

Havendo sobrecarga na superfície, seu valor deve ser considerado e a Eq. 4.5 passa a ser:

$$FS = \frac{q_{ruptura}}{p_v} = \frac{5,7 S_u}{(\gamma\, H + q) - \sqrt{2}\, S_u \dfrac{H}{B}} \geq 1,5 \qquad (4.6)$$

A proposta de Terzaghi pode ser analisada para duas situações. Considerando como D a extensão da camada de argila mole, de baixa consistência, abaixo do fundo da escavação, tem-se:

i. Quando $D \geq B/\sqrt{2}$, a formação da superfície de ruptura não é restringida pela presença de uma camada mais rija, e o fator de segurança pode ser calculado pela Eq. 4.6 ou, se os valores de S_u forem distintos acima e abaixo do nível da escavação, pela Eq. 4.7.

$$FS = \frac{q_{ruptura}}{p_v} \geq 1,5 \;\therefore\; \frac{5,7 S_{u2}\, B/\sqrt{2}}{(\gamma\, H + q)\, B/\sqrt{2} - S_{u1} H} \geq 1,5 \qquad (4.7)$$

ii. Quando $D < B/\sqrt{2}$, a superfície de ruptura é restringida pela camada mais rija, como mostrado na Fig. 4.15B, e o fator de segurança será calculado por:

$$FS = \frac{q_{ruptura}}{p_v} = \frac{5,7 S_{u2}}{(\gamma\, H + q)D - S_{u1}\, H} \geq 1,5 \qquad (4.8)$$

Caso a cortina possua uma ficha que se estenda abaixo do nível da escavação, a superfície de ruptura pode ter uma das formas ilustradas na Fig. 4.16. A diferença está em que, na Fig. 4.16A, a ficha se estende a uma maior profundidade e a superfície de ruptura apresenta uma extensão extra igual a "*be*", sendo a resistência ao cisalhamento média ao longo da superfície de ruptura maior do que na Fig. 4.16B. Pode-se observar também que, no nível da faixa "*ab*", a capacidade de carga é maior, no caso da Fig. 4.16A, por conta de uma parcela devida à sobrecarga acima desse nível, do lado escavado. Já no caso da Fig. 4.16B, com a ficha menos profunda, o cálculo do fator de segurança ainda seguiria as expressões anteriores. Observa-se que, embora o cálculo do fator de segurança para a situação da Fig. 4.16B ainda seja feito da mesma forma, a ficha possui uma rigidez maior do que o solo e, assim, exerce alguma restrição à ruptura de fundo. Dessa forma, o fator de segurança real deve ser maior do que o valor dado pelas expressões apresentadas, embora não se disponha de uma forma adequada, do ponto de vista analítico, para estimar a influência da rigidez do trecho da ficha.

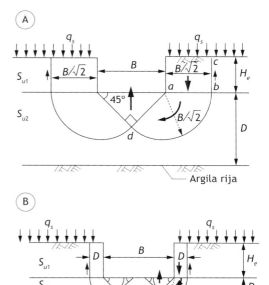

Fig. 4.15 Análise da ruptura de fundo por Terzaghi e Peck para (A) $D \geq B/\sqrt{2}$ e (B) $D < B/\sqrt{2}$

Cabe observar que o cálculo da capacidade de carga pelo método de Terzaghi é adequado a escavações rasas, onde a largura da escavação, B, é maior do que a altura escavada, H. Para escavações mais profundas, com $B < H$, o método de Terzaghi não chega a resultados de fatores de segurança adequados, uma vez que o método assume que a superfície de ruptura se estende até o nível do terreno natural, do lado não escavado.

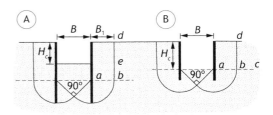

Fig. 4.16 Influência do comprimento (A) da ficha profunda e (B) da pequena ficha

Método de Bjerrum e Eide (1956)

Esse método assume que o comportamento do maciço de solo quando do descarregamento causado por uma escavação profunda é igual ao que ocorre numa fundação profunda submetida a um carregamento "negativo", sendo similar à forma da superfície de ruptura (Fig. 4.17). Usando a fórmula de capacidade de carga de ponta de uma fundação profunda, pode-se obter a tensão na ruptura devida ao descarregamento. O fator de segurança é igual à razão entre a tensão na ruptura e a redução na tensão total gerada pelo descarregamento. Como indicado na Fig. 4.17, para diferentes valores de B_1 se obtêm diferentes superfícies e, consequentemente, diferentes fatores de segurança associados. O menor deles será o fator de segurança ao levantamento de fundo.

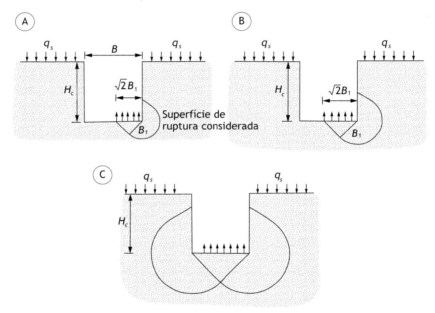

Fig. 4.17 *(A e B) Desenvolvimento da superfície de ruptura até (C) o envolvimento da largura total da escavação*

Da mesma forma que Terzaghi, Bjerrum e Eide (1956) não variaram o valor de B_1 para verificar a superfície com o menor fator de segurança, mas assumiram que a superfície crítica seria aquela cujo arco do círculo vale $B/\sqrt{2}$. O fator de segurança pode, então, ser expresso por:

$$FS = \frac{N_c S_u}{\gamma H + q} \geq 1,5 \qquad (4.9)$$

em que N_c é o fator de capacidade de carga proposto por Skempton (1951), indicado na Fig. 4.18.

Uma vez que o valor de N_c (Fig. 4.18) considera tanto os efeitos da profundidade de embutimento da "fundação", H, como a geometria da escavação, a Eq. 4.9 é mais geral, sendo válida tanto para escavações rasas como para escavações profundas, de forma quadrada ou retangular.

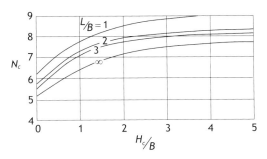

Fig. 4.18 Fator de capacidade de carga N_c de Skempton (1951)

O método de Bjerrum e Eide (1956) foi estendido a situações onde solos mais resistentes ocorrem abaixo da superfície da escavação; ou seja, quando há duas camadas distintas no perfil geotécnico (Reddy; Srinivasan, 1967; Navfac, 1982). A extensão do método pode ser expressa como segue:

$$FS = \frac{S_{u1} \, N_{c,s} \, f_d \, f_s}{\gamma \, H + q} \quad (4.10)$$

em que γ é o peso específico do solo, H é a profundidade da escavação, S_{u1} é a resistência não drenada da camada argilosa superior (Fig. 4.19A), S_{u2} é a resistência não drenada da camada argilosa inferior (Fig. 4.19A), fd é o fator de correção da profundidade, que pode ser obtido em função de H/B (Fig. 4.19C), $N_{c,s}$ é o fator de capacidade de carga, independente da profundidade da escavação, podendo ser obtido na Fig. 4.19A ou 4.19B, com base nos valores D/B e S_{u2}/S_{u1}, e fs é o fator de forma, que pode ser estimado pela seguinte equação:

$$f_s = 1 + 0{,}2 \, \frac{B}{L} \quad (4.11)$$

em que B é a largura, e L, o comprimento da escavação.

Observa-se que a determinação de $N_{c,s}$ (Fig. 4.19) depende da relação entre D/B e S_{u2}/S_{u1}. Quando S_{u2}/S_{u1} é superior a 2,6, sua determinação passa a ser feita com base no gráfico da Fig. 4.19B. Esse caso corresponde a situações em que ocorre um contraste elevado entre as resistências das duas camadas. Como consequência, a superfície de ruptura fica restrita à camada superior, tangenciando o limite entre camadas.

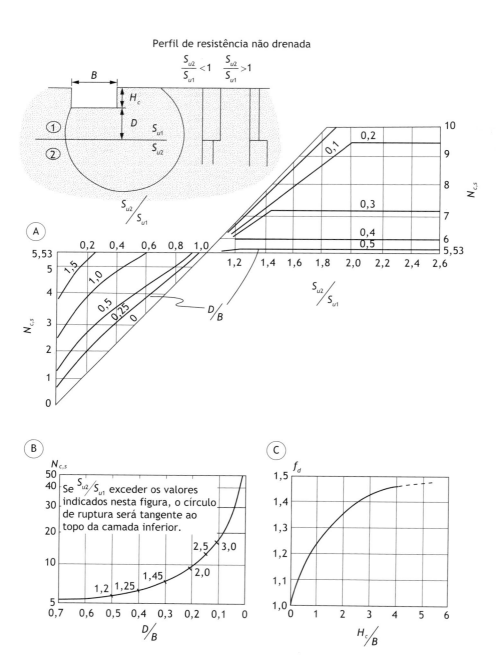

Fig. 4.19 Extensão do método de Bjerrum e Eide (1956): (A) $N_{c,s}$ para ruptura circular passando por duas camadas; (B) $N_{c,s}$ para ruptura circular tangenciando o topo da camada inferior; (C) f_d modificado pela largura (Navfac, 1982; Reddy; Srinivasan, 1967)

Semelhantemente ao método de Terzaghi, quando da presença de argila rija abaixo da superfície da escavação, a superfície de ruptura assumida pelo método de Bjerrum e Eide (1956) e pelo método estendido de Bjerrum e Eide do Navfac (1982) também é restringida pela camada de solo mais resistente. Para a verificação da estabilidade ao levantamento de fundo, pode-se utilizar a Eq. 4.10, em que $N_{c,s}$ pode ser obtido na Fig. 4.19A ou 4.19B. A última figura é uma simplificação da anterior, considerando que a superfície de ruptura será tangente ao limite entre as camadas quando S_{u2}/S_{u1} for muito alto.

Se a penetração da cortina é suficientemente profunda, o método de Bjerrum e Eide (1956) determina o fator de segurança de forma similar ao de Terzaghi, ou seja, a superfície de ruptura será formada num nível profundo (ver Fig. 4.16A). Sob tais condições, a Eq. 4.9 ainda é utilizada para a determinação do fator de segurança, com a diferença da determinação da resistência ao cisalhamento média ao longo da superfície de ruptura. Quando a ficha não é suficientemente longa, a estimativa do fator de segurança ainda é feita com base nas Eqs. 4.9 e 4.10, ou seja, o fator de segurança ao levantamento do fundo não considera a presença da ficha.

Solução de Graux (1967)

Daniel Graux (1967) apresenta o problema da estabilidade de fundo de forma simples e didática. Com base na Fig. 4.20, as várias parcelas que compõem os esforços instabilizantes e estabilizantes podem ser identificadas, nas condições de contorno indicadas.

A soma do peso do prisma de solo acima do nível cb (W) com a parcela da sobrecarga na superfície (S) define a carga total instabilizante, isto é:

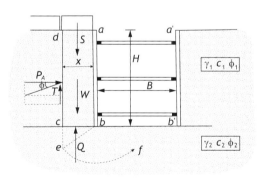

Fig. 4.20 *Escavação escorada num maciço com duas camadas com parâmetros de resistência c' e ϕ'*

$$W + S = x(H\,\gamma_1 + s) \qquad (4.12)$$

em que H é a altura da escavação.

A força de resistência ao cisalhamento T mobilizada ao longo da superfície cd é dada por:

$$T = P_A \; \text{tg} \; \phi_1 + c_1 \; H = \frac{1}{2} \gamma_1 \; H^2 \; K_A \; \text{tg} \; \phi_1 + c_1 \; H \quad (4.13)$$

A força de reação desenvolvida no maciço de apoio (capacidade de carga do solo) é determinada por:

$$Q = x \; (c_2 \; N_c + \gamma_2 \; x \; N_\gamma) \quad (4.14)$$

O fator de segurança é definido como a relação entre os esforços resistentes e os instabilizantes:

$$FS = \frac{Q}{W + S - T} = \frac{x \, (c_2 \, N_c + \gamma_2 \, x \, N_\gamma)}{x \, (H \, \gamma_1 + s) - \dfrac{1}{2} \gamma_1 \, H^2 \, K_a \, \text{tg} \, \phi_1 - c_1 \, H} \quad (4.15)$$

O coeficiente de segurança será mínimo para o maior valor de x compatível com as disposições geométricas do sistema considerado, ou seja, com a possibilidade de desenvolvimento de uma superfície de escorregamento passando pelo fundo da escavação.

No caso de o maciço apresentar uma grande espessura e $\phi' = 0$, a largura x do maciço de ruptura terá uma profundidade que não pode ultrapassar o valor de $B\sqrt{2}/2$, se B corresponde à largura da cava (ver Fig. 4.21). Substituindo-se o valor de x por $B\sqrt{2}/2$ na expressão do fator de segurança, obtém-se:

$$FS = \frac{B \, c_2 \, N_c}{B \, (H \, \gamma_1 + s) - c_1 \, H\sqrt{2}} \quad (4.16)$$

Se o maciço for homogêneo e sem sobrecarga, a Eq. 4.16 se simplifica para:

$$FS = \frac{1}{H} \frac{B \, c \, N_c}{B \, \gamma - c \, \sqrt{2}} \quad (4.17)$$

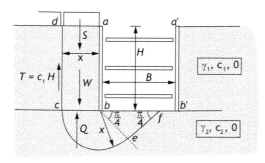

Fig. 4.21 *Escavação escorada em solo argiloso de comportamento não drenado*

Pode-se observar que essa equação é a mesma proposta por

Terzaghi, indicada anteriormente. Com base na Eq. 4.17, pode-se obter, para uma escavação de largura B, a profundidade-limite da escavação para um dado coeficiente de segurança. Em particular, na ocasião da ruptura, a profundidade-limite é dada por:

$$H_l = \frac{B\,c\,N_c}{B\,\gamma - c\,\sqrt{2}} \qquad (4.18)$$

No caso de a largura ser ilimitada, a profundidade-limite será determinada pela simplificação da equação anterior, ou seja:

$$H_l = N_c \frac{c}{\gamma} = 5{,}7\frac{c}{\gamma} \qquad (4.19)$$

No caso de o maciço ter espessura limitada, repousando sobre uma camada resistente, com espessura total z (do nível do terreno natural, ver Fig. 4.22B), a espessura abaixo da escavação será $z_2 = Z - H$. Sendo z_2 inferior a $B\sqrt{2}/2$, a largura x do maciço de ruptura não pode ser superior a z_2. O coeficiente de segurança ao levantamento de fundo, neste caso, será dado por:

$$FS = \frac{z_2\,c_2\,N_c}{z_2(H\,\gamma_1 + s) - c_1\,H} \qquad (4.20)$$

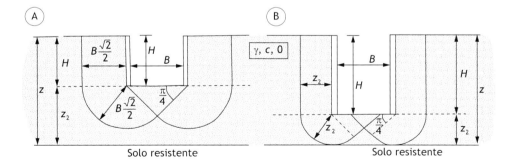

Fig. 4.22 *Escavação escorada em solo argiloso de comportamento não drenado:*
(A) $z_2 > B\dfrac{\sqrt{2}}{2}$; *(B)* $z_2 < B\dfrac{\sqrt{2}}{2}$

No caso de a parede apresentar uma ficha D abaixo do nível da escavação (Fig. 4.23) e na ausência de fluxo, o mesmo procedimento

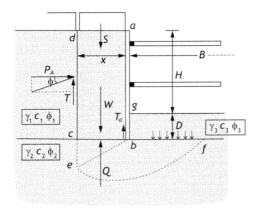

Fig. 4.23 *Ficha com penetração D*

anterior será estabelecido para o caso de maciço estratificado e parâmetros c, ϕ e γ.

$$W + S = x\left[(H+D)\gamma_1 + s\right] \quad (4.21)$$

A resistência ao cisalhamento T mobilizada ao longo da superfície cd é dada por:

$$T = P_A \operatorname{tg} \phi_1 + c_1(H+D) \quad (4.22)$$

A força de aderência ao longo de bg é calculada por:

$$T_a = c_a D \quad (4.23)$$

O esforço instabilizante total será: $W + S - T - T_a$.

A força de reação desenvolvida no maciço de apoio é determinada por:

$$Q = x\left[c_2 N_c + \gamma_2 x N_\gamma + \gamma_3 D N_q\right] \quad (4.24)$$

O fator de segurança é definido como a relação entre os esforços resistentes e os instabilizantes:

$$FS = \frac{Q}{W + S - T - T_a} \quad (4.25)$$

O valor do *FS* mínimo é determinado fazendo-se variar o valor de *x*.

Cabe destacar que as expressões desenvolvidas por Graux (1967) consideram estado plano de tensões, ou seja, escavação muito longa, ou $B/L = 0$. No caso de escavações com B/L maiores, sugere-se inserir o fator de forma (*fs*) na expressão da força de reação desenvolvida no maciço de apoio, similar ao proposto no manual do Navfac (1982), na modificação proposta para o método de Bjerrum e Eide (1956).

Exemplo 4.2 *Ruptura de fundo*
Verificar a segurança quanto à ruptura de fundo da escavação da Fig. 4.24. A cava é longa e a camada de argila é profunda.

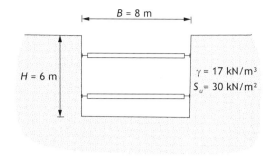

Fig. 4.24 *Geometria do problema*

Solução
De acordo com a expressão de Terzaghi e Peck (1967),

$$FS = \frac{q_{ruptura}}{p_v} = \frac{5,7 S_u}{\gamma\, H - \sqrt{2}\, S_u\, \dfrac{H}{B}} = \frac{5,7 \times 30}{17 \times 6 - \sqrt{2} \times 30 \times \dfrac{6}{8}} = 2,4 \geq 1,5$$

Pelo método de Bjerrum e Eide (1956),

$$FS = \frac{N_c\, S_u}{\gamma\, H + q} \geq 1,5$$

Com $H/B = 6/8 = 0,75$, têm-se $N_c = 6,25$ e $B/L = 0$.

$$FS = \frac{N_c\, S_u}{\gamma\, H + q} = \frac{6,25 \times 30}{17 \times 6} = 1,8 \geq 1,5$$

Cabe observar que o método de Bjerrum e Eide (1956) é mais geral, pois considera a influência da profundidade da escavação. Para uma escavação mais profunda, a superfície de ruptura não atinge o nível do terreno natural, tendo uma superfície menor, desenvolvendo, assim, uma menor resistência global ao longo da superfície de ruptura.

Exemplo 4.3 *Ruptura de fundo*
Seja o mesmo exemplo anterior, porém, agora, a 4 m do fundo da escavação ocorre uma camada de argila rija, com S_u de 75 kPa.

Solução
Nesse caso, utilizando a extensão do método de Bjerrum e Eide (1956), o fator de segurança pode ser expresso como segue:

$$FS = \frac{S_{u1} \, N_{c,s} \, f_d \, f_s}{\gamma \, H + q}$$

Com $S_{u2}/S_{u1} = 75/30 = 2{,}5$, têm-se:

$$N_{cs} = 5{,}33$$

$$D/B = 0{,}5$$

$f_d = f(H/B)$; sendo $H/B = 6/8 = 0{,}75$, obtém-se, da Fig. 4.19C, $f_d = 1{,}2$

$f_s = 1 + 0{,}2 \dfrac{B}{L} = 1{,}0$ para L correspondendo a uma escavação muito longa

$$FS = \frac{30 \times 5{,}33 \times 1{,}2}{17 \times 6} = 1{,}9$$

Abordagem em solos arenosos

A experiência mostra que a verificação quanto ao levantamento do fundo da escavação em solos arenosos não é necessária. De fato, admitindo-se a parcela de coesão nula e a ausência de sobrecarga, a tensão de ruptura para a semilargura da sapata (x) é dada por (Fig. 4.25):

$$q_{rupt} = \gamma \, x \, N_\gamma \qquad (4.26)$$

Com isso, a carga de ruptura por unidade de comprimento fica igual a:

$$Q_{rut} = \gamma \, x^2 \, N_\gamma \qquad (4.27)$$

Substituindo na equação do fator de segurança (Eq. 4.3), como utilizada por Terzaghi, chega-se a:

$$FS = \frac{Q_{rupt}}{W + S - T} = \frac{\gamma \, x^2 \, N_\gamma}{\gamma \, H \left[x - H/2 \, K_A^* \, \operatorname{tg} \phi \right]} \qquad (4.28)$$

em que W é o peso do prisma de solo, S, a resultante da sobrecarga, e T, a força tangencial mobilizada pela parcela de atrito ao longo da vertical ($T = P_a \operatorname{tg} \phi$), indicados na Fig. 4.25. Derivando a equação do FS para encontrar o valor mínimo, chega-se a:

$$x = H\, K_A^* \,\mathrm{tg}\, \phi \qquad (4.29)$$

Substituindo esse valor na equação do FS, vem:

$$FS = 2N_\gamma\, K_A^* \,\mathrm{tg}\, \phi \qquad (4.30)$$

em que K_a^* é o fator de empuxo (Terzaghi), definido como:

$$\begin{aligned}&\text{Para } \phi \geq 40°, K_a^* = k_a = \mathrm{tg}^2\left(45 - \phi'/2\right)\\ &\text{Para } \phi < 40°, K_a^* = k_a(1{,}48 - 0{,}012\phi') - \text{para } \phi \text{ em graus}\end{aligned} \qquad (4.31)$$

Assim sendo, mesmo para um valor baixo de ϕ' (20°), o FS é sempre superior a 2, confirmando a razão pela qual a ruptura de fundo em escavações em solo arenoso não é tema de preocupação na prática profissional.

Por outro lado, quando ocorre fluxo ascendente num maciço arenoso próximo a escavações, pode acontecer outro tipo de instabilidade, como será indicado na seção que aborda o problema da areia movediça.

4.2.2 Ruptura hidráulica

Um segundo mecanismo capaz de causar instabilidade no fundo da escavação se dá por ruptura hidráulica, situação esta indicada na Fig. 4.26.

No caso de cortinas estanques (por exemplo, paredes diafragma e cortinas de estacas-prancha), o nível d'água pode não ser rebaixado por ocasião da execução. Nesses casos, é comum proceder apenas ao

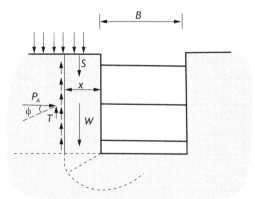

Fig. 4.25 *Caso de solos arenosos*

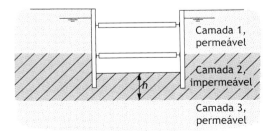

Fig. 4.26 *Situação a ser verificada na ruptura hidráulica*

esgotamento da água que surge no interior da cava. Em razão da baixa permeabilidade do maciço argiloso, a vazão que chega à cava é pequena, podendo ser esgotada sem a necessidade de rebaixamento do lençol.

No entanto, em face do nível d'água próximo à superfície externamente à cava, forma-se uma condição artesiana na camada permeável designada como 3. A pressão neutra atuando no contato das camadas 2 e 3 pode, em algumas situações, ser igual ou superior ao peso (γh) da coluna de solo sobrejacente, podendo haver, então, um levantamento excessivo do solo do fundo, com a abertura de trincas no nível da escavação.

A análise é feita simplesmente se considerando a relação entre o peso da camada argilosa e a força atuante de baixo para cima ao longo do contato entre as camadas. Para a garantia da estabilidade, recomenda-se um fator de segurança de 2,0.

Esse tipo de ruptura é conhecido como ruptura hidráulica e o coeficiente de segurança para a verificação dessa ruptura tem a seguinte expressão:

$$FS = \frac{W}{U} \geq 2 \qquad (4.32)$$

em que W é o peso efetivo da camada argilosa, e U, a força decorrente do desnível de água ΔH, indicado na Fig. 4.27.

No caso de se verificar um fator de segurança inferior a 2, poderá ser adotada uma das seguintes soluções:
1) rebaixar o nível d'água da camada 3;
2) fazer poços de alívio entre a camada 3 e a base da escavação através da camada impermeável e esgotar a água no fundo da escavação.

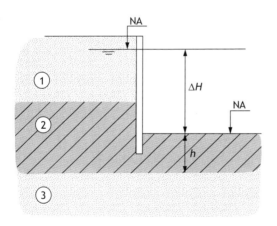

Fig. 4.27 *Verificação da ruptura hidráulica*

Exemplo 4.4 *Ruptura hidráulica*

Para a situação apresentada na Fig. 4.28, verificar a segurança contra uma possível ruptura hidráulica.

Solução

$$FS = \frac{W}{U} = \frac{(\gamma_{sat}-\gamma_a)H}{\gamma_a \Delta h} = \frac{(19-10)4}{10\times 4} = 0,9$$

Logo, deve-se prever poços de alívio.

Se os poços de alívio forem capazes de reduzir o nível dos piezômetros para a cota 1,5 m, o FS passará para:

$$FS = \frac{W}{U} = \frac{(\gamma_{sat}-\gamma_a)H}{\gamma_a \Delta h} = \frac{(19-10)4}{10\times 1,5} = 2,4 \geq 2$$

Fenômeno da areia movediça
Um terceiro tipo de instabilidade pode ocorrer por ação de fluxo de água ascendente em material permeável. Esses casos ocorrem quando se emprega uma parede impermeável e não há rebaixamento do lençol d'água, como mostra a Fig. 4.29. Caso o gradiente hidráulico atinja um valor crítico, a areia perde totalmente a resistência, passando a se comportar como um fluido.

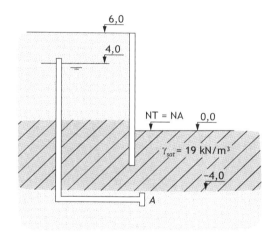

Fig. 4.28 *Geometria do problema*

Esse fenômeno pode ser mais bem explicado por meio do esquema da Fig. 4.30. Uma vez que existe uma diferença de potencial hidráulico de B para A e o solo é saturado, haverá fluxo de baixo para cima. Os valores das tensões totais, da poropressão e das tensões efetivas estão indicados na Fig. 4.30.

Para um ponto C qualquer entre A e B, a tensão total é calculada como:

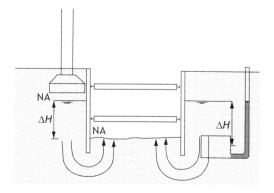

Fig. 4.29 *Situação de fluxo ascendente no fundo da escavação*

$$\sigma = H_1 \gamma_a + z \gamma_{sat} \quad (4.33)$$

em que γ_a é o peso específico da água, e γ_{sat}, o peso do solo saturado.

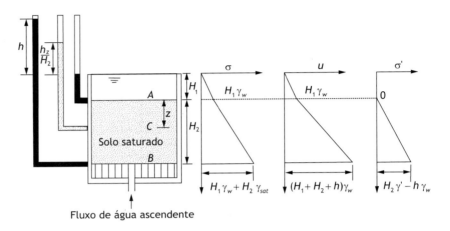

Fig. 4.30 *Tensões totais, poropressão e tensões efetivas em solos arenosos sob a influência de fluxo ascendente*

As poropressões em A e B são, respectivamente, $H_1 \gamma_a$ e $(H_1 + H_2 + h)\gamma_a$. Supondo que a perda de carga seja uniforme e a poropressão se distribua linearmente, obtém-se, no ponto C:

$$u = (H_1 + z + \frac{h}{H_2} z)\gamma_a \quad (4.34)$$

A tensão efetiva em C será:

$$\sigma' = \sigma - u = (H_1 \gamma_a + z \gamma_{sat}) - (H_1 + z + \frac{h}{H_2} z)\gamma_a = z(\gamma_{sat} - \gamma_a) - \frac{hz}{H_2}\gamma_a \quad (4.35)$$

Como pode ser observado nessa equação, o fluxo ascendente pode causar uma tensão efetiva nula em C, o que significa a perda completa de capacidade de carga, fenômeno conhecido como areia movediça. Quando isso ocorre,

$$\sigma' = \sigma - u = z(\gamma_{sat} - \gamma_a) - \frac{hz}{H_2}\gamma_a = 0 \quad (4.36)$$

ou seja,

$$z(\gamma_{sat} - \gamma_a) = \frac{hz}{H_2}\gamma_a \text{ ou } \frac{h}{H_2} = \frac{(\gamma_{sat} - \gamma_a)}{\gamma_a} = \frac{\gamma_{sub}}{\gamma_a} = i_{crít} \quad (4.37)$$

O gradiente hidráulico, h/H_2, quando a tensão efetiva se iguala a zero, é chamado de gradiente crítico. No caso de areias, o gradiente crítico é próximo de 1.

Para estabelecer gradientes hidráulicos, deve-se conhecer a rede de fluxo. Terzaghi, Peck e Mesri (1996), com base em ensaios em modelos, verificou que o fenômeno de ruptura hidráulica ocorre a uma distância de $H_p/2$ da parede, em que H_p é a ficha, como mostra a Fig. 4.31. Assim, sugeriu um método simplificado, bastando considerar uma coluna de solo de área igual a $H_p \cdot H_p/2$, como indicado na Fig. 4.31. A força de percolação F_p de baixo para cima é expressa como:

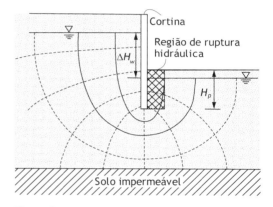

Fig. 4.31 Verificação no trecho hachurado

$$F_p = \Delta h \gamma_\omega A \quad (4.38)$$

Sendo $\Delta h \gamma_\omega$ o excesso de poropressão na base do prisma de solo.

Por sua vez, o peso efetivo da coluna de solo no trecho hachurado é calculado por:

$$P_p = H_p \gamma_{sub} A$$

Assim, o FS pode ser determinado por:

$$FS = \frac{P_p}{F_P} = \frac{H_p \gamma_{sub} A}{\Delta h \gamma_\omega A} = \frac{H_p \gamma_{sub}}{\Delta h \gamma_\omega} = \frac{H_p}{\Delta h} i_{crít} \quad (4.39)$$

Logo:

$$FS = \frac{i_{crít}}{\Delta h / H_p} \Leftrightarrow FS = 1 \Rightarrow \frac{\Delta h}{H_p} \cong 1 \; (i_{crít} \cong 1) \quad (4.40)$$

Em outras palavras, se o comprimento da ficha, $f = H_p$, iguala-se à altura piezométrica na base da cortina, o problema de ruptura hidráulica torna-se real. Para garantir $F_S = 2$, a relação $\Delta h/H_p$ deve ser de 0,5.

Outra alternativa, também adotada em projeto, é utilizar um valor de gradiente médio ao longo do menor trajeto de fluxo. No caso da Fig. 4.32, por exemplo, o gradiente hidráulico seria calculado como:

$$i_{méd} = \frac{\Delta H}{l_1 + l_2} \qquad (4.41)$$

Exemplo 4.5 *Areia movediça*

Verificar a estabilidade da escavação contra o fenômeno da areia movediça de forma simplificada (sem o traçado da rede de fluxo). Na Fig. 4.32, considerar a diferença de carga total (ΔH) igual a 10 m, com nível d'água coincidindo com o nível do terreno natural, NA = NT, e ficha de 3 m.

$$i = \frac{\Delta H}{l} = \frac{10}{\Delta H + l_2 + l_2} = \frac{10}{10 + 3 + 3} = 0,65 > 0,5$$

Logo, para aumentar a segurança, uma solução consiste no aumento da ficha até que $i_{máx}$ seja no máximo igual a 0,5.

$$i_{máx} = \frac{\Delta H}{l} = \frac{10}{\Delta H + l_2 + l_2} = 0,5 \Rightarrow l_2 = \text{ficha}(f) = 5 \text{ m}$$

Para a determinação pelo procedimento de Terzaghi, há a necessidade de traçar a rede de fluxo para a obtenção da altura piezométrica na base da ficha.

4.3 Movimentos associados a escavações

A previsão de recalques ocasionados por uma escavação profunda é um aspecto importante do projeto no caso de obras urbanas, principalmente se nas proximidades da

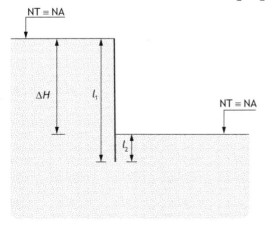

Fig. 4.32 *Verificação simplificada do fenômeno de ruptura hidráulica (areia movediça)*

escavação ocorrem construções antigas, ou obras tombadas pelo patrimônio histórico.

O Quadro 4.1 resume os principais métodos existentes na previsão dos recalques na região vizinha à escavação, na expectativa de mostrar ao leitor toda uma sequência do desenvolvimento do assunto e como ele vem sendo resolvido na prática profissional. Apenas alguns dos métodos existentes que permitem a avaliação dos recalques nos vizinhos para diferentes estágios da escavação são detalhados, bem como alguns aspectos executivos que têm como meta a restrição ou a redução dos deslocamentos.

Atualmente, os métodos numéricos consistem em ferramentas úteis, mas apenas em algumas situações o projetista dispõe do conhecimento dos parâmetros geotécnicos necessários a uma modelagem adequada do comportamento do solo. Por esse motivo, é sempre conveniente a estimativa dos recalques nos vizinhos por meio de métodos empíricos, principalmente nas etapas de anteprojeto. Esses métodos tiveram origem no acompanhamento dos deslocamentos horizontais das cortinas e recalques medidos na proximidade de uma grande diversidade de obras. A instrumentação dos deslocamentos permitiu a formação do banco de dados que norteia grande parte dos métodos empíricos.

QUADRO 4.1 COMPARAÇÃO ENTRE OS DIVERSOS MÉTODOS DE ANÁLISE (S = SIM, N = NÃO)

Autor	Proposta de método de cálculo		Indicação de valores--limite de recalque		Indicação da extensão da região afetada
Caspe (1966)	S	Procedimento baseado na divisão da cunha deslizante em fatias horizontais. A avaliação das deformações horizontais é relacionada às deformações verticais.	N	-	S	Movimentos restritos à massa de solo que contribui para o movimento de levantamento de fundo.
Peck (1969a)	N	Indica envoltória de bacia de recalque para diferentes tipos de solo.	S	Areias compactas: recalque desprezível. Areias fofas ou pedregulhos: recalques da ordem de 0,5% da profundidade da cava, H. Argilas moles: recalques da ordem de até 2% de H.	S	Até $2H$, em areias e argilas médias a duras, e até $4H$, para argilas moles.

Quadro 4.1 Comparação entre os diversos métodos de análise (S = sim, N = não) (cont.)

Autor		Proposta de método de cálculo		Indicação de valores-limite de recalque		Indicação da extensão da região afetada
O'Rourke (1981)	N	-	S	Razão movimento horizontal/movimento vertical de 0,6 a 1,6.	N	-
Mana e Clough (1981)	S	Baseado nos deslocamentos horizontais previstos.	S	Banco de dados em argilas indicou recalques superficiais máximos de 0,5 a 1,0 dos movimentos laterais máximos, e a análise numérica, 0,4 a 0,8.	S	Até 3,5H.
Bowles (1988)	S	Curva parabólica com valor máximo na face da parede.	N	-	S	Função da profundidade final da escavação e da largura da escavação.
Clough e O'Rourke (1990)	S	Proposta de perfil triangular de recalques em escavações em areias ou argilas rijas, e perfil trapezoidal em argilas moles a médias.	N	Mas sugere perfil de recalque. O recalque a diferentes distâncias da parede pode ser estimado apenas se o valor do recalque máximo for conhecido.	S	Regiões de influência de 2H para areias e 3H para argilas rijas a duras.
Ou, Hsieh e Chiou (1993)	S	Indica gráfico trilinear para perfil de recalque do tipo em balanço.	S	Limite máximo de recalque na superfície (δ_{vm}) é igual à máxima deformação lateral (δ_{hm}), embora a maioria dos casos de obra analisados indique valores variando entre 0,5δ_{hm} e 0,7δ_{hm}.	S	Intervalo de influência aparente aproximadamente igual à distância definida pela zona ativa. Recalques fora desse intervalo, além de pequenos, variam muito pouco com o avanço da escavação.
Hsieh e Ou (1998)	S	Para o perfil do tipo *spandrel* (em balanço), mantiveram a mesma proposta estabelecida por Ou, Hsieh e Chiou (1993) e sugeriram proposta para a previsão completa do perfil de recalques do tipo côncavo. O procedimento é iniciado pela previsão da máxima deformação horizontal.	S	δ_{vm} compreendido entre 0,5 e 0,75 de δ_{hm}, na maior parte dos casos, com limite superior de $\delta_{vm} = \delta_{hm}$, em que δ_{hm} é a máxima deformação horizontal.	S	4H_e, sendo H_e a altura da escavação.

Um detalhamento de todos os métodos listados nesse quadro pode ser obtido em Santos (2007). Nesta seção serão abordados apenas aqueles métodos que apresentam, simultaneamente, uma proposta de procedimento de cálculo, uma indicação de valores-limite de recalques e uma ideia da extensão da área afetada pela presença da escavação. A única exceção é dada às orientações de Peck (1969a), uma vez que ele reúne uma extensa experiência adquirida em atividades executivas que muito orienta as tomadas de decisão que objetivam o bom desempenho dos serviços de infraestrutura e escavações.

4.3.1 Peck (1969a)

Peck (1969a) analisa os vários métodos executivos utilizados até então e as alternativas para a estimativa de recalques e movimentos do solo arrimado, além de reunir dados de observações de movimentos que norteiam sugestões por ele propostas para verificações de projeto.

O autor ressalta que os movimentos no entorno de uma escavação profunda são responsáveis pelos recalques superficiais do terrapleno adjacente e, assim, para evitar danos às instalações superficiais ou verificar a necessidade de reforço das estruturas vizinhas, há a necessidade de estimar os recalques e seu padrão de distribuição. Destaca ainda que os recalques dependem das propriedades do solo, das dimensões da escavação, dos procedimentos utilizados na escavação (e no escoramento) e da qualidade dos serviços executados.

Experiências anteriores em argilas plásticas indicam um padrão de deformação consistente com a remoção do material escavado; a descompressão do solo abaixo da escavação causa a tendência de levantamento do fundo e de movimentação interna das paredes laterais, com o consequente recalque do solo superficial nas vizinhanças da cava. Com base na observação de casos de obras, especialmente aquelas executadas em Oslo e descritas em relatórios do Norwegian Geotechnical Institute (NGI), Peck (1969a) verificou que o volume da deformada de recalques nas proximidades da cava era aproximadamente igual ao volume da deformada dos movimentos horizontais das paredes, no sentido da escavação. Esses movimentos horizontais das paredes, por sua vez, estão relacionados ao volume correspondente ao levantamento do fundo da escavação. Tais observações levaram-no à conclusão de que a redução dos recalques só poderia se dar com a redução dos movimentos laterais e de fundo das escavações.

Peck (1969a) destaca que, em horizontes de solos diferentes de argilas plásticas, os volumes das deformadas de recalque e de movimentos laterais podem não ser iguais. No entanto, mesmo para esses solos de diferentes características, a redução dos recalques pode ser alcançada mais efetivamente pela redução dos movimentos laterais das paredes da escavação. O autor revela ainda que a experiência mostra que a rigidez de estacas metálicas usualmente utilizadas em cortinas de escoramento, mesmo de seção robusta, não é elevada o suficiente para apresentar um efeito significativo na redução da magnitude da movimentação lateral. Por outro lado, os movimentos laterais podem ser reduzidos de forma substancial com a presença de escoramento com menores vãos no sentido vertical. Porém, ele ressalta que a variável mais importante que determina o valor dos movimentos não é a rigidez das paredes do escoramento ou o espaçamento vertical das escoras, mas as características do solo local.

Analisando separadamente os registros disponíveis de movimentos laterais nos casos de escavações em areias, em areias com finos, em argilas moles a médias e em argilas rijas, Peck (1969a) observa que os movimentos laterais associados a argilas muito moles a médias excedem substancialmente aqueles de solos arenosos com finos, ou arenosos, sobretudo em escavações profundas e anteriormente à instalação do primeiro nível de escoramento. Essas observações parecem justificar recomendações anteriores de Peck (1943) e Ward (1955) de que a primeira linha de escoramento deve ser posicionada antes que a escavação exceda a profundidade de $2S_u/\gamma$.

Peck (1969a) também lembra ser comum manter uma berma no interior da cava, em escavações largas, à medida que a escavação avança na parte central, até a concretagem da laje de fundo. Escoras inclinadas devem ser posicionadas, então, paralelamente ao talude da berma, da extremidade da laje da fundação até um vigamento posicionado na cortina, próximo ao nível do terreno. A escavação prossegue então em nichos, à medida que a berma vai sendo escavada e escoras inclinadas adicionais vão sendo inseridas. Para reduzir os movimentos adjacentes à escavação, pode ser necessária a manutenção de grandes bermas, removidas apenas quando as escoras inclinadas superiores já tiverem sido instaladas. O autor mostra casos de obra em que a pré-compressão de escoras inclinadas evitou deslocamentos horizontais adicionais, no sentido da escavação, na parte superior da cortina.

Ele resume suas recomendações com alguns comentários e com a apresentação da Fig. 4.33, que até hoje é utilizada e referenciada nos artigos publicados sobre o assunto, detalhados a seguir:

i. Recalques adjacentes a escavações em horizontes de areia densa apresentam pequena magnitude, sem maiores consequências.

ii. Recalques em areias fofas ou pedregulhos podem ser da ordem de 0,5% da profundidade da cava. Por outro lado, quando não há um controle da água subterrânea, recalques elevados, de natureza errática e com consequências danosas podem ocorrer devido ao fluxo, com carreamento de areia para o interior da cava.

iii. A disponibilidade de muito mais informação acerca de recalques imediatos nas proximidades de escavações em argilas plásticas em comparação aos demais tipos de solos é uma indicação de que os recalques associados a argilas plásticas são substancialmente maiores. Além disso, recalques adicionais podem ocorrer por efeito do adensamento.

Peck (1969a) sugere que uma estimativa dos recalques, bem como de sua distribuição com a distância à cava, de grande interesse prático, pode ser feita por meio da Fig. 4.33. Nessa figura, na qual os recalques e as distâncias são indicados de forma adimensional, em função da profundidade da cava, o autor caracterizou três zonas distintas. A zona I corresponde aos casos de escavações em areias e argilas médias a duras, com média qualidade de execução. A zona II reúne casos de argilas moles a muito moles, mas com profundidade limitada abaixo do nível do fundo da escavação, ou com profundidade significativa abaixo do fundo da escavação, porém com $N_b < N_{cb}$, sendo $N_b = \gamma\ H/S_u$ e N_{cb} o valor crítico para levantamento de fundo. A zona III reúne os casos de argilas muito moles até uma profundidade significativa abaixo do nível da escavação, com $N_b > N_{cb}$.

A Fig. 4.33 permite a estimativa grosseira dos recalques esperados sob várias condições. Recalques por adensamento durante o período

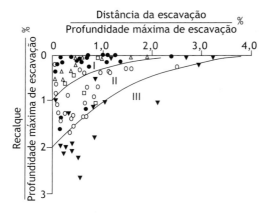

Fig. 4.33 *Recalques adjacentes a uma cava em função da distância à face da escavação*

construtivo também estão incorporados na figura. Para argilas moles, recalques da ordem de até 2% da profundidade da cava podem ocorrer em distâncias de três a quatro vezes a profundidade da cava.

Peck (1969a) ressalta que a inserção rápida de estroncas logo após cada estágio de escavação, e a pequenos espaçamentos verticais, pode minimizar os deslocamentos horizontais para dentro da escavação. A inserção de cada estronca restringe os movimentos da cortina enquanto o próximo estágio é executado. Tão logo o próximo escoramento inferior é colocado, aquele que o precedeu não é mais tão efetivo na redução dos movimentos em profundidade. Em muitas situações, o autor salienta que o escoramento superior pode ser removido sem apreciável mudança no padrão de deformação, desde que os perfis verticais, as vigas de solidarização e as escoras remanescentes possam suportar as cargas adicionais a que serão submetidos.

Peck (1969a) conclui ainda que os menores recalques que podem ser esperados, no caso de escavações realizadas utilizando boa técnica executiva, variam consideravelmente com o tipo de solo. Os recalques esperados são desprezíveis quando adjacentes a cavas em areias densas e argilas rijas. Porém, podem ser excessivos quando adjacentes a cavas em argilas plásticas. Esses recalques só podem ser reduzidos mediante uma mudança radical nos procedimentos construtivos. Recalques adjacentes a cavas abertas em areias podem ser causados por perda de material associada à percolação. Sua prevenção consiste na melhoria do controle da água do subsolo e na atenção cuidadosa de detalhes construtivos. Se recalques dessa natureza não ocorrerem, recalques regulares e previsíveis podem ser obtidos. Os recalques são consequência de deslocamentos na massa de solo associados à remoção de material e podem ser reduzidos, até certo ponto, pela inserção de suportes por meio de escoramentos, tão breve quanto possível, em pequenos intervalos.

4.3.2 Mana e Clough (1981)

Mana e Clough (1981) apresentam um método simplificado para a previsão de movimentos em escavações escoradas em argilas, baseado em comportamento de obras instrumentadas e suplementado com resultados de análise pelo método dos elementos finitos (MEF).

Os autores verificaram, inicialmente, uma relação entre os deslocamentos horizontais máximos e a segurança ao levantamento de fundo (Fig. 4.34).

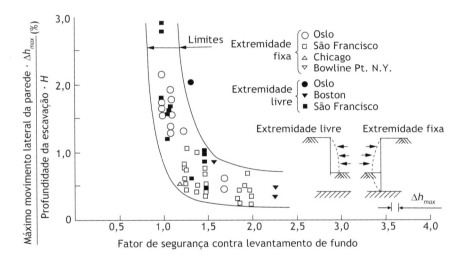

Fig. 4.34 *Relação entre o fator de segurança ao levantamento de fundo e o deslocamento máximo da parede em termos adimensionais*
Fonte: adaptado de Mana e Clough (1981).

A Fig. 4.34 mostra que os movimentos aumentam rapidamente para fatores de segurança na faixa de 1,4 a 1,5, enquanto para elevados fatores de segurança, superiores a 1,8, os movimentos são da ordem de 0,5%. Os movimentos são predominantemente elásticos para fatores elevados e, como resultado da plastificação do solo, aumentam rapidamente para baixos fatores de segurança. Para os casos analisados, a extensão da ficha abaixo do nível da escavação teve pequena influência no nível de movimentação lateral da parede. Entretanto, o fator de segurança ao levantamento de fundo é significativo nos movimentos laterais.

Foi estabelecida uma relação entre o máximo recalque superficial e a máxima movimentação lateral da parede para os casos analisados, ilustrada na Fig. 4.35. Com base nas Figs. 4.34 e 4.35 pode-se estabelecer também uma relação entre os recalques superficiais e a segurança ao levantamento de fundo.

Mana e Clough (1981) empregaram o MEF para a análise da influência da rigidez da parede; do espaçamento e da rigidez do escoramento; da largura da escavação; da profundidade da escavação em relação à camada resistente; e da rigidez e da distribuição de resistência do solo no comportamento das escavações escoradas.

Em relação aos máximos movimentos horizontais em função da segurança ao levantamento de fundo, os autores apresentam na Fig. 4.36 os resultados da análise pelo MEF para estágios intermediários e finais de escavação, excetuando o estágio da cortina em balanço, anterior à colocação da primeira linha de escoramento. Semelhantemente aos resultados experimentais da Fig. 4.34, a Fig. 4.36 mostra que a grandeza dos movimentos horizontais corresponde, para elevados fatores de segurança, a um percentual da profundidade escavada, mas aumenta muito rapidamente para fatores de segurança ao levantamento de fundo inferiores a 1,5. Os autores também observaram, na análise numérica, um pequeno efeito da penetração da cortina, ou condição de contorno da extremidade inferior, semelhantemente ao observado com os dados experimentais.

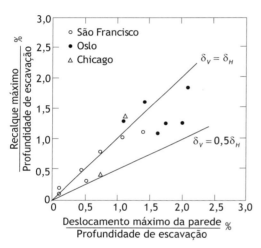

Fig. 4.35 *Relação entre o recalque superficial máximo e a máxima movimentação lateral - dados de casos históricos, Manna e Clough (1981)*

Na análise numérica, Mana e Clough (1981) constataram recalques superficiais máximos da ordem de 0,4 a 0,8 dos movimentos laterais máximos (Fig. 4.37), enquanto a análise do banco de dados indicou, na Fig. 4.35, valores da ordem de 0,5 a 1,0. Os autores atribuíram o pequeno aumento nos valores experimentais aos efeitos da pequena parcela de adensamento e da passagem de tráfego ou sobrecargas atrás da cortina.

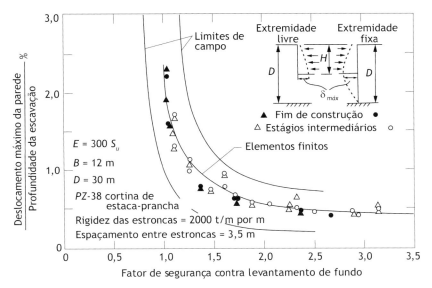

Fig. 4.36 *Relação entre o fator de segurança ao levantamento de fundo e a movimentação lateral máxima da cortina (Mana; Clough, 1981)*

Os autores concluíram, nas análises pelo MEF, que o aumento da rigidez da cortina, ou a redução do espaçamento das escoras, reduz os movimentos, sendo mais significativo esse efeito para menores fatores de segurança. O aumento da rigidez do escoramento também reduz os movimentos, mas o efeito diminui para valores muito altos de rigidez do escoramento. Os movimentos aumentam com a largura da escavação e a profundidade da camada resistente.

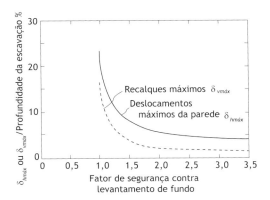

Fig. 4.37 *Relação da máxima movimentação horizontal e do máximo recalque superficial com a segurança ao levantamento de fundo (Mana; Clough, 1981)*

Quanto ao uso de pré-compressão nas estroncas, apesar de reduzir os movimentos, o emprego de altas tensões pode ser contraprodutivo, pois os movimentos para dentro, nos níveis de apoio, podem causar danos às redes locais. Maiores módulos de elasticidade do solo também levam a menores movimentos.

Entre os efeitos analisados, alguns podem ser controlados pelo projetista: a rigidez da parede, a rigidez do escoramento, o espaçamento entre as escoras e a sua pré-compressão. O ajuste dessas variáveis, de forma a controlar os movimentos, consiste no objetivo do método de previsão dos movimentos estabelecido pelos citados autores para as escavações em argila.

Mana e Clough (1981) sugeriram que, quando se deseja conhecer, além dos valores dos movimentos máximos, a deformada da parede e a bacia de recalques, essas informações podem ser também obtidas pelo MEF. A Fig. 4.38, proposta por esses autores, fornece uma envoltória da bacia de recalques observada nas análises paramétricas.

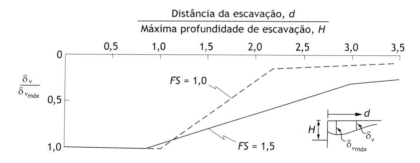

Fig. 4.38 *Envoltória da bacia de recalques normalizada*
Fonte: adaptado de Mana e Clough (1981).

Os citados autores estabeleceram um método simplificado para a previsão dos deslocamentos com base nos estudos resumidos anteriormente, aplicável a escavações escoradas em depósitos de argilas moles a médias. O procedimento de previsão proposto envolve as seguintes etapas:

1) Avaliação do fator de segurança ao levantamento de fundo segundo Terzaghi (1943), no caso de solos isotrópicos, ou segundo Clough e Hansen (1981), para solos anisotrópicos, para cada estágio de escavação em que se deseja obter os deslocamentos. O fator de segurança de cada estágio deve ser utilizado nos procedimentos de previsão, exceto no caso em que

aumenta nos estágios finais devido à presença de uma camada inferior resistente. Nessa situação, o fator de segurança a ser considerado é o menor que ocorre durante a escavação.

2) Estimativa do máximo deslocamento horizontal por meio da Fig. 4.36. O valor do recalque superficial máximo pode ser também estimado diretamente, assumindo que ele é da ordem de 0,6 a 1,0 do deslocamento horizontal máximo.
3) Determinação da influência da rigidez da cortina, da rigidez das escoras, da profundidade da camada resistente e da largura da cava, respectivamente, pelos coeficientes de influência αW, αS, αD e αB, fornecidos pelos autores nas ilustrações de seu artigo.
4) Determinação do coeficiente de influência da carga de pré-compressão nas estroncas, αP, por meio da proposta apresentada no trabalho dos autores.
5) Seleção de um valor de M, a ser multiplicado pela resistência não drenada da argila, para a obtenção do módulo de elasticidade E do solo, necessário à obtenção do coeficiente de influência αM. Os autores fornecem uma proposta para a seleção de M.
6) O valor do máximo deslocamento lateral revisado é dado por:

$$\delta H_{máx}^* = \delta H_{máx}\ \alpha_M\ \alpha_W\ \alpha_S\ \alpha_P\ \alpha_D\ \alpha_B \qquad (4.42)$$

em que $\delta H_{máx}$ foi obtido no item 2 e $\delta H_{máx}^*$ é o valor revisado.
7) Um valor revisado do máximo recalque superficial pode ser obtido de $\delta H_{máx}^*$, assumindo a relação de 0,6 a 1,0$\delta H_{máx}$.
8) A bacia de recalques pode ser estabelecida a partir do valor de recalque obtido no item 7 e é reproduzida na Fig. 4.38.

A deformada da parede pode ser estimada com base em Hansen (1980 apud Mana; Clough, 1981) ou Mana (1980 apud Mana; Clough, 1981).

4.3.3 Ou, Hsieh e Chiou (1993)

Ou, Hsieh e Chiou (1993) procederam a um estudo detalhado de casos de obra e analisaram, separadamente, os casos sob estado plano de deformação e condições usuais de construção, ou seja, não incluindo recalques por adensamento decorrente de rebaixamento do nível d'água ou fuga de areia e água através de falhas da parede da escavação. O enfoque dos autores contempla, portanto, apenas os deslocamentos horizontais da parede e os recalques superficiais devidos à remoção do solo escavado sob condição de deformação plana, sem ocorrência de escoamento plástico do solo.

As variáveis analisadas são ilustradas na Fig. 4.39. Com exceção do primeiro estágio de escavação, o maior deslocamento horizontal costuma ocorrer próximo ao nível da escavação e a magnitude da deflexão (δ_{hm}) varia entre $0,002H_e$ e $0,005H_e$.

Também foi observado que o limite máximo de recalque na superfície (δ_{vm}) é igual à máxima deformação lateral da parede (δ_{hm}), embora a maioria dos casos de obra analisados indique valores variando entre $0,5\delta_{hm}$ e $0,7\delta_{hm}$.

Já a magnitude e a forma da deformada da parede podem resultar em diferentes tipos de perfis de recalque. O primeiro perfil típico (Fig. 4.40A) contempla o caso em que o recalque máximo ocorre a certa distância da parede, enquanto no segundo (Fig. 4.40B) o recalque máximo acontece muito próximo à parede.

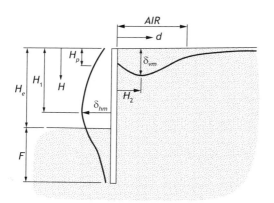

Fig. 4.39 *Definição das variáveis*
Fonte: adaptado de Ou, Hsieh e Chiou (1993).

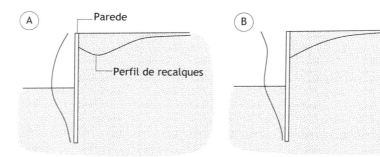

Fig. 4.40 *Perfis típicos de recalque, Ou, Hsieh e Chiou (1993)*

O primeiro perfil de recalque ocorre nos casos em que a parede apresenta um pequeno deslocamento nas etapas iniciais da escavação quando comparado ao deslocamento que acontece nos estágios mais profundos da escavação. Para esse primeiro perfil, o recalque máximo ocorre a uma distância aproximada da parede, H_2 na Fig. 4.39, de cerca da metade da profundidade final da escavação. O segundo perfil de recalque se dá, por outro lado, nos casos em que grandes deslocamentos da parede acontecem nos estágios iniciais da escavação, quando o efeito do "balanço" pode conduzir a valores de recalque maiores nas proximidades da face da parede.

De acordo com as observações de campo, os movimentos verticais do solo observados atrás da parede podem se estender a uma distância considerável. Os recalques a uma distância limitada da parede não são uniformes e crescem com a profundidade da escavação; construções situadas no interior dessa faixa podem sofrer danos. A zona assim delimitada é definida como intervalo de influência aparente (AIR – *apparent influence range*). Os recalques que ocorrem fora dessa zona são pequenos, variam de maneira pouco significativa com o avanço da escavação e não causam danos às construções vizinhas. Segundo os estudos, a AIR é aproximadamente igual à distância definida pela zona ativa, ilustrada na Fig. 4.41.

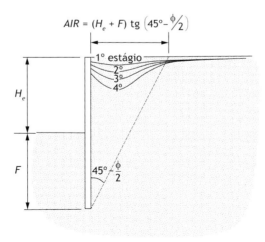

Fig. 4.41 *Relação entre o intervalo de influência aparente e o comprimento da parede, Ou, Hsieh e Chiou (1993)*

Ou, Hsieh e Chiou (1993) propuseram, na Fig. 4.42, um gráfico trilinear para a previsão do segundo perfil de recalque, o tipo apresentado na Fig. 4.40B.

Essa proposta também pode ser empregada por meio das expressões a seguir:

$$\left[\frac{d}{(H_e+F)}\right]^{0,5} \leq 0,8 \quad \Rightarrow \quad \delta_v = \left[1-\left(\frac{d}{H_e+F}\right)^{0,5}\right]\delta_{vm} \quad (4.43)$$

$$0,8 < \left[\frac{d}{(H_e+F)}\right]^{0,5} \leq 1,0 \quad \Rightarrow \quad \delta_v = \left[-\frac{1}{2}\left(\frac{d}{H_e+F}\right)^{0,5}+0,6\right]\delta_{vm} \quad (4.44)$$

$$1,0 < \left[\frac{d}{(H_e+F)}\right]^{0,5} \leq 1,5 \quad \Rightarrow \quad \delta_v = \left[-\frac{1}{5}\left(\frac{d}{H_e+F}\right)^{0,5}+0,3\right]\delta_{vm} \quad (4.45)$$

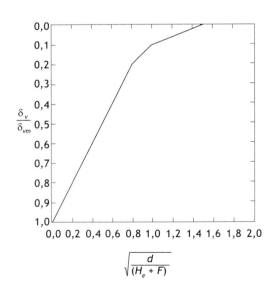

Fig. 4.42 *Relação proposta entre os recalques e a distância da parede para o segundo perfil típico de recalque, Ou, Hsieh e Chiou (1993)*

Já para o primeiro perfil típico de recalque, os autores concluíram que os recalques a diferentes distâncias da parede só podem ser obtidos com base num banco de dados mais extenso.

4.3.4 Hsieh e Ou (1998)

Hsieh e Ou (1998) complementaram o estudo de Ou, Hsieh e Chiou (1993) sobre os dois perfis típicos de recalques provocados por escavações, designados agora como *spandrel* e côncavo e ilustrados em conjunto na Fig. 4.43. Convém ressaltar que essa figura é semelhante àquela apresentada anteriormente por Ou, Hsieh e Chiou (1993) (Fig. 4.40).

Hsieh e Ou (1998) mantiveram, para o perfil do tipo *spandrel*, basicamente a mesma proposta estabelecida por Ou, Hsieh e Chiou (1993). Porém, preferiram fixar a profundidade da escavação, H_e da Fig. 4.43, em vez do comprimento total da parede, $H_e + F$, como estabelecido por Ou, Hsieh e Chiou (1993). Dessa forma, Hsieh e Ou (1998) substituíram a Fig. 4.42 pela

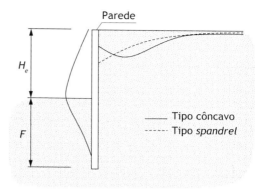

Fig. 4.43 *Tipos de perfis de recalque, Hsieh e Ou (1998)*

Fig. 4.44, cabendo destacar que as figuras diferem apenas na forma como foi definido o eixo das abcissas.

Hsieh e Ou (1998) mostram, na Fig. 4.44, que os perfis do tipo *spandrel* de vários casos de obra se situam numa faixa relativamente estreita, embora para cada um desses casos as condições do subsolo, a geometria da escavação e o sistema de suporte lateral da parede sejam diferentes. Com base em regressão linear, os autores determinaram uma curva média (curva a-d-c), com coeficiente de correlação de 0,949, bem como uma curva contemplando maiores recalques (curva a-b-c), equivalente à média mais um desvio padrão, para a qual determinaram as expressões seguintes:

$$\delta_v = \left(-0{,}636 \sqrt{\frac{d}{H_e}} + 1 \right) \delta_{vm} \quad \text{para } d/H_e \leq 2 \quad (4.46)$$

$$\delta_v = \left(-0{,}171 \sqrt{\frac{d}{H_e}} + 0{,}342 \right) \delta_{vm} \quad \text{para } 2 < d/H_e \leq 4 \quad (4.47)$$

em que δ_v é o recalque superficial a uma distância d da parede.

Com base na Fig. 4.44, verifica-se que a linha a-b tem uma inclinação relativamente alta, que pode induzir distorções angulares grandes nas construções adjacentes à parede da escavação no caso de recalques δ_{vm} significativos. Essa é a zona de influência primária, que se estende

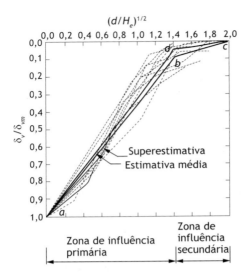

Fig. 4.44 Método proposto para a previsão do perfil de recalques do tipo spandrel, Hsieh e Ou (1998). Observação: cada linha pontilhada reproduz um caso de obra

até $2H_e$. Ao contrário, a linha b-c tem uma inclinação mais suave e as construções localizadas nesse trecho são bem menos afetadas, sendo assim considerada a zona de influência secundária, que se estende até $4H_e$.

A extensão da zona ativa, atrás da parede, pode ser considerada igual à profundidade da parede. Além disso, a razão entre a profundidade da parede e a profundidade da escavação, nos casos de obra analisados, varia de 1,6 a 2,2, dependendo da estratigrafia do solo. Assim, a zona de influência primária e a zona ativa devem ter extensão equivalente.

No caso do perfil do tipo côncavo, Hsieh e Ou (1998) comentam que é necessário conhecer a faixa de influência, o recalque na face da parede e a locação do maior recalque, de forma a definir completamente o perfil de recalque. Quanto à locação do maior recalque, os citados autores reportam que Ou, Hsieh e Chiou (1993) e Nicholson (1987) verificaram que a distância, a partir da face da parede, onde ocorre o maior recalque é igual à metade da profundidade onde acontece o maior deslocamento horizontal da parede. Na maior parte dos casos reportados de perfil do tipo côncavo, o maior deslocamento lateral ocorreu junto ao nível da escavação, resultando num valor de $H_e/2$ para a locação do maior recalque. Quanto ao recalque na face da escavação, Clough e O'Rourke (1990) chegaram a valores de $0,5\delta_{vm}$ a $0,75\delta_{vm}$, enquanto os casos de obra estudados por Hsieh e Ou (1998) revelam valores da ordem de $0,5\delta_{vm}$. Assim, Hsieh e Ou (1998) sugerem a adoção de $0,5\delta_{vm}$.

Esses autores reportam o princípio de Saint-Venant, segundo o qual se alguma distribuição de forças agindo numa porção da superfície de um corpo for substituída por uma outra distribuição estaticamente equivalente (isto é, de força resultante equivalente), os efeitos correspondentes em pontos suficientemente afastados da região carregada serão essencialmente os mesmos.

Assim, teoricamente, diferentes escavações e procedimentos de instalação de escoramentos (ou seja, diferentes distribuições de forças) resultarão na mesma zona ativa (ou seja, na mesma resultante). Essas diferentes escavações e procedimentos de escoramento devem resultar em diferentes estados de tensões para o maciço de solo junto à parede e, consequentemente, em diferentes tipos de perfis de recalque. Porém, diferentes escavações e procedimentos de escoramento devem ter pequena influência no estado de tensões no maciço afastado da parede. Dessa forma, os recalques devem ser os mesmos em tais circunstâncias. A zona de influência secundária, de acordo com Hsieh e Ou (1998), pode ser considerada suficientemente afastada da parede e pouco afetada pela distribuição do carregamento, segundo o princípio de Saint-Venant. Eles consideram, assim, a extensão e o valor dos recalques da zona de influência secundária como iguais nos dois tipos de perfis. Desse modo, o recalque é igual a $0{,}1\delta_{vm}$ (Fig. 4.45) a uma distância de $2H_e$ e praticamente desprezível a $4H_e$. Os citados autores simplificam e consideram linear o comportamento entre os trechos, sugerindo a Fig. 4.45 para a previsão completa do perfil de recalques do tipo côncavo.

De forma a sugerir um método quantitativo que justifique os diferentes tipos de perfis de recalque induzido por escavações, Hsieh e Ou (1998) propõem que a área correspondente à parcela do deslocamento da parede originário da movimentação profunda, A_s, seja diferenciada da área correspondente à parcela do deslocamento do tipo em balanço, A_c, definida como:

$$A_c = M\acute{a}x\left(A_{c1}, A_{c2}\right) \qquad (4.48)$$

em que A_{c1} e A_{c2} são as áreas das componentes do primeiro estágio (em balanço) e do estágio final da escavação, respectivamente, ilustradas na Fig. 4.46.

Com base nos casos de obra estudados por Ou, Hsieh e Chiou (1993), Hsieh e Ou (1998) e Clough e O'Rourke (1990), a Fig. 4.47 mostra claramente que o perfil do tipo côncavo ocorre para $A_s \geq 1{,}6A_c$.

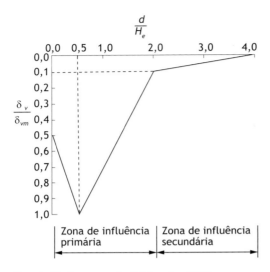

Fig. 4.45 *Proposta de Hsieh e Ou (1998) para o perfil do tipo côncavo*

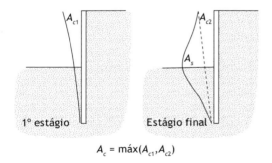

Fig. 4.46 *Áreas das componentes do primeiro estágio (em balanço) e do estágio final da escavação (Hsieh; Ou, 1998)*

Hsieh e Ou (1998) ressaltam que, em geral, o valor do recalque superficial máximo (δ_{vm}) pode ser estimado em função do valor do deslocamento máximo da parede, δ_{hm}, sugerindo sua obtenção com base nos dados experimentais da Fig. 4.48, que inclui tanto os casos de obra estudados por esses autores como os resultados de Mana e Clough (1981).

A Fig. 4.48 mostra valores de δ_{vm} compreendidos entre $0,5\delta_{hm}$ e $0,75\delta_{hm}$, na maior parte dos casos, com limite superior de $\delta_{vm} = \delta_{hm}$.

Antes de fornecer as etapas do procedimento proposto, Hsieh e Ou (1998) esclarecem que o valor de δ_{hm} pode ser obtido, com boa precisão, por meio de uma análise de deformação, seja pelo MEF, seja por um método baseado em viga sobre base elástica. No entanto, os citados autores consideram que a estimativa de δ_{hm} por meio do gráfico proposto por Clough e O'Rourke (1990) é menos precisa e deve ser utilizada apenas como uma primeira aproximação.

O método proposto foi validado pelo estudo de inúmeros casos de obras em solos predominantemente argilosos. Porém, os autores não restringiram a utilização do método apenas a solos de natureza argilosa.

Após a descrição anterior, o seguinte procedimento foi estabelecido por eles para a previsão dos recalques superficiais causados por escavações:

1) Proceder à previsão da máxima deformação lateral da parede δ_{hm}, utilizando análises de deformação lateral, seja pelo MEF, seja por métodos baseados em vigas sobre base elástica.

2) Determinar o tipo de perfil esperado para o recalque, calculando a área da bacia de deflexão horizontal do tipo balanço (A_c) e a área da deflexão horizontal profunda da parede (A_s), referenciando-se às Figs. 4.46 e 4.47.
3) Estimar o valor máximo do recalque superficial (δ_{vm}) com base na relação $\delta_{vm} = f(\delta_{hm})$ da Fig. 4.48.
4) Calcular o recalque superficial para as várias distâncias à parede, de acordo com a Fig. 4.44 ou 4.45.

Hsieh e Ou (1998) salientam ainda que, caso não seja realizada uma análise de deformação, uma aproximação grosseira pode ser obtida utilizando os gráficos propostos por Clough e O'Rourke (1990), para efeito de projeto. Os autores esclarecem que, nesse caso, embora o tipo de perfil de recalque não possa ser determinado antes da escavação, resultados experimentais e análises pelo MEF revelam que o tipo de perfil de recalque é definido nos estágios iniciais, quando as construções vizinhas ainda não se encontram em situação crítica. Dessa forma, os recalques que correspondem aos estágios finais da escavação, situação mais crítica, podem ser estimados iterativamente seguindo os resultados de campo de cada estágio.

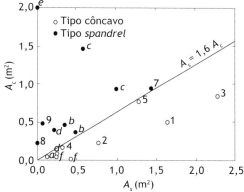

Fig. 4.47 *Relação entre as áreas A_s e A_c (Hsieh; Ou, 1998)*

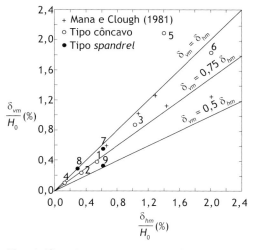

Fig. 4.48 *Relação entre o valor máximo de deslocamento horizontal da parede e o recalque superficial máximo (Hsieh; Ou, 1998)*

4.4 Comentários finais

Por muitos anos, o dimensionamento de estruturas de contenção foi feito com base na avaliação da estabilidade interna (escorregamento e tombamento) e externa (estabilidade global e capacidade de carga), para o caso de muros gravidade.

Os empuxos são determinados por meio de métodos baseados nos estados de equilíbrio plástico (Rankine) ou de equilíbrio-limite (Coulomb, círculo de atrito etc.), os quais pressupõem modelos de deformação e de interação solo-estrutura que acarretam superfícies de ruptura preestabelecidas.

Dependendo do tipo de estrutura, existem na literatura diferentes propostas de dimensionamento, estabelecidas a partir de hipóteses envolvendo aspectos relacionados a: (i) mecanismo de interação solo-estrutura, (ii) forma da superfície potencial de ruptura e (iii) natureza das forças atuantes. Independentemente do método adotado, considera-se que, uma vez que a estrutura é estável, os deslocamentos são de pequena magnitude e não interferem na qualidade do projeto. Não há, entretanto, uma metodologia globalmente aceita por projetistas. Cabe ressaltar ainda que, por não prever deformações no interior da massa de solo, os métodos analíticos não incorporam a ocorrência de redistribuição de esforços ao longo das etapas de construção e, portanto, fornecem um fator de segurança global que não reproduz corretamente o comportamento da estrutura.

Com o avanço das ferramentas computacionais, os métodos numéricos passaram a ser uma ótima alternativa para o projeto de estruturas de contenção, já que:

i. Incorporam a possibilidade de simulação da sequência das etapas construtivas.
ii. Minimizam as restrições associadas aos métodos analíticos, tais como:
    a) Não há necessidade de se ter uma superfície de ruptura preestabelecida.
    b) Pode haver ruptura localizada.
    c) As trajetórias de tensão são mais representativas das condições de campo.
iii. Possibilitam incorporar modelos tensão × deformação mais adequados dos materiais envolvidos (modelos elastoplásticos).
iv. Fornecem informações com relação à previsão de deformações da massa de solo.

v. Análises de fluxo podem ser acopladas aos estudos de comportamento tensão × deformação.

Conceitualmente, os métodos numéricos substituem o problema diferencial do meio contínuo, em que a solução pertence a um espaço de dimensão infinita, por um problema definido em um espaço de dimensão finita, cuja solução obtida não é exata, mas sim uma aproximação do resultado. Apesar dessa limitação, esses métodos possibilitaram solucionar problemas, pelo menos de modo aproximado, em várias áreas da Engenharia, que antes não tinham solução.

Há no mercado vários programas comerciais adequados para a realização de simulação numérica de obras civis. A maior parte baseia-se no MEF e alguns no método das diferenças finitas (MDF).

No MEF, a região de solo afetada pela obra é dividida em sub-regiões (elementos), delimitadas pelos nós. Os elementos no domínio são, em geral, quadrangulares ou triangulares, delimitados pelos nós. A formulação do MEF baseia-se na solução de um sistema de equações que relaciona a força nos nós aos respectivos deslocamentos. As tensões são calculadas no interior dos elementos.

Já no MDF, o domínio é representado por zonas, as quais são subdivididas, gerando uma malha de nós. A solução do sistema de equação fornece todas as informações nos nós. Na formulação do MDF, as equações diferenciais que regem o problema são aproximadas por derivadas a partir de teoremas baseados em série de Taylor.

parte 2

PROJETO E CONSTRUÇÃO DE OBRAS DE CONTENÇÃO

INVESTIGAÇÃO GEOTÉCNICA 5

5.1 Objetivo

Este capítulo tem o objetivo de apresentar de forma sucinta as investigações geotécnicas utilizadas na elaboração dos projetos de estruturas usuais de contenção. O intuito não é detalhar as diversas formas de investigação. Caso o leitor tenha interesse em aprofundar o conhecimento no tema de ensaios de campo, é indicada a leitura de Schnaid e Odebrecht (2012).

Para a elaboração de um projeto de contenção, precisa-se identificar as camadas do subsolo que porventura possam vir a participar dos estudos de estabilidade, assim como determinar suas características geológicas e geotécnicas.

Segundo a NBR 11682 (ABNT, 2009, p. 8), "podem ser utilizados quaisquer tipos de investigação que forneçam elementos confiáveis para a montagem do modelo de análise, tanto sob o ponto de vista geométrico como paramétrico".

O grande objetivo das investigações é propiciar o reconhecimento da estratigrafia do local, possibilitando a montagem de perfil geotécnico que fará parte das análises de estabilidade, bem como identificar os parâmetros geotécnicos das camadas que comporão o perfil geotécnico e/ou orientar na sua definição.

A determinação dos parâmetros pode ser efetuada por meio de ensaios de campo e/ou ensaios de laboratório. É necessário que o projetista identifique quais parâmetros deverão ser obtidos na investigação geotécnica para que possa especificar os tipos de sondagens e ensaios que precisarão ser realizados.

Segundo Schnaid e Odebrecht (2012, p. 14), "a abrangência de uma campanha de investigação depende de fatores relacionados às características do meio físico, à complexidade da obra e aos riscos envolvidos, que, combinados, deverão determinar a estratégia adotada no projeto". Os

mesmos autores comentam ainda as orientações apresentadas por Peck (1969b), que subdividiu as investigações em três métodos, a saber:
- Método 1 – "executar uma investigação geotécnica limitada e adotar uma abordagem conservativa no projeto, com altos fatores de segurança".
- Método 2 – "executar uma investigação geotécnica limitada e projetar com recomendações baseadas em prática regional".
- Método 3 – "executar uma investigação geotécnica detalhada".

Ressalta-se que a investigação geotécnica não deve ser encarada como um mero "custo" adicional para o empreendimento. Na verdade, em grande parte das obras, esse "custo" pode significar um grande investimento, propiciando a elaboração de projetos com fatores de segurança mais adequados e com otimização dos custos para implantação das obras.

5.2 Levantamento topográfico

Não é possível elaborar um projeto sem conhecer a geometria do problema. Dessa forma, fica evidente que um bom levantamento topográfico, que tenha confiabilidade, é essencial para a elaboração de um projeto de contenção de qualidade.

Para a realização do levantamento planialtimétrico, é importante que o engenheiro responsável pelo projeto tenha realizado uma vistoria em campo para orientar os serviços da equipe de topografia. Ele deverá informar à equipe de topografia responsável pelo serviço a área a ser levantada, com clara definição dos limites, assim como salientar a importância de serem levantados afloramentos rochosos, cicatrizes de escorregamentos, trincas, surgências de água, estruturas e toda e qualquer característica existente no trecho que seja do interesse do projeto.

Como modernamente os levantamentos topográficos são realizados com estação total, os pontos topografados podem ser fornecidos com as três dimensões (x, y e z). Isso facilita em muito as análises e o andamento do projeto em virtude da existência de diversos programas no mercado que elaboram projetos geométricos, podendo definir seções transversais, lançar greides, editar alinhamentos, editar superfícies, calcular volumes e analisar bacias hidrográficas, entre outros.

A Fig. 5.1 apresenta a visualização de levantamento topográfico em ambiente CAD com pontos com as três dimensões. Tal solicitação deve ser realizada quando da contratação da equipe de topografia.

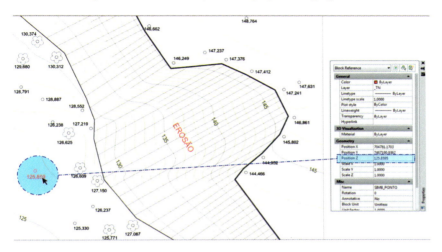

Fig. 5.1 *Pontos topográficos com x, y e z*

Ressalta-se, também, a necessidade de o projetista analisar a malha triangular fornecida pela equipe de topografia, com a qual serão geradas as curvas de nível. Considerações indevidas de alguns pontos levantados podem produzir interpolações na geração das curvas que não correspondem à realidade. Faz parte da boa prática da engenharia a verificação, por parte da equipe projetista, da malha triangular e das curvas de nível geradas, evitando-se, com isso, possíveis equívocos nas análises e interpretações a serem realizadas durante a elaboração do projeto. A Fig. 5.2 exibe a representação da malha triangular no ambiente CAD.

5.3 Métodos diretos
De acordo com a NBR 11682 (ABNT, 2009, p. 8), os métodos diretos:

> Correspondem aos processos com acesso direto ao terreno em estudo, tais como poços de inspeção, sondagens a trado, sondagens à percussão (NBR 6484), sondagens rotativas ou mistas, penetrômetros, medidores de torque, medidores de poro-pressão ou de sucção.

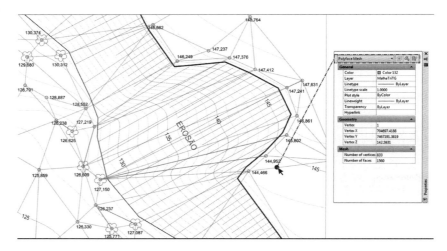

Fig. 5.2 *Representação da malha triangular utilizada para gerar as curvas topográficas*

Cabe aqui salientar que grande parte das estruturas de contenção são projetadas com base em informações obtidas por meio das sondagens a percussão com circulação de água (SPT). Outros ensaios de campo, assim como a retirada de amostras indeformadas para a execução de ensaios de laboratório, como ensaio de cisalhamento direto e triaxial, são utilizados com frequência bem menor na prática da engenharia, infelizmente.

A NBR 11682 (ABNT, 2009) preconiza, para a elaboração de análises e projetos de estabilização de encostas, a obrigatoriedade de executar sondagens para a caracterização da encosta e a determinação da estratigrafia do terreno. Orienta ainda que seja previsto um número mínimo de três sondagens por seção e, além disso, que:

> A profundidade dos furos deverá atingir o substrato mais resistente do terreno (solo residual jovem/rocha), com a finalidade de caracterizar a zona de interesse ao estudo de estabilidade, devendo-se, caso necessário, utilizar sondagem rotativa. Atenção especial deverá ser dada para o caso de ocorrência de camadas mais resistentes ou de blocos de rocha intermediários, que deverão ser inteiramente ultrapassados. (ABNT, 2009, p. 8).

A norma admite a não realização de sondagens em casos específicos, com a justificativa por parte do engenheiro civil geotécnico, a saber: taludes com até 3 m de altura, solo homogêneo, sem influência da água, sem sobrecarga e com superfícies planas tanto a montante como a jusante, "com extensão mínima medida normal à face do talude, correspondente a 5 vezes a altura do mesmo" (ABNT, 2009, p. 8).

As Figs. 5.3 e 5.4 apresentam detalhes do ensaio SPT, e a Fig. 5.5, uma sondagem rotativa.

Fig. 5.3 *Sondagem a percussão com circulação de água (SPT)*
Fonte: Progeo Geotecnia Ltda.

5.4 Fatores que afetam o SPT

Vários são os fatores que afetam o SPT, entre os quais podem ser citados (Cavalcante, 2002): uso de circulação de água na perfuração acima do lençol freático, dimensionamento da bomba e direção do jato de água do trépano, limpeza inadequada do furo de sondagem, desequilíbrio hidrostático, tipo de martelo, altura de queda de martelo, frequência dos

Fig. 5.4 *Martelo no ensaio SPT*
Fonte: Progeo Geotecnia Ltda.

golpes, corda, amostrador com imperfeições, desaceleração do martelo por causa do atrito, estado de conservação das hastes (assim como comprimento e tipo), uso ou supressão do coxim, excentricidade do martelo em relação às hastes, erros de anotações, alívio de tensões do solo devido à perfuração, presença de pedregulhos e seixos, intervalo de penetração, peso da cabeça de bater, condições do solo e uso ou supressão de *liner*.

Fig. 5.5 *Sondagem rotativa*

5.5 Correlações do N_{spt} com parâmetros de resistência dos solos

Na prática da engenharia, o ensaio SPT é utilizado, em muitas obras, como a única investigação geotécnica para a determinação de parâmetros geotécnicos a serem adotados nos projetos.

Salienta-se, nesse ponto, que a determinação de parâmetros de resistência com base em uma simples sondagem SPT é realizada por meio de correlações, que podem ser extrapoladas de forma não apropriada, não se aplicando a toda e qualquer situação. Essa correlação do N_{spt} com parâmetros de resistência, na maioria dos casos, também é efetuada a partir de experiências prévias do projetista ou de conhecimentos adquiridos em outras obras por terceiros e repassados através do meio técnico.

Vale lembrar que existem ensaios específicos (de laboratório e de campo) para a obtenção dos parâmetros de resistência dos solos. A realização de tais ensaios e a comparação com os valores atribuídos por meio do SPT são de grande valia para o projeto e para o conhecimento técnico do profissional envolvido no referido projeto.

De qualquer forma, existem diversas correlações na bibliografia nacional e internacional, que podem ser bastante úteis para o projetista.

As correlações do ângulo de atrito com o índice N do SPT podem ser realizadas conforme os trabalhos de Peck, Hanson e Thornburn (1974). A Tab. 5.1 e a Fig. 5.6 apresentam a correlação entre o N_{spt} e o valor aproximado do ângulo de atrito interno (ϕ'). Vale lembrar que não está sendo considerada a correção de energia do ensaio SPT na correlação apresentada por esses autores.

TAB. 5.1 N_{spt} E VALOR APROXIMADO DO ÂNGULO DE ATRITO (ϕ')

N_{spt} (sem correção de energia do ensaio SPT)	Valor aproximado do ângulo de atrito (ϕ')
5	28°
10	30°
15	31°
20	33°
25	34°
30	36°

Fonte: Peck, Hanson e Thornburn (1974).

Godoy (1983 apud Cintra; Aoki, 2011) apresenta a seguinte correlação empírica do ângulo de atrito interno com o N_{spt}:

$$\phi' = 28° + 0,4 N_{spt}$$

Já Teixeira (1996) propõe a correlação a seguir:

$$\phi' = 15° + \sqrt{20 N_{spt}}$$

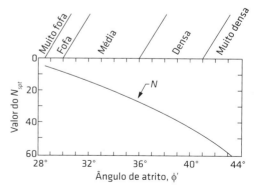

Fig. 5.6 Correlação do ângulo de atrito com o N_{spt}
Fonte: Peck, Hanson e Thornburn (1974).

Na verdade, além dos inúmeros fatores que afetam os valores do N_{spt}, o projetista deve ter em mente a importância da transferência de energia no sistema do SPT.

Utilizar o valor do N_{spt} obtido num ensaio realizado no Brasil em correlações obtidas por meio de ensaios efetuados em outros países pode induzir a erros na hora de estabelecer os parâmetros a serem adotados nos projetos.

Schnaid e Odebrecht (2012) salientam a necessidade de corrigir a medida de N_{spt}, levando-se em conta o efeito da energia de cravação, antes de utilizar uma correlação internacional. Ressaltam que o valor do N_{spt} deve ser majorado em 15% a 30% quando medido em uma sondagem realizada segundo a prática brasileira. Usam como referência os trabalhos de Velloso e Lopes (1996), Décourt (1989) e Schnaid (2009).

Internacionalmente, o padrão de referência é o $N_{spt,60}$, calculado da seguinte forma:

$$N_{spt,60} = \left(N_{spt} \cdot \text{energia aplicada}\right)/0,60$$

Schnaid e Odebrecht (2012) mostram que, num ensaio realizado no Brasil segundo a NBR 6484 (ABNT, 2001), com acionamento manual do martelo, com uma medida de energia de 66% da energia teórica de queda livre, o valor de N_{spt} de 20 seria corrigido para uma $N_{spt,60}$ de 22 (=(20 × 0,66)/0,6).

Vale mais uma vez salientar que, apesar de amplamente difundido e presente em praticamente todos os projetos, o SPT é um ensaio de penetração dinâmica, com o qual se aplicam correlações para estimar os parâmetros que serão utilizados nos projetos. Isso exige experiência prévia por parte do projetista.

Na verdade, no que diz respeito aos parâmetros de resistência, são encontradas correlações para o ângulo de atrito, no caso de solos granulares, e para a resistência não drenada (S_u), no caso de solos argilosos. No caso de solos residuais, a definição com base no N_{spt} fica bem mais complicada, exigindo boa dose de experiência prévia e conhecimentos de Geologia de Engenharia.

Cabe lembrar também que faz parte da boa prática da engenharia que o engenheiro projetista analise as amostras coletadas com o intuito de se certificar em relação à identificação da amostra. O item 6.3.21 da NBR 6484 (ABNT, 2001) preconiza que as amostras devem ser conservadas pela empresa executora, ficando à disposição dos interessados por um período mínimo de 60 dias, contados a partir da apresentação do relatório. Logo, caso o projetista não solicite as amostras quando da solicitação da investigação geotécnica, e porventura não o faça em 60 dias, correrá um grande risco de saber que as amostras foram descartadas.

5.6 Aspectos geológicos

Fica evidente, para um projetista mais experiente, a necessidade do reconhecimento dos aspectos geológicos e geomorfológicos da área onde a estrutura de contenção será implantada.

A compreensão da composição físico-química, assim como o conhecimento das características mineralógicas das rochas e dos solos, é importante na determinação dos parâmetros a serem adotados num projeto. O entendimento das características geológicas e geomorfológicas pode ser determinante para o sucesso de um projeto de estabilização.

Como exemplo, tem-se o caso de Niterói (RJ), relatado por Ehrlich (2004), Saramago et al. (2010), Ehrlich e Silva (2012) e Ehrlich, Silva e Saramago (2013). A região de Niterói está inserida numa área que tem um histórico de obras malsucedidas em virtude de uma geologia peculiar, que não é detectada facilmente por meio de sondagens de simples reconhecimento (SPT ou mistas), que são as investigações usualmente utilizadas. A presença de uma falha geológica na região, que atinge os bairros de Icaraí, São Domingos, Boa Viagem e Gragoatá, foi relatada também por Gomes Silva (2006) e Lima (2007).

A ocorrência de uma mineralogia peculiar na superfície das descontinuidades é reflexo de um intenso hidrotermalismo, favorecido pelo faturamento intenso do maciço rochoso, dado pela zona de cisalhamento local. Do referido processo resultaram superfícies de fraqueza preenchidas por argilominerais expansivos.

Apesar de valores elevados do N_{spt}, muitas vezes superiores a 30 ou 40, os materiais que compõem as superfícies de fraqueza possuem parâmetros de resistência baixos, comandando todo o processo de estabilização. Ensaios realizados na Coppe/UFRJ, conforme relatado por Saramago et al. (2010), encontraram ângulo de atrito de até 12° em camadas com N_{spt} superiores a 30.

Ehrlich e Silva (2012) também apresentam resultados das amostras retiradas na direção paralela à xistosidade na base da escavação no Morro da Boa Viagem, em Niterói. Foi observado, para uma camada de solo cinza argiloarenoso laminado, um valor nulo para o intercepto de coesão e um ângulo de atrito de pico, variando de 20° a 31°. Ensaios triaxiais tipo CD tinham sido previamente efetuados em amostra indeformada tipo Denison para a elaboração do projeto de contenção e levaram a um intercepto de coesão de 87,5 kPa e um ângulo de atrito de 36°. Esse ensaio foi conduzido sem considerar as condicionantes geológicas e geotécnicas.

As Figs. 5.7 a 5.10 exibem um poço de inspeção, com profundidade de até 16,0 m, aproximadamente, realizado em Niterói (Saramago et al., 2010), onde foi efetuado corte de até 35 m para a implantação de um prédio residencial. O poço foi efetuado após uma amostragem com barrilete triplo identificar a presença de camadas de solo argiloso, plástico, em regiões com N_{spt} superiores a 30 golpes. A investigação com o poço propiciou a identificação visual de diversas camadas de solo, a obtenção de amostras indeformadas para a realização de ensaios de laboratório e a observação das atitudes das descontinuidades, que mostraram grande variabilidade na sua orientação.

Investigações geotécnicas usuais utilizadas nos projetos de contenções, como a sondagem a percussão

Fig. 5.7 *Poço de inspeção*

Fig. 5.8 *Camada de argila plástica em trecho com N_{spt} entre 24 e 31 golpes (amostrador triplo)*

com circulação de água (SPT), não são capazes de identificar características importantes do solo, como as verificadas numa área de falha geológica em Niterói, que foi utilizada como exemplo.

Verifica-se, dessa forma, a grande importância de considerar as condicionantes geológicas geotécnicas durante a elaboração do plano de investigação geotécnica e na modelação das análises a serem realizadas durante o projeto. Sem tais cuidados, a possibilidade de insucesso na implantação de uma estrutura de contenção crescerá significativamente.

Fig. 5.9 Trecho com argila cinza-escuro, também branca e bege

Fig. 5.10 Presença de argila de coloração esverdeada disseminada na parede do poço (argilomineral expansivo)

DIMENSIONAMENTO DE MUROS DE ARRIMO

6

Muros são estruturas de contenção de parede vertical ou quase vertical apoiadas em uma fundação rasa ou profunda. A contenção do terrapleno se dá pelo peso próprio da estrutura. Os muros podem ser construídos em seção plena, sendo denominados muros de peso ou gravidade (Fig. 6.1A), ou em seção mais esbelta, sendo denominados muros a flexão (Fig. 6.1B). Os muros a flexão requerem a inclusão de armadura para resistir aos momentos impostos pelo empuxo do solo e podem ser projetados com ou sem contrafortes e/ou tirantes. É possível construir os muros de arrimo com vários tipos de material: alvenaria (tijolos ou pedras), concreto, sacos de solo-cimento, gabiões, pneus etc. A Fig. 6.2 mostra a terminologia adotada em projeto.

6.1 Tipos de muro

6.1.1 Muros gravidade

Muros gravidade são estruturas corridas que se opõem aos empuxos horizontais pelo peso próprio. Geralmente, são utilizados para conter desníveis pequenos ou médios, inferiores a cerca de 5 m. Eles podem ser construídos de pedra, concreto (simples ou armado), gabiões ou ainda pneus usados.

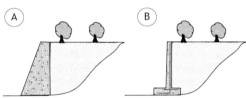

Fig. 6.1 *Tipos de seção de muros de arrimo: (A) muro de peso ou gravidade; (B) muro a flexão*

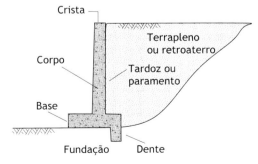

Fig. 6.2 *Terminologia para a definição das características do muro*

Muros de alvenaria de pedra

Os muros de alvenaria de pedra são os mais antigos e numerosos. Atualmente, devido ao custo elevado, o emprego da alvenaria é menos frequente, principalmente em muros com maior altura (Fig. 6.3).

Fig. 6.3 *Muros de alvenaria de pedra*

No caso de muros de pedras arrumadas manualmente, a resistência do muro resulta unicamente do embricamento dos blocos de pedras. Esse muro apresenta como vantagens a simplicidade de construção e a dispensa de dispositivos de drenagem, pois o seu material é drenante. Outra vantagem é o custo reduzido, especialmente quando os blocos de pedras são disponíveis no local. No entanto, a estabilidade interna do muro requer que os blocos tenham dimensões aproximadamente regulares, o que causa um valor menor do atrito entre as pedras.

Muros de pedra sem argamassa devem ser recomendados unicamente para a contenção de taludes com alturas de até 2 m. A base do muro deve ter largura mínima de 0,5 m a 1,0 m e ser apoiada em uma cota inferior à da superfície do terreno, de modo a reduzir o risco de ruptura por deslizamento no contato muro-fundação.

Quanto a taludes de maior altura (cerca de 3 m), deve-se empregar argamassa de cimento e areia para preencher os vazios dos blocos de pedras. Nesse caso, podem ser utilizados blocos de dimensões variadas. A argamassa provoca uma maior rigidez no muro, porém elimina a sua capacidade drenante. É necessário então implementar os dispositivos usuais de drenagem de muros impermeáveis, tais como dreno de areia ou geossintético no tardoz e tubos barbacãs para o alívio de poropressões na estrutura de contenção.

Muros de concreto ciclópico (ou concreto gravidade)

Os muros de concreto ciclópico são estruturas construídas mediante o preenchimento de uma fôrma com concreto e blocos de rocha de dimensões variadas (Fig. 6.4). Em geral, apresentam seção transversal trapezoidal, com largura da base da ordem de 50% da sua altura. A especificação do muro com faces inclinadas ou em degraus pode causar uma economia significativa de material. Para muros com face frontal plana e vertical, deve-se recomendar uma inclinação para trás (em direção ao retroaterro) de pelo menos 1:30 (cerca de 2 graus com a vertical), de modo a evitar a sensação ótica de uma inclinação do muro na direção do tombamento para a frente.

Fig. 6.4 *Muros de concreto ciclópico (ou concreto gravidade)*

Os muros de concreto são em geral economicamente viáveis quando a altura não é superior a cerca de 4 m. Devido à sua impermeabilidade, é imprescindível a execução de um sistema adequado de drenagem. Os furos de drenagem devem ser posicionados de maneira a minimizar o impacto visual decorrente das manchas que o fluxo de água causa na face frontal do muro. Alternativamente, pode-se realizar a drenagem na face posterior (tardoz) do muro por meio de uma manta de material geossintético (tipo geotêxtil). Nesse caso, a água é recolhida por tubos de drenagem adequadamente posicionados.

Muros de gabiões

Os muros de gabiões são constituídos por gaiolas metálicas preenchidas com pedras arrumadas manualmente e construídas com fios de aço galvanizado em malha hexagonal com dupla torção (Fig. 6.5). As dimensões usuais dos gabiões são: comprimento de 2 m e seção transversal quadrada com 1 m de aresta. No caso de muros de grande altura, gabiões mais baixos (altura de 0,5 m), que apresentam maior rigidez e resistência, devem ser posicionados nas camadas inferiores, onde as tensões de compressão são mais significativas. Para muros muito longos, gabiões com comprimento de até 4 m podem ser utilizados para agilizar a construção.

Fig. 6.5 *Muros de gabiões*

A rede metálica que compõe os gabiões possui resistência mecânica elevada. No caso da ruptura de um dos arames, a dupla torção dos elementos preserva a forma e a flexibilidade da malha, absorvendo as deformações excessivas. O arame dos gabiões é protegido por uma galvanização dupla e, em alguns casos, por revestimento com uma camada de PVC. Essa proteção é eficiente contra a ação das intempéries e de águas e solos agressivos (Maccaferri, 1990).

As principais características dos muros de gabiões são a flexibilidade, que permite que a estrutura se acomode a recalques diferenciais, e a permeabilidade.

Muros em fogueira (crib wall)
Os muros em fogueira (*crib wall*) são estruturas formadas por elementos pré-moldados de concreto armado, madeira ou aço, que são montados no local, em forma de "fogueiras" justapostas e interligadas longitudinalmente, e cujo espaço interno é preenchido com material granular graúdo (Fig. 6.6). São estruturas capazes de se acomodarem a recalques das fundações e funcionam como muros gravidade.

Fig. 6.6 *Muro em fogueira* (crib wall)
Foto: <https://commons.wikimedia.org>.

Muros de sacos de solo-cimento
Os muros de sacos de solo-cimento são constituídos por camadas formadas por sacos de poliéster ou similares, preenchidos por uma mistura cimento-solo da ordem de 1:10 a 1:15 (em volume) (Fig. 6.7).

O solo utilizado é inicialmente submetido a um peneiramento em uma malha de 9 mm, para a retirada dos pedregulhos. Em seguida, o cimento é espalhado e misturado, adicionando-se água em quantidade 1% acima da correspondente à umidade ótima de compactação Proctor normal. Após a homogeneização, a mistura é colocada em sacos, com preenchimento até cerca de dois terços do volume útil do saco. Procede-se então ao fechamento mediante costura manual. O ensacamento do material facilita o transporte para o local da obra e torna dispensável a utilização de fôrmas para a execução do muro.

Fig. 6.7 *Muro de sacos de solo-cimento*
Foto: <http://www.flickr.com>.

No local de construção, os sacos de solo-cimento são arrumados em camadas posicionadas horizontalmente e, a seguir, cada camada do material é compactada de modo a reduzir o volume de vazios. O posicionamento dos sacos de uma camada é propositalmente desencontrado em relação à camada imediatamente inferior, de maneira a garantir um maior intertravamento e, em consequência, uma maior densidade do muro. A compactação é em geral realizada manualmente com soquetes.

As faces externas do muro podem receber uma proteção superficial de argamassa de concreto magro, para prevenir contra a ação erosiva de ventos e águas superficiais.

Essa técnica tem se mostrado interessante devido ao baixo custo e pelo fato de não requerer mão de obra ou equipamentos especializados. Um muro de arrimo de solo-cimento com altura entre 2 m e 5 m possui custo da ordem de 60% do custo de um muro de igual altura executado em concreto armado. Como vantagens adicionais, pode-se citar a facilidade de execução do muro com forma curva (adaptada à topografia local) e a adequabilidade do uso de solos residuais. Recomenda-se um teor de cimento/solo (C/S) da ordem de 7% a 8% em peso para a estabilização dos solos em obras de contenção de encostas (Marangon, 1992).

Muros de solo-pneus

Os muros de solo-pneus são construídos pelo lançamento de camadas horizontais de pneus, os quais são amarrados entre si com corda ou arame e preenchidos com solo compactado (Fig. 6.8). Funcionam como muros gravidade e apresentam como vantagens o reúso de pneus descartados e a flexibilidade. A utilização de pneus usados em obras geotécnicas apresenta-se como uma solução que combina a elevada resistência mecânica do material com o baixo custo comparativamente aos materiais convencionais.

Sendo um muro de peso, os muros de solo-pneus estão limitados a alturas inferiores a 5 m e à disponibilidade de espaço para a construção de uma base com largura da ordem de 40% a 60% da altura do muro. No entanto, deve-se ressaltar que o muro de solo-pneus é uma estrutura flexível e, portanto, as deformações horizontais e verticais podem ser superiores às usuais em muros de peso de alvenaria ou concreto. Assim sendo, não se recomenda a sua construção para a contenção de terrenos que sirvam de suporte a obras civis pouco deformáveis, tais como estruturas de fundações ou ferrovias.

Fig. 6.8 *Muro de solo-pneus*

Como elemento de amarração entre pneus, recomendam-se cordas de polipropileno com 6 mm de diâmetro. Cordas de náilon ou sisal são facilmente degradáveis e não devem ser empregadas. O peso específico do material solo-pneus utilizado em um muro experimental foi determinado com base em ensaios de densidade no campo (Medeiros et al., 1997) e varia na faixa de 15,5 kN/m^3 (solo com pneus inteiros) a 16,5 kN/m^3 (solo com pneus cortados).

Mais detalhes sobre o uso de pneus como material de construção ou mesmo como elemento de reforço podem ser obtidos em Sayão et al. (2002, 2009), Sieira et al. (2000, 2001, 2006), Sieira, Medeiros e Gerscovich (2001), Gerscovich, Sayão e Valle (2006), Valle (2004), Medeiros et al. (1999, 2000) e Sieira (1998).

O posicionamento das sucessivas camadas horizontais de pneus deve ser descasado, de forma a minimizar os espaços vazios entre pneus. A face externa do muro de solo-pneus deve ser revestida, para evitar não só o carreamento ou a erosão do solo de enchimento dos pneus, como também o vandalismo ou a possibilidade de incêndios. Esse revestimento deve ser suficientemente resistente e flexível, ter boa aparência e ser de fácil construção. As principais opções de revestimento do muro são alvenaria em blocos de concreto, concreto projetado sobre tela metálica, placas pré-moldadas ou vegetação.

Muros de bambu ou toras de madeira

Elementos de madeira ou de bambu podem ser amarrados formando pequenos painéis que, unidos, constituem a estrutura de contenção (Fig. 6.9). Seu uso é restrito a estruturas temporárias e/ou em áreas rurais. É uma solução que pode ser adequada em situações emergenciais para a contenção de rejeitos sólidos. Para maior estabilidade, recomenda-se que os painéis sejam dispostos formando ângulos.

Fig. 6.9 *Muro de contenção de madeira*
Fonte: <https://commons.wikimedia.org>.

6.1.2 Muros de flexão

Muros de flexão são estruturas mais esbeltas com seção transversal em forma de "L" que resistem aos empuxos por flexão, utilizando parte do peso próprio do maciço, que se apoia sobre a base do "L", para manter-se em equilíbrio (Fig. 6.10).

Em geral, são construídos em concreto armado, tornando-se antieconômicos para alturas acima de 5 m a 7 m. A laje de base geralmente apresenta largura entre 50% e 70% da altura do muro. A face trabalha à flexão e, se necessário, pode empregar vigas de enrijecimento, no caso de alturas maiores.

Para muros com alturas superiores a cerca de 5 m, é conveniente a utilização de contrafortes (ou nervuras), para aumentar a estabilidade contra o tombamento (Fig. 6.11). Tratando-se de laje de base interna, ou seja, sob o retroaterro, os contrafortes devem ser adequadamente armados para resistir a esforços de tração. No caso de laje externa ao retroaterro, os contrafortes trabalham à compressão. Essa configuração é menos usual, pois acarreta perda de espaço útil a jusante da estrutura de contenção. Os contrafortes são em geral espaçados de cerca de 70% da altura do muro.

Os muros de flexão podem também ser ancorados na base com tirantes ou chumbadores (rocha) para melhorar a sua condição de estabilidade (Fig. 6.12). Essa solução de projeto pode ser aplicada quando ocorre material competente (rocha sã ou alterada) na fundação do muro e quando há limitação de espaço disponível para que a base do muro apresente as dimensões necessárias para a estabilidade.

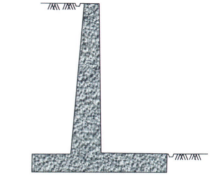

Fig. 6.10 *Muros de flexão*

Fig. 6.11 *Muro com contrafortes*

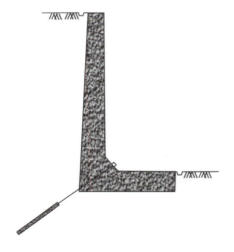

Fig. 6.12 *Muro de concreto ancorado na base: seção transversal*

6.1.3 Muros em solo reforçado com geossintéticos

Os geossintéticos são materiais poliméricos que podem cumprir, a depender do tipo empregado, funções diversas em obras geotécnicas. Uma das principais aplicações dos geossintéticos é a de reforço e estabilização de maciços de terra em obras de contenção de encostas e aterros. Nesse caso, os geotêxteis e, principalmente, as geogrelhas são os materiais apropriados.

As geogrelhas atuam como "armadura" do solo, ampliando significativamente a resistência do maciço no qual elas são empregadas. Elas são capazes de mobilizar significativa resistência a esforços de tração e devem ser dimensionadas de maneira a garantir que um maciço construído em solo compactado não sofra um processo de instabilização pela formação de cunha de ruptura. Ao mesmo tempo, devem garantir que as deformações e os deslocamentos mobilizados pelo mesmo maciço não comprometam a condição operacional adequada da estrutura.

Dessa forma, as geogrelhas são caracterizadas, principalmente, por seus parâmetros mecânicos (resistência à tração e módulo de rigidez à tração) e por seus parâmetros físicos (abertura de malha e capacidade de ancoragem). O polímero empregado na sua fabricação é também uma característica relevante no sentido de que influencia nessas mesmas propriedades a longo prazo. Os polímeros mais comumente empregados na fabricação de geossintéticos para reforço de solos são o polietileno de alta densidade (PEAD), o polipropileno (PP) e, principalmente, o poliéster (PET) e o poliálcool vinílico (PVA). Geogrelhas podem ser fabricadas em resistências que variam de 10 kN/m ou 20 kN/m até mais de 2.000 kN/m.

Em estruturas de contenção, as geogrelhas fazem o papel de reforço do maciço, garantindo sua condição de estabilidade interna. O maciço reforçado, por sua vez, atua como uma estrutura de contenção por gravidade, cumprindo o mesmo papel de outras técnicas construtivas concebidas com base nessa filosofia de funcionamento. O uso da geogrelha possibilita que aterros reforçados sejam construídos com paramentos verticais ou semiverticais, com grande altura e, praticamente, com qualquer tipo de solo. A técnica é flexível em termos de geometria e acabamento frontal, que pode ser concebido com o uso de vegetação, alvenaria não estrutural, pedra argamassada, concreto projetado ou em placas ancoradas, gabião, ou blocos apropriados para essa finalidade (chamados de blocos segmentais).

A Fig. 6.13 apresenta um exemplo dessa técnica no contexto de uma obra de aterro reforçado com geogrelhas e blocos segmentais de face.

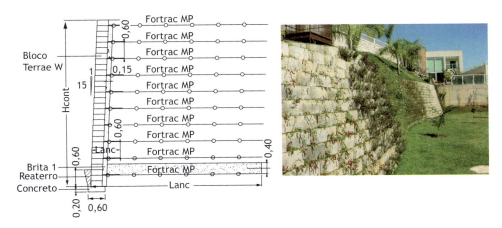

Fig. 6.13 *Muro em solo reforçado com geossintéticos*

6.2 Influência da água

Grande parte dos acidentes envolvendo muros de arrimo está relacionada ao acúmulo de água no maciço. A existência de uma linha freática no maciço é altamente desfavorável, aumentando substancialmente o empuxo total. O acúmulo de água, ocasionado por deficiência de drenagem, pode duplicar o empuxo atuante.

A presença de água pode provocar dois efeitos:

i. *direto*: empuxo de água atuando no tardoz;
ii. *indireto*: redução da resistência ao cisalhamento do maciço, quer pela redução da tensão efetiva (solo saturado), quer pela redução da coesão aparente (solo não saturado).

O efeito direto é o de maior intensidade, podendo ser eliminado ou bastante atenuado por um sistema de drenagem eficaz. Todo cuidado deve ser dispensado ao projeto do sistema de drenagem para dar vazão a precipitações excepcionais e para que a escolha do material drenante seja feita de modo a impedir qualquer possibilidade de colmatação ou entupimento futuro.

Os sistemas de drenagem superficiais (canaletas transversais, canaletas longitudinais de descida (escada), caixas coletoras etc.) devem captar e conduzir as águas que incidem na superfície do talude, considerando-se não só a área da região estudada como toda a bacia de captação. Já os sistemas de drenagem subsuperficiais (drenos horizontais, trincheiras drenantes longitudinais, drenos internos de estruturas de contenção, filtros granulares e geodrenos) têm como função controlar as magnitudes de pressões de água e/ou captar fluxos que ocorrem no interior dos taludes.

As Figs. 6.14 e 6.15 apresentam algumas sugestões de sistemas de drenagem. Quando não há inconveniente em drenar as águas para a frente do muro, podem ser introduzidos furos drenantes ou barbacãs.

Durante a construção da estrutura de arrimo, a execução dos drenos deve ser cuidadosamente acompanhada, observando-se o posicionamento do colchão de drenagem e garantindo-se que durante o lançamento do material não haja contaminação e/ou segregação. A Fig. 6.16 mostra um exemplo de dreno em funcionamento.

Os muros com características drenantes (*crib walls* e gabiões) também requerem a instalação de filtro vertical na face interna do muro, a menos que o material de preenchimento atue como filtro, impedindo o carreamento da fração fina do retroaterro. Em gabiões, recomenda-se ainda a instalação de uma camada drenante na base para a proteção da fundação contra eventuais processos erosivos.

6 # Dimensionamento de muros de arrimo

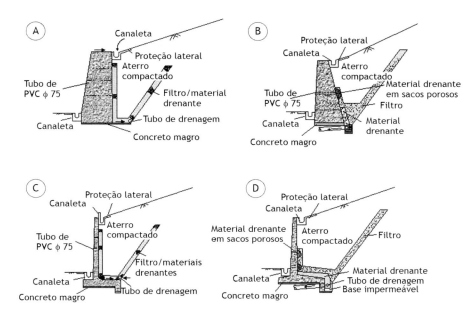

Fig. 6.14 *Sistemas de drenagem – dreno inclinado*
Fonte: GeoRio (2000).

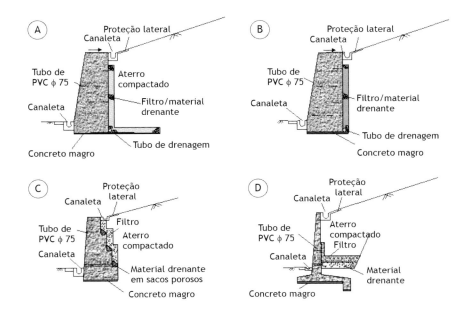

Fig. 6.15 *Sistemas de drenagem – dreno vertical*
Fonte: GeoRio (2000).

Processos de infiltração decorrentes da precipitação de chuva podem alterar as condições hidrológicas do talude, reduzindo as sucções e/ou aumentando a magnitude das poropressões. A Fig. 6.17 apresenta alguns exemplos de mudanças na rede de fluxo em decorrência de processos de infiltração.

6.3 Verificação da estabilidade do muro de arrimo

Fig. 6.16 *Drenagem de muro com barbacãs*

Na verificação de um muro de arrimo, seja qual for a sua seção, devem ser investigadas as seguintes condições de estabilidade: deslizamento da base, tombamento, capacidade de carga da fundação e estabilidade global (Fig. 6.18).

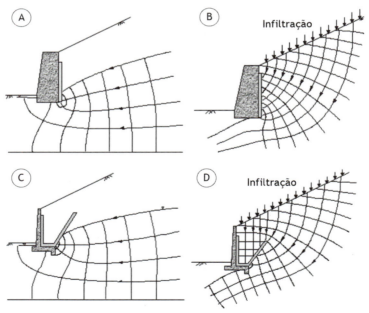

Fig. 6.17 *Redes de fluxo em: (A e B) muro gravidade com dreno vertical; (C e D) muro cantiléver com dreno inclinado*
Fonte: GeoRio (2000).

6 # Dimensionamento de muros de arrimo

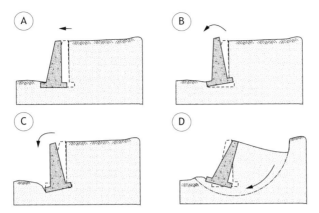

Fig. 6.18 *Estabilidade de muros de arrimo: (A) deslizamento; (B) tombamento; (C) capacidade de carga; (D) estabilidade global*

O projeto é conduzido assumindo-se um pré-dimensionamento (Fig. 6.19) e, em seguida, verificando-se as condições de estabilidade.

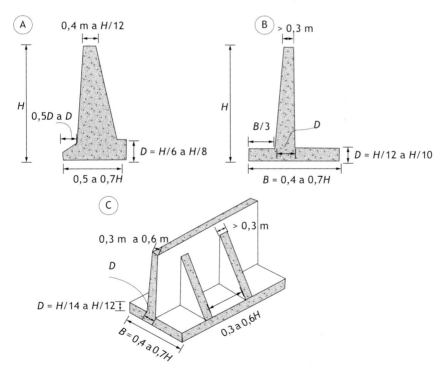

Fig. 6.19 *Pré-dimensionamento em: (A) muro gravidade; (B) muro de flexão; (C) muro de flexão com contrafortes*

6.3.1 Cálculo dos esforços Rankine × Coulomb

A segunda etapa do projeto envolve a definição dos esforços atuantes. As teorias de Rankine e Coulomb satisfazem o equilíbrio de esforços vertical e horizontal. Por outro lado, não atendem ao equilíbrio de momentos. Adicionalmente, ambas as teorias pressupõem superfície de ruptura plana e, na prática, a superfície é curva. Em outras palavras, os métodos apresentam simplificações.

O método de Coulomb tem a vantagem de incorporar a mobilização da resistência no tardoz do muro e, consequentemente, incorporar um modelo de comportamento mais próximo da realidade. No entanto, esse método é mais trabalhoso e não fornece a posição da resultante de empuxo. Em cálculos de empuxo ativo, como a curvatura da superfície de ruptura é pequena, o método de Rankine tende a ser o mais empregado, por sua simplicidade e por estar a favor da segurança. O Quadro 6.1 resume as características principais relativas aos métodos de Rankine e Coulomb.

QUADRO 6.1 COMPARAÇÃO ENTRE AS CARACTERÍSTICAS DOS MÉTODOS DE RANKINE E COULOMB

Método	Características Positivas	Características Negativas
Rankine	<ul><li>A favor da segurança</li><li>As soluções são simples, especialmente quando o retroaterro é horizontal</li><li>Dificilmente se dispõe dos valores dos parâmetros de resistência solo-muro (δ)</li><li>O efeito do coeficiente de atrito solo-muro pode ser expresso pela mudança na direção do empuxo total E_a</li><li>Para paramentos não verticais, o solo pode ser incorporado ao muro</li></ul>	<ul><li>A superfície de ruptura é plana</li><li>A superfície de contato muro-retroaterro deve ser plana e vertical</li><li>A parede não interfere na cunha de ruptura; isto é, não existe resistência mobilizada no contato solo-muro</li></ul>
Coulomb	<ul><li>Incorpora mobilização de resistência no contato muro-retroaterro</li><li>Soluções simples, somente para retroaterro uniforme com terrapleno horizontal</li></ul>	<ul><li>A superfície de contato muro-retroaterro deve ser plana</li><li>A cunha analisada é contida por superfícies planas; a superfície de ruptura é plana</li><li>Não determina a distribuição de empuxo</li><li>Requer os parâmetros de resistência solo-muro (δ)</li></ul>

O método de cálculo dos empuxos fica a cargo do projetista e as diferenças estão exemplificadas. A Fig. 6.20 mostra exemplos de dimensionamento com base nas teorias de Rankine e Coulomb.

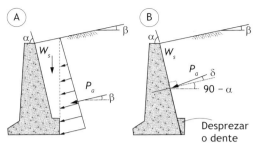

Fig. 6.20 *Esforços no muro: (A) Rankine; (B) Coulomb*

6.3.2 Método construtivo

Durante a compactação do retroaterro, surgem esforços horizontais adicionais associados à ação dos equipamentos de compactação. Para muros com retroaterro inclinado, usam-se em geral equipamentos de compactação pesados. Os empuxos resultantes podem ser superiores aos calculados pelas teorias de empuxo ativo. Há na literatura alguns trabalhos que tratam do assunto. Ingold (1979) usou a teoria da elasticidade para calcular o acréscimo de esforço horizontal gerado durante a construção.

Na prática, alguns engenheiros preferem aplicar um fator de correção da ordem de 20% no valor do empuxo calculado. Outros sugerem alterar a posição da resultante para uma posição entre $0,4H$ e $0,5H$, contada a partir da base do muro, em vez de $H/3$.

6.3.3 Parâmetros de resistência

Os parâmetros de resistência são usualmente obtidos para a condição de ruptura (pico da curva tensão-deformação) do solo e, dependendo da condição de projeto, devem ser corrigidos por fatores de redução, conforme indicado a seguir.

$$\phi'_d = \text{arctg}\left(\frac{\text{tg}\phi'_p}{FS_\phi}\right) \tag{6.1}$$

$$c'_d = \left(\frac{c'_p}{FS_c}\right) \tag{6.2}$$

em que ϕ'_d e c'_d são, respectivamente, o ângulo de atrito e a coesão para dimensionamento; ϕ'_p e c'_p são, respectivamente, o ângulo de atrito e a coesão de pico; e FS_ϕ e FS_c são os fatores de redução para atrito e coesão, respectivamente. Os valores de FS_ϕ e FS_c devem ser adotados na faixa entre 1,0 e 1,5, dependendo da importância da obra e da confiança na estimativa dos valores dos parâmetros de resistência ϕ'_p e c'_p.

A Tab. 6.1 apresenta valores típicos dos parâmetros geotécnicos usualmente necessários para o pré-dimensionamento de muros de contenção com solos da região do Rio de Janeiro.

TAB. 6.1 VALORES TÍPICOS DE PARÂMETROS GEOTÉCNICOS PARA PROJETO DE MUROS

Tipo de solo	γ (kN/m³)	φ' (°)	c' (kPa)
Aterro compactado (silte arenoargiloso)	19-21	32-42	0-20
Solo residual maduro	17-21	30-38	5-20
Colúvio *in situ*	15-20	27-35	0-15
Areia densa	18-21	35-40	0
Areia fofa	17-19	30-35	0
Pedregulho uniforme	18-21	40-47	0
Pedregulho arenoso	19-21	35-42	0

No contato do solo com a estrutura, deve-se sempre considerar a redução dos parâmetros de resistência. O solo em contato com o muro é sempre amolgado e a camada superficial é usualmente alterada e compactada antes da colocação da base. Assim sendo, deve-se considerar a redução dos parâmetros variando entre um terço e dois terços; ou seja, Cw (ou a) = 1/3 a 2/3 c' e δ = 1/3 a 2/3 ϕ'.

6.3.4 Verificação da estabilidade interna

Uma vez definida a seção do muro e calculados os esforços atuantes considerando todos os aspectos construtivos, mostrados na Fig. 6.21, parte-se para a verificação quanto ao tombamento e deslizamento.

Segurança contra o tombamento

Para que o muro não tombe em torno da extremidade externa (ponto A da Fig. 6.21), o momento resistente deve ser maior do que o momento solicitante. O momento resistente ($M_{estabilizante}$) corresponde ao momento gerado pelo peso do muro. O momento solicitante ($M_{solicitante}$) é definido como o momento do empuxo total atuante em relação ao ponto A; isto é:

$$M_{estabilizante} = \left[P_a\right]_v X_a + W_c\ X_c + W_s\ X_s + \left[E_p\right]_{projeto} Y_a \quad (6.3)$$

e

$$M_{solicitante} = \left[P_a\right]_h \cdot Y_a \quad (6.4)$$

O fator de segurança contra o tombamento (FS_{TOMB}) é definido como a razão:

$$FS_{TOMB} = \frac{M_{estabilizante}}{M_{solicitante}} \geq 1,2 \text{ a } 1,5 \qquad (6.5)$$

A NBR 11682 (ABNT, 2009) estabelece os FS mínimos dependendo do nível de segurança contra danos a vidas humanas e do nível de segurança contra danos materiais e ambientais.

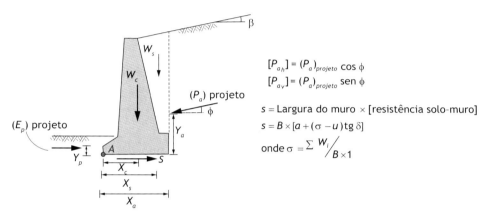

Fig. 6.21 *Esforços atuantes*

Segurança contra o deslizamento

A segurança contra o deslizamento consiste na verificação do equilíbrio das componentes horizontais das forças atuantes, com a aplicação de um fator de segurança adequado; ou seja:

$$\left[F_h\right]_{estabilizante} = s + \left[E_p\right]_{projeto} \qquad (6.6)$$

e

$$\left[F_h\right]_{solicitante} = \left[P_a\right]_h \qquad (6.7)$$

O fator de segurança contra o deslizamento (FS_{DESLIZ}) é definido como:

$$FS_{DESLIZ} = \frac{F_{estabilizante}}{F_{solicitante}} \geq 1,2 \text{ a } 1,5 \qquad (6.8)$$

Cabe lembrar que a análise de estabilidade deve considerar a condição mais crítica da obra. Na presença de fundação argilosa, a construção do muro pode gerar excesso de poropressão na fundação. Caso esse excesso seja positivo, o final da construção torna-se o momento mais desfavorável, e a análise em termos de tensão total passa a ser recomendada. O Quadro 6.2 resume as alternativas de análise.

QUADRO 6.2 CÁLCULO DA FORÇA (S) NA BASE DO MURO

Momento crítico	Tipo de análise	Equação
Longo prazo	Tensões efetivas	$s = B\, c'_w + \left(\dfrac{W}{B} - u\right) \mathrm{tg}\,\delta$
Curto prazo ($\phi = 0$)	Tensões totais ($\Delta u > 0$)	$s = B\, s_u$

Nota: δ = atrito solo-muro, B = largura da base do muro, c'_w = adesão solo-muro, W = somatório das forças verticais e u = poropressão.

Em grande parte dos casos, a segurança quanto ao deslizamento é o fator condicionante do projeto. Assim sendo, existem alternativas de projeto que contribuem para aumentar a estabilidade do muro quanto ao deslizamento. As medidas ilustradas na Fig. 6.22 permitem obter aumentos significativos no fator de segurança: a base do muro é construída com uma determinada inclinação, de modo a reduzir a grandeza da projeção do empuxo sobre o plano que a contém; o muro é prolongado para o interior da fundação por meio de um "dente"; dessa forma, pode-se considerar a contribuição do empuxo passivo, além de se mobilizar plano de ruptura em solo.

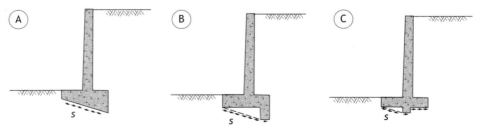

Fig. 6.22 *Medidas para aumentar o FS contra o deslizamento da base do muro: (A) inclinar a base; (B) colocar dente à frente; (C) colocar dente ao centro*

Bowles (1977) propôs um ábaco para a estimativa da profundidade do dente visando garantir $FS = 1,5$, como mostra a Fig. 6.23. Uma vez definida a largura da base (B), a relação entre o somatório das forças vertical e horizontal ($\Sigma F_v/\Sigma F_h$) e o valor do parâmetro de resistência da fundação (ϕ'), calcula-se o ângulo do dente (θ) e, consequentemente, a sua profundidade (Z_D). Após essa etapa, recomenda-se que o projetista teste a influência da resultante de empuxo passivo, pois ela pode interferir no valor do *FS*.

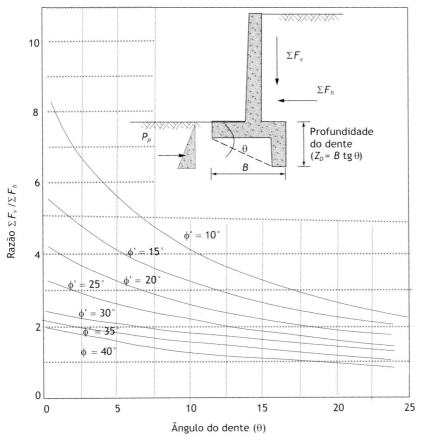

Fig. 6.23 *Curvas para a determinação da profundidade do dente para garantir FS = 1,5*

6.3.5 Capacidade de carga da fundação

A capacidade de carga consiste na verificação da segurança contra a ruptura e deformações excessivas do terreno de fundação. A análise geralmente considera o muro rígido e a distribuição de tensões linear ao longo da base.

Inicialmente, faz-se necessário determinar a posição da resultante das forças com relação à base do muro. A distância entre a posição da resultante e o eixo de simetria da base é denominada excentricidade (e), conforme apresentado na Fig. 6.24. A excentricidade é calculada pela resultante de momentos em relação ao ponto A:

$$\sum Momentos_A = \sum F_v \, e' \qquad (6.9)$$

Como:

$$\frac{B}{2} = e + e'$$

Tem-se:

$$e = \frac{B}{2} - e' \qquad (6.10)$$

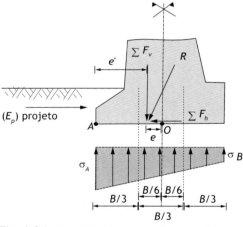

Fig. 6.24 *Capacidade de carga da fundação*

Deve-se garantir que a base esteja submetida a tensões de compressão ($\sigma_{min} \geq 0$). Para evitar pressões de tração na base do muro, a resultante deve estar localizada no terço central; ou seja, $e \leq B/6$. Nessa condição, o diagrama de pressões no solo será aproximadamente trapezoidal (Fig. 6.24), e com base nas equações de equilíbrio determinam-se os valores das tensões σA e σB segundo:

$$\sum F_v = 0 \Leftrightarrow (\sigma_A + \sigma_B)\frac{B}{2} = \sum F_v \qquad \sigma_A = \frac{\sum F_v}{B}(1 + \frac{6e}{B})$$

$$\Leftrightarrow \qquad (6.11)$$

$$\sum M_o = 0 \Leftrightarrow (\sigma_A - \sigma_B)\frac{B}{2}\frac{B}{6} = \sum F_v \, e \qquad \sigma_B = \frac{\sum F_v}{B}(1 - \frac{6e}{B})$$

em que B é a largura da base do muro.

O fator de segurança com relação à capacidade de carga da fundação é definido como a razão:

$$FS_{TOMB} = \frac{q_{máx}}{\sigma_A} \geq 2,5 \qquad (6.12)$$

sendo $q_{máx}$ a capacidade de suporte calculada pelo método clássico de Terzaghi-Prandtl (Terzaghi; Peck, 1967), considerando a base do muro como uma sapata, conforme mostra a equação:

$$q_{máx} = c' N_c + q_s N_q + 0,5 \gamma_f B' N_\gamma \qquad (6.13)$$

em que $B' = B - 2e$ = largura equivalente da base do muro; c' = intercepto coesivo do solo de fundação; γ_f = peso específico do solo de fundação; N_c, N_q, N_γ = fatores de capacidade de carga (Tab. 6.2); q_s = sobrecarga efetiva no nível da base da fundação ($q_s = 0$, caso a base do muro não esteja embutida no solo de fundação).

TAB. 6.2 FATORES DE CAPACIDADE DE CARGA

ϕ' (°)	N_c	N_q	N_γ
0	5,14	1,00	0,00
2	5,63	1,20	0,15
4	6,19	1,43	0,34
6	6,81	1,72	0,57
8	7,53	2,06	0,86
10	8,35	2,47	1,22
12	9,28	2,97	1,69
14	10,37	3,59	2,29
16	11,63	4,34	3,06
18	13,10	5,26	4,07
20	14,83	6,40	5,39
22	16,88	7,82	7,13
24	19,32	9,60	9,44
26	22,25	11,85	12,54
28	25,80	14,72	16,72
30	30,14	18,40	22,40

Tab. 6.2 Fatores de capacidade de carga (cont.)

ϕ' (°)	N_c	N_q	N_γ
32	35,49	23,18	30,22
34	42,16	29,44	41,06
36	50,59	37,75	56,31
38	61,35	48,93	78,03
40	75,31	64,20	109,41
42	93,71	85,38	155,55
44	118,37	115,31	224,64
46	152,10	158,51	330,35
48	199,26	222,31	496,01
50	266,89	319,07	762,89

Fonte: Vesic (1975).

6.3.6 Segurança contra a ruptura global

A última verificação em projetos de muros gravidade refere-se à segurança do conjunto solo-muro. A construção do muro e o desnível entre suas regiões de montante e jusante podem gerar tensões cisalhantes críticas e deflagrar uma superfície de escorregamento passando por baixo do muro. Assim sendo, deve-se realizar um estudo de estabilidade e, dependendo da finalidade da estrutura de contenção, o fator de segurança mínimo admissível pode variar entre 1,3 e 1,5 (Fig. 6.25).

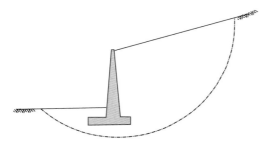

$$FS_{global} = \frac{\sum M_{resistentes}}{\sum M_{instabilizantes}}$$

$FS \geq 1,3 \Rightarrow$ obras provisórias
$FS \geq 1,5 \Rightarrow$ obras permanentes

Fig. 6.25 *Estabilidade global*

Para a determinação do fator de segurança, pode-se utilizar qualquer método de cálculo de estabilidade de taludes (Gerscovich, 2016). Nesse caso, a estrutura de contenção é considerada como um elemento interno à massa de solo, que potencialmente pode deslocar-se como um corpo rígido.

6.3.7 Exemplos de dimensionamento

Exemplo 6.1

Verificar a estabilidade do muro mostrado na Fig. 6.26, com retroaterro inclinado. O solo do retroaterro é o mesmo da fundação.

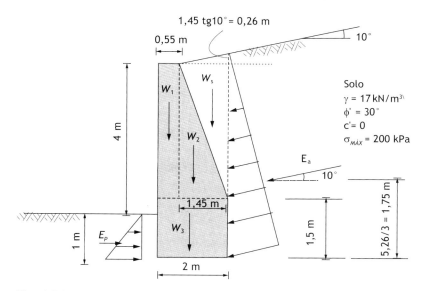

Fig. 6.26 *Exemplo 6.1: seção analisada*

Solução

i. Cálculo dos esforços

Em face da inclinação do retroaterro, o tardoz do muro passou a ser de 5,26 m. Os empuxos serão calculados segundo a teoria de Rankine, sendo, portanto, desprezado o atrito solo-muro.

A equação para o cálculo da tensão atuante no muro na direção paralela à superfície do terreno é dada por:

$$P_a = \gamma\, z \cos\beta \frac{\cos\beta - \sqrt{\cos^2\beta - \cos^2\phi}}{\cos\beta + \sqrt{\cos^2\beta - \cos^2\phi}} = \gamma\, z \cos\beta\, k_a$$

217

Assim:

$$k_a = \frac{\cos\beta - \sqrt{\cos^2\beta - \cos^2\phi}}{\cos\beta + \sqrt{\cos^2\beta - \cos^2\phi}} = 0{,}35$$

$$k_p = \frac{1+\sen\phi}{1-\sen\phi} = 3$$

$$E_a = \frac{1}{2}\gamma H^2 \cos\beta k_a = 82{,}3\,\text{kN/m}$$

$$E_{ah} = E_a \cos 10 = 81{,}0\ \text{kN/m}$$

$$E_{av} = E_a \sen 10 = 14{,}3\ \text{kN/m}$$

$$E_p = \frac{1}{2}\gamma H^2 k_p = 25{,}5\ \text{kN/m}$$

Valores adotados em projeto:

	Correção quanto ao método construtivo
Empuxo ativo	$[E_{ah}]_p = 1{,}2 \times 79{,}2 = 97{,}2\ \text{kN/m}$
	$[E_{av}]_p = 1{,}2 \times 14{,}3 = 17{,}1\ \text{kN/m}$
Empuxo passivo	$[E_p]_p = \dfrac{E_p}{FS} = \dfrac{25{,}5}{3} = 8{,}5\ \text{kN/m}$

ii. Cálculo dos pesos e braços de alavanca com relação à base do muro ($\gamma_{concreto} = 25\ \text{kN/m}^3$)

Peso	Peso (kN/m)	Braço de alavanca (m)	Momento (kN · m/m)
W_1	0,55 × 3,5 × 25 = 48,1	0,55/2 = 0,28	13,5
W_2	[(1,45 × 3,5)/2] 25 = 63,7	0,55 + (1,45/3) = 1,0	63,7
W_3	2 × 1,5 × 25 = 75	2/2 = 1,0	75,0
W_s	[(3,76 × 1,45)/2] 17 = 46,3	0,55 + (2/3) 1,45 = 1,5	70,2
Soma	233,1	-	222,4

iii. Estabilidade interna
    a. Tombamento

$$FS_{TOMB} = \frac{M_{RES}}{M_{SOLIC}} \geq 1{,}5$$

$$FS_{TOMB} = \frac{M_{muro} + M_{passivo} + E_{av} \cdot 1,9}{M_{ativo}} =$$

$$\frac{222,4 + (8,5 \times 0,33) + (17,1 \times 2)}{97,2 \times 1,75} = 1,5 \Rightarrow \text{satisfaz}$$

b. Deslizamento

$$FS_{DESLIZ} = \frac{E_p + S}{E_a} \geq 1,5$$

Considerando no contato solo-muro uma redução de parâmetros de dois terços, tem-se:

$$S = B\left[c'_w + \left(\frac{\Sigma F_v}{B} - u\right)\text{tg}\delta\right] =$$

$$= 2\left[0 + \left(\frac{(233,1+17,1)}{2} - 0\right)\text{tg}(30/3)\right] = 44,1 \text{ t/m}$$

$$FS_{DESLIZ} = \frac{8,5 + 44,1}{97,2} = 0,5 \Rightarrow \text{não satisfaz}$$

iv. Capacidade de carga da fundação
   a. Cálculo da excentricidade

$$e' = \frac{\Sigma \text{Momentos}_A}{\Sigma F_V} = \frac{222,4}{(233,1+17,1)} = 0,9'$$

$e = \dfrac{B}{2} - e' = 0,1 \Rightarrow$ menor do que $B/6 = 0,3$ m $\Rightarrow$ tensões de compressão na fundação $\Rightarrow$ satisfaz

   b. Fator de segurança

$$\sigma_A = \frac{\Sigma F_v}{B} \cdot (1 + \frac{6e}{B}) = \frac{(233,1+17,1)}{2}(1 + \frac{6 \times 0,1}{2}) = 162,6 \text{ kPa}$$

$$FS_{TOMB} = \frac{q_{\text{máx}}}{\sigma_A} = \frac{200}{162,6} = 1,2 \Rightarrow \text{não satisfaz}$$

   c. Comentários
      a) Os solos compactados no retroaterro são não saturados. Mesmo apresentando predominância de solo granular,

possui coesão aparente, que melhora bastante a condição de estabilidade. Assim sendo, considerar que $c' = 0$ é bastante conservativo.

b) A geometria do muro mostrou-se inadequada do ponto de vista da estabilidade quanto ao deslizamento e no que tange à capacidade de carga. Aumentar a largura da base ou o embutimento do muro pode melhorar o resultado.

Exemplo 6.2

Alterar a geometria do muro do exemplo anterior de forma a atender aos requisitos de estabilidade. Para aumentar a base do muro sem acarretar um aumento excessivo de concreto, será testada a alternativa de seção cantiléver, como mostra a Fig. 6.27.

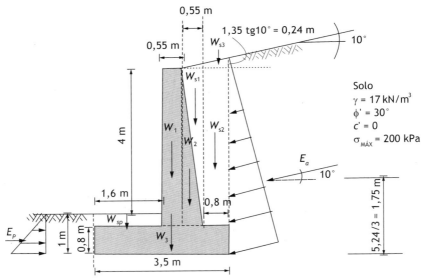

Fig. 6.27 *Exemplo 6.2: seção analisada*

Solução

i. Cálculo dos esforços

Em face da inclinação do retroaterro, o tardoz do muro passou a ser de 5,26 m. Os empuxos serão calculados segundo a teoria de Rankine, sendo, portanto, desprezado o atrito solo-muro.

A equação para o cálculo da tensão atuante no muro na direção paralela à superfície do terreno é dada por:

$$P_a = \gamma\, z \cos\beta \frac{\cos\beta - \sqrt{\cos^2\beta - \cos^2\phi}}{\cos\beta + \sqrt{\cos^2\beta - \cos^2\phi}} = \gamma\, z \cos\beta\, k_a$$

Os empuxos permanecem com o mesmo valor do Exemplo 6.1:

Empuxo ativo	$[E_{ah}]_p = 1{,}2 \times 79{,}2 = 97{,}2$ kN/m
	$[E_{av}]_p = 1{,}2 \times 14{,}3 = 17{,}1$ kN/m
Empuxo passivo	$[E_p]_p = \dfrac{E_p}{FS} = \dfrac{25{,}5}{3} = 8{,}5$ kN/m

ii. Cálculo dos pesos e braços de alavanca com relação à base do muro ($\gamma_{concreto} = 25$ kN/m³)

Peso	Peso (kN/m)	Braço de alavanca (m)	Momento (kN · m/m)
W_1	0,55 × 4,2 × 25 = 57,8	1,6 + 0,55/2 = 1,9	108,3
W_2	[(0,55 × 4,2)/2] × 25 = 28,9	0,55 + 1,6 + ((2/3) × 0,55) = 2,5	72,7
W_3	0,8 × 3,5 × 25 = 70	3,5/2 = 1,8	122,5
W_{s1}	[(4,2 × 0,55)/2] × 17 = 19,6	0,55 + 1,6 + ((2/3) × 0,55) = 2,5	49,4
W_{s2}	0,8 × 4,2 × 17 = 57,1	0,4 + 1,6 + 1,1 = 3,1	177,1
W_{s3}	[(1,35 × 0,24)/2] × 17 = 2,8	0,55 + 1,6 + ((1/3) × 1,35) = 2,6	7,2
W_{sp}	1,6 × 0,2 × 17 = 5,4	1,6/2 = 0,8	4,4
Soma	241,6	-	541,6

iii. Estabilidade interna
   a. Tombamento

$$FS_{TOMB} = \frac{M_{RES}}{M_{SOLIC}} \geq 1{,}5$$

$$FS_{TOMB} = \frac{M_{muro} + M_{passivo} + E_{av} \cdot 1{,}9}{M_{ativo}} =$$

$$\frac{541{,}6 + (8{,}5 \times 0{,}33) + (17{,}1 \times 3{,}5)}{97{,}2 \times 1{,}75} = 3{,}6 \Rightarrow \text{satisfaz}$$

b. Deslizamento

$$FS_{DESLIZ} = \frac{E_p + S}{E_a} \geq 1,5$$

Considerando no contato solo-muro uma redução de parâmetros de dois terços, tem-se:

$$S = B\left[c'_w + \left(\frac{\Sigma F_v}{B} - u\right) \text{tg}\,\delta\right] =$$

$$= 3,5\left[0 + \left(\frac{(241,6+17,1)}{3,5} - 0\right) \text{tg}\,(30/3)\right] = 45,6 \text{ t/m}$$

$$FS_{DESLIZ} = \frac{8,5 + 45,6}{97,2} = 0,6 \Rightarrow \text{não satisfaz}$$

iv. Capacidade de carga da fundação
   a. Cálculo da excentricidade

$$e' = \frac{\Sigma \text{Momentos}_A}{\Sigma F_V} = \frac{541,6}{(241,6+17,1)} = 2,1'$$

$$e = \frac{B}{2} - e' = -0,4 \Rightarrow \text{menor do que } B/6 = 0,6 \text{ m} \Rightarrow \text{tensões de compressão na fundação} \Rightarrow \text{satisfaz}$$

b. Fator de segurança

$$\sigma_A = \frac{\Sigma F_v}{B} \cdot (1 + \frac{6e}{B}) = \frac{(246,1+17,1)}{3,5}(1 + \frac{6 \times 0,4}{3,5}) = 126,8 \text{ kPa}$$

$$FS_{TOMB} = \frac{q_{máx}}{\sigma_A} = \frac{200}{126,8} = 1,6 \Rightarrow \text{não satisfaz}$$

c. Comentários
   a) A parcela de coesão aparente tem papel fundamental na estabilidade de muros.

Exemplo 6.3
Verificar a estabilidade interna do muro mostrado na Fig. 6.26 considerando uma pequena coesão aparente de 10 kPa. O solo do retroaterro é o mesmo da fundação.

Solução

i. Cálculo dos esforços
A equação para o cálculo da tensão atuante no muro na direção paralela à superfície do terreno é dada por:

$$P_a = \gamma z \cos\beta \frac{\cos\beta - \sqrt{\cos^2\beta - \cos^2\phi}}{\cos\beta + \sqrt{\cos^2\beta - \cos^2\phi}} = \gamma z \cos\beta k_a - 2c'\sqrt{k_a}$$

Assim:

$$E_a = \frac{1}{2}\gamma H^2 \cos\beta k_a - 2c'H\sqrt{k_a} = 20{,}1 \text{ kN/m}$$

$$E_{ah} = E_a \cos 10° = 19{,}8 \text{ kN/m}$$

$$E_{av} = E_a \operatorname{sen} 10° = 3{,}5 \text{ kN/m}$$

$$E_p = \frac{1}{2}\gamma H^2 k_p + 2c'H\sqrt{k_p} = 181{,}8 \text{ kN/m}$$

Valores adotados em projeto:

Empuxo ativo	$[E_{ah}]_p = 1{,}2 \times 19{,}8 = 23{,}8$ kN/m
	$[E_{av}]_p = 1{,}2 \times 14{,}3 = 4{,}2$ kN/m
Empuxo passivo	$[E_p]_p = \dfrac{E_p}{FS} = \dfrac{181{,}5}{3} = 60{,}5$ kN/m

ii. Cálculo dos pesos e braços de alavanca com relação à base do muro ($\gamma_{concreto} = 25$ kN/m³)

$$\sum F_v = 233{,}1 \text{ kN/m}$$

$$\sum M = 222,4\,\text{kN}\cdot\text{m/m}$$

iii. Estabilidade interna desprezando a parcela vertical do empuxo ativo

    a. Tombamento

$$FS_{TOMB} = \frac{M_{muro} + M_{passivo} + E_{av}\cdot 1,9}{M_{ativo}} =$$

$$\frac{222,4 + (60,5\times 0,33)}{23,8 * 1,75} = 5,8 \Rightarrow \text{satisfaz}$$

    b. Deslizamento

Considerando no contato solo-muro uma redução de parâmetros de dois terços, tem-se:

$$S = B\left[c'_w + \left(\frac{\Sigma F_v}{B} - u\right)\text{tg}\,\delta\right] =$$

$$2\left[\frac{2}{3}10 + \left(\frac{233,1}{2} - 0\right)\text{tg}(30/3)\right] = 54,4\,\text{t/m}$$

$$FS_{DESLIZ} = \frac{60,5 + 54,1}{23,8} = 4,8 \Rightarrow \text{satisfaz}$$

CORTINA ATIRANTADA 7

7.1 Características e detalhes construtivos

Yassuda e Dias (1998, p. 603) lembram que "não se pode falar em ancoragens em solo sem citar o Prof. Antônio José da Costa Nunes, engenheiro brasileiro que dedicou praticamente toda a sua vida à pesquisa e desenvolvimento da técnica". Recordam ainda que, no Brasil, as primeiras obras de contenção com cortinas atirantadas foram executadas no Rio de Janeiro, em Copacabana, na estrada Rio-Teresópolis e na estrada Grajaú-Jacarepaguá, no fim de 1957.

A cortina atirantada é uma estrutura de contenção que possui uma parede de concreto armado (em geral, vertical), além de tirantes, que são ancorados no terreno numa profundidade em que ele seja estável, sem possibilidade de ruptura ou movimentações indesejadas. A Fig. 7.1 apresenta a seção transversal de uma cortina atirantada, e as Figs. 7.2 a 7.5, fotografias de diversos casos de cortinas atirantadas.

Os tirantes são tracionados, por macaco hidráulico, até uma carga definida em projeto (carga de incorporação) e fixados na parede de concreto por meio de um sistema de placas e porcas. Essa carga nos tirantes ficará atuando contra a parede de concreto e será o carregamento responsável por se contrapor ao empuxo e garantir a estabilidade do solo arrimado.

Os tirantes podem ser monobarras de aço, cordoalhas ou fios. São implantados com inclinações em relação à horizontal, em geral, entre 15° e 30°, para facilitar o processo executivo (injeção), porém podem ser utilizadas outras inclinações.

As paredes de concreto armado da cortina atirantada possuem espessura variando, em geral, de 20 cm a 40 cm, de acordo com as cargas dos tirantes e os espaçamentos das ancoragens. Essa espessura é definida na elaboração do projeto estrutural da parede de concreto armado, em função do puncionamento e dos momentos ao longo do painel.

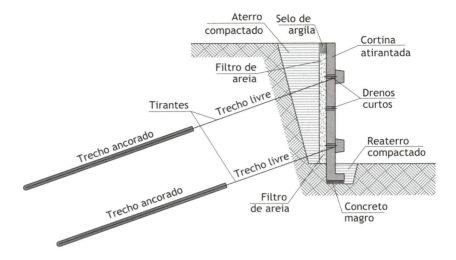

Fig. 7.1 Seção transversal de uma cortina atirantada

Fig. 7.2 Cortina atirantada na recomposição de uma rodovia
Foto: Silthur Construtora.

Fig. 7.3 Cortina atirantada na estabilização de um corte com mais de 30 m de altura
Foto: Terrae Engenharia.

Fig. 7.4 *Execução de uma cortina com tirante de monobarra de aço*
Foto: Silthur Construtora.

Fig. 7.5 *Cortina com tirante de cordoalha*
Foto: Terrae Engenharia.

Painéis com tirantes com carga de trabalho em torno de 390 kN possuem espessura da ordem de 30 cm, enquanto tirantes com carga de trabalho de 200 kN têm painéis com espessura da ordem de 23 cm a 25 cm.

Para tirantes permanentes, a carga de trabalho de um tirante é calculada da seguinte forma:

$$\text{Carga de trabalho} = \text{Carga máxima de ensaio} / 1{,}75$$

em que:

Carga máxima de ensaio = $0{,}9 f_{yk} A_s$;
f_{yk} = resistência característica do aço à tração;
A_s = área da seção transversal útil da barra.

Para tirantes provisórios, utiliza-se um fator de segurança de 1,5 em vez de 1,75.

No caso de prova de carga ou cargas de curta duração, utiliza-se, segundo a NBR 5629 (ABNT 2018), um fator de segurança de 1,2.

O Prof. Fernando Lobo Carneiro, na década de 1980, preocupado com rupturas por *stress-corrosion* em tirantes de obras de contenção em encostas em que foram utilizados fios ou cordoalhas de aço duro patenteado trefilado, emitiu nota para o Programa de Metalurgia da Coppe/UFRJ salientando que

> tais tirantes deveriam ser sempre executados com barra de aço "de dureza natural", não encruadas a frio, e de diâmetro não muito pequeno. Não basta especificar um diâmetro mínimo: é preciso além disso não permitir o uso de aço duro patenteado trefilado, ou, de um modo geral, de aços encruados a frio.

Em seu manual, a GeoRio (2014) só trata de tirantes de monobarras de aço. Tanto as ancoragens de fios como as de cordoalha não são empregadas por esse órgão.

Cada painel, em geral, tem comprimento variando de 5 m a 15 m, e entre os painéis são utilizadas juntas (ver Fig. 7.6).

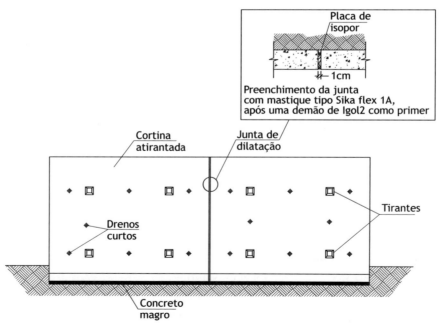

Fig. 7.6 *Detalhe típico da junta entre painéis (existem diversos outros detalhes de juntas)*

Para o "fechamento" de um painel junto ao terreno, é possível utilizar aba, sem tirantes, ligada ao painel por meio de um vértice

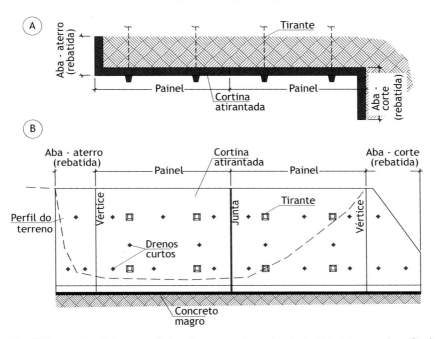

Fig. 7.7 *Detalhe de junta e vértice de uma cortina atirantada: (A) vista superior; (B) vista frontal*

(Fig. 7.7). Geralmente, essas abas possuem comprimento máximo da ordem de dez vezes a espessura do painel da cortina.

Os painéis podem ser apoiados sobre fundação direta ou estacas (Figs. 7.8 a 7.10). As cargas que chegam às fundações das cortinas atirantadas variam em função do peso do painel, da componente vertical dos tirantes e do sentido da componente vertical do empuxo ativo, que serão comentados mais adiante.

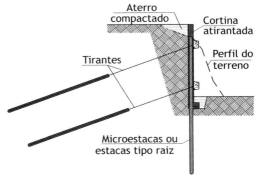

Fig. 7.8 *Seção de um painel apoiado sobre estacas*

As Figs. 7.11 a 7.14 apresentam alguns detalhes das fundações dos painéis das cortinas atirantadas: com fundação direta, apoiado sobre estacas ou apoiado (chumbado) em rocha.

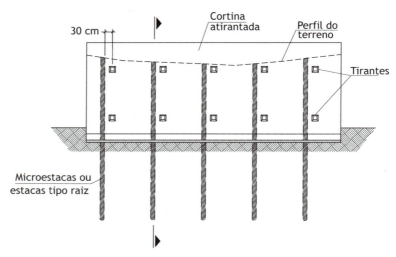

Fig. 7.9 *Vista frontal de um painel apoiado sobre estacas*

Fig. 7.10 *Execução de um painel apoiado sobre estacas*
Foto: Silthur Construtora.

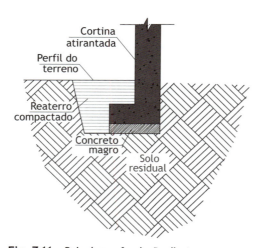

Fig. 7.11 *Painel com fundação direta*

Salienta-se que, em projetos com chumbadores embutidos em concreto, é preciso reduzir a resistência em relação ao cisalhamento do aço. A resistência do chumbador considerando somente a resistência do aço é da ordem de 50% da tração máxima do aço ($0{,}5 f_{yk} A_s /1{,}1$). Porém, faz-se necessário levar em conta o efeito de pino embutido no concreto. Um chumbador de 20 mm possui resistência à tração máxima do aço de 141 kN, enquanto sua resistência ao cisalhamento (considerando somente a resistência do aço) é de 71 kN. No entanto, com o efeito de pino embutido no concreto, haveria uma redução da resistência ao cisalhamento para 20 kN. Para um chumbador de 25 mm e para outro de 32 mm, levando em conta o efeito já mencionado, ocorreria uma resistência ao cisalhamento de 31 kN e 51 kN, respectivamente.

As cortinas atirantadas podem ser executadas de baixo para cima (método ascendente) ou de cima para baixo (método descendente).

O projeto de uma cortina deve garantir condições de segurança adequadas durante todo o processo de execução da referida estrutura de contenção. Caso seja adotado o método descendente, durante todo o processo de implantação deverão existir condições de segurança adequadas visando à segurança da obra propriamente dita, dos funcionários, dos equipamentos e de tudo e todos no entorno da obra.

Durante a construção pelo método descendente, a estabilidade provisória poderá ser garantida com o uso de escavações em nichos alternados (ver Figs. 7.15 a 7.18). Caso os painéis estejam sendo executados em material de baixa capacidade de suporte, poderão ser implantadas estacas, para apoiar os painéis, desde

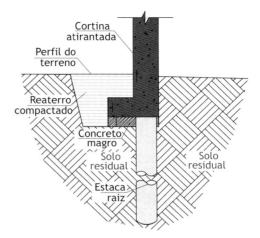

Fig. 7.12 *Painel apoiado sobre estacas*

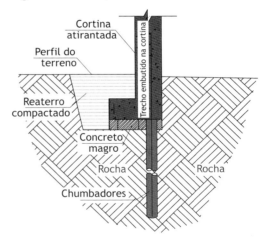

Fig. 7.13 *Painel com fundação chumbada em rocha*

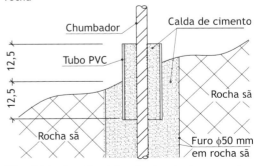

Fig. 7.14 *Detalhe típico do chumbador em rocha*

o nível original do terreno. Outra medida importante é a incorporação de cargas nos tirantes, mesmo que parcialmente, no intuito de aumentar as condições de segurança e minimizar deformações.

Em geral, os painéis são dimensionados como lajes cogumelo (lajes de concreto armado sem vigas). Hoje, além de tabelas para o cálculo de lajes cogumelo, existem diversos programas (*softwares*) que calculam as armaduras do painel de concreto armado (Figs. 7.19 e 7.20).

Em relação ao diâmetro da perfuração para a implantação dos tirantes, a NBR 5629 (ABNT, 2018, p. 7) preconiza que "o diâmetro da perfuração deve assegurar o cobrimento mínimo do aglutinante sobre o elemento resistente à tração no comprimento ancorado, de modo a atender a sua carga de trabalho, bem como a proteção contra corrosão prevista no projeto." Preconiza ainda que "em qualquer elemento de aço, os aglutinantes compostos por argamassa ou nata de cimento devem garantir o cobrimento mínimo de 1 cm. Este recobrimento pode ser garantido pelo espaçador adotado e verificado quando da sua montagem".

A injeção para a execução dos tirantes pode ser realizada com calda de cimento ou outro aglutinante. Sua execução pode ser em fase única ou em fases múltiplas. A diferença

Fig. 7.15 *Execução da escavação em nichos alternados*

Fig. 7.16 *Escavação em nichos*
Foto: Silthur Construtora.

Fig. 7.17 *Escavação em nichos alternados*
Foto: Silthur Construtora.

7 # Cortina atirantada

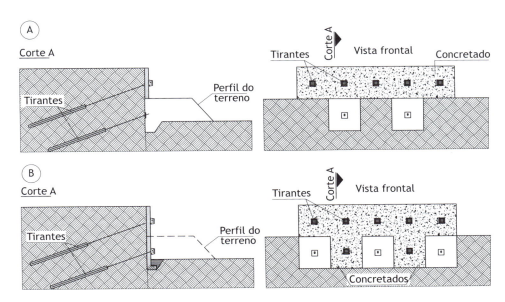

Fig. 7.18 *Execução dos nichos alternados: (A) primeira etapa; (B) segunda etapa*

Fig. 7.19 *Armadura do painel de uma cortina atirantada*
Foto: Silthur Construtora.

Fig. 7.20 *Execução da forma de um painel de cortina atirantada*
Foto: Silthur Construtora.

entre tais formas de execução está no fato de a primeira simplesmente preencher o furo aberto no solo aplicando pressão somente junto à boca do furo, enquanto, na injeção em fases múltiplas, são utilizadas válvulas, ao longo de um tubo inserido no furo, que controlam o fluxo da calda de cimento no sentido desejado. O uso de válvulas permite que sejam realizadas várias fases de injeção.

Fig. 7.21 *Perfuração para a implantação de tirante*
Foto: Silthur Construtora.

As Figs. 7.21 e 7.22 apresentam, respectivamente, a perfuração e a injeção para a implantação de um tirante.

Os tirantes são tracionados por meio de macaco hidráulico até uma carga estabelecida em projeto (carga de incorporação), que é uma fração da carga de trabalho do tirante e deve ser definida em projeto, de acordo com os deslocamentos esperados para cada fase de execução, segundo a NBR 5629 (ABNT, 2018).

A função básica do tirante é de se contrapor ao empuxo de solo que atuará contra a cortina.

Fig. 7.22 *Injeção para a execução do tirante*
Foto: Protendidos Dywidag.

O projetista deve ter em mente cuidados para se garantir a integridade e a funcionalidade da cortina atirantada. Segundo a NBR 5629 (ABNT, 2018, p. 13), "a contenção ancorada deve ser estável para as superfícies potenciais de ruptura com fator de segurança mínimo".

Vale ressaltar que a NBR 5629 (ABNT, 2018), no anexo B, procurou definir os fatores de segurança de forma análoga a NBR 11682 (ABNT, 2009), definindo os fatores de segurança em função do nível de segurança contra danos materiais e ambientais, assim como em relação ao nível de segurança contra a perda de vida humanas (ver Quadros 7.1 e 7.2 e

Tab. 7.1). Os valores de segurança mínimos para ruptura global de tirantes permanentes variam de 1,2 a 1,5. No caso de obras provisórias, a norma preconiza um valor de segurança mínimo de 1,2.

QUADRO 7.1 NÍVEIS DE SEGURANÇA DESEJADOS CONTRA A PERDA DE VIDAS HUMANAS

Nível de segurança	Critérios
Alto	Áreas com intensa movimentação e permanência de pessoas, como edificações públicas residenciais ou industriais, estádios, praças e demais locais, urbanos ou não, com possibilidade de elevada concentração de pessoas; ferrovias e rodovias de tráfego intenso.
Médio	Áreas e edificações com movimentação e permanência restrita de pessoas; ferrovias e rodovias de tráfego moderado.
Baixo	Áreas e edificações com movimentação e permanência eventual de pessoas; ferrovias e rodovias de tráfego reduzido.

Fonte: NBR 5629 (ABNT, 2018).

QUADRO 7.2 NÍVEIS DE SEGURANÇA DESEJADOS CONTRA DANOS MATERIAIS E AMBIENTAIS

Nível de segurança	Critérios
Alto	Danos materiais: locais próximos a propriedades de alto valor histórico, social e patrimonial, obras de grande porte e áreas que afetem serviços essenciais. Danos ambientais: locais sujeitos a acidentes ambientais graves, como nas proximidades de oleodutos, barragens de rejeito e fábricas de produtos tóxicos.
Médio	Danos materiais: locais próximos a propriedades de valor moderado. Danos ambientais: locais sujeitos a acidentes ambientais moderados.
Baixo	Danos materiais: locais próximos a propriedades de valor reduzido. Danos ambientais: locais sujeitos a acidentes ambientais reduzidos.

Fonte: NBR 5629 (ABNT, 2018).

TAB. 7.1 FATORES DE SEGURANÇA MÍNIMOS PARA RUPTURA GLOBAL DE TIRANTES PERMANENTES

Nível de segurança contra danos materiais e ambientais	Nível de segurança contra danos a vidas humanas		
	Alto	Médio	Baixo
Alto	1,5	1,5	1,4
Médio	1,5	1,4	1,3
Baixo	1,4	1,3	1,2

Fonte: NBR 5629 (ABNT, 2018).

Outros cuidados devem ser considerados também, como o risco de existir camada de colúvio, sujeito ao rastejo, passando sob as fundações de uma cortina atirantada. É prudente que o painel intercepte toda a camada de colúvio ou se garanta, se for mesmo possível, que não haja possibilidade de movimentação da referida camada de solo.

Tal necessidade de cuidados especiais também se vê presente quando da existência de camadas de argila de baixa consistência sob os painéis das cortinas atirantadas. É usual o uso de estacas justapostas (ou secantes) para evitar fenômenos de instabilidade das camadas de argila mole. Tais estacas deverão ser dimensionadas considerando, além do carregamento axial, as possíveis cargas horizontais e momentos.

7.2 Elementos de uma cortina

Um tirante possui, basicamente, três partes: cabeça do tirante, trecho livre e trecho ancorado (Fig. 7.23).

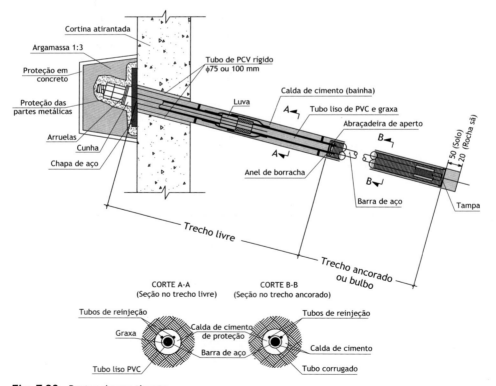

Fig. 7.23 *Partes de um tirante*

A cabeça do tirante é a parte do tirante que fica fora do terreno, colada à face externa da parede de concreto armado, protegida por uma cobertura de concreto que visa à proteção contra a corrosão. É responsável por transmitir a carga do bulbo de ancoragem para a parede de concreto armado, sendo formada por várias peças, entre elas: placa de apoio, cunha de grau e porcas.

O trecho livre é a parte do tirante localizada entre a cabeça do tirante e o início do bulbo de ancoragem (trecho ancorado). Não deve existir transmissão de carga (atrito) nesse trecho com o solo. Toda a carga aplicada no tirante deve ser suportada pelo trecho ancorado. São realizados ensaios, após a implantação dos tirantes, para verificar, entre outras coisas, a indesejada existência de atrito ao longo do trecho livre.

A Tab. 7.2 apresenta quadro com tirantes de monobarra de aço.

TAB. 7.2 QUADRO DE TIRANTES DE MONOBARRA DE AÇO

Tipo de aço	Tipo de seção	Diâmetro nominal da barra (mm)	Diâmetro mínimo recomendado do furo (mm)	Carga máxima de trabalho provisório ($T_{trabalho}$) (kN)	Carga máxima de trabalho permanente ($T_{trabalho}$) (kN)
Dywidag	Plena	15	75	90	80
Dywidag*	Plena	32	100	460	390
Dywidag	Plena	36	125	580	500
Dywidag	Plena	47	150	990	850
Gewi	Plena	25	100	160	140
Gewi	Plena	32	100	240	210
Gewi - Plus	Plena	32	100	330	280
Gewi	Plena	50	150	590	500
CA 50 A	Plena	25	100	150	130
CA 50 A	Plena	32	100	240	200
CA 50 A	Reduzida com rosca	25	100	95	81
CA 50 A	Reduzida com rosca	32	100	187	160
Rocsolo ST 75/85	Plena	22	100	146	125
Rocsolo ST 75/85	Plena	25	100	191	165
Rocsolo ST 75/85	Plena	28	100	240	200
Rocsolo ST 75/85	Plena	38	125	440	375

TAB. 7.2   QUADRO DE TIRANTES DE MONOBARRA DE AÇO (cont.)

Tipo de aço	Tipo de seção	Diâmetro nominal da barra (mm)	Diâmetro mínimo recomendado do furo (mm)	Carga máxima de trabalho provisório ($T_{trabalho}$) (kN)	Carga máxima de trabalho permanente ($T_{trabalho}$) (kN)
Rocsolo ST 75/85	Plena	41	125	524	450
Incotep 22D	Reduzida com rosca	30	100	230	200
Incotep 22D	Reduzida com rosca	40	125	410	350
Incotep 22D	Reduzida com rosca	47	150	530	450
Incotep 22D	Reduzida com rosca	50	150	600	510

*Tirante lançado pela Dywidag em 2015 no lugar do ST 85/105 (carga de trabalho de 350 kN).

7.3   PROTEÇÃO CONTRA A CORROSÃO

Por se tratar de uma estrutura de contenção em que elementos de aço como monobarras, cordoalhas e fios são os responsáveis por se contrapor ao empuxo de terra e equilibrar o conjunto massa de solo e estrutura, há a necessidade de os referidos elementos de aço serem protegidos em relação à corrosão.

A NBR 5629 (ABNT, 2018), no anexo C, preconiza uma série de cuidados com o objetivo de proteger o elemento resistente à tração do tirante, normalmente de aço, contra a corrosão. A norma salienta que se deve garantir a segurança da obra durante o período de vida para a qual ela foi projetada.

Para escolher o sistema de proteção, é necessário identificar a agressividade do meio, a vida útil de projeto e o elemento do tirante (ver Quadro 7.3). São considerados tirantes provisórios aqueles com até dois anos de vida útil.

Vários são os tipos de barreiras anticorrosivas indicados pela norma: calda de cimento com cobrimento mínimo de 10 mm (garantidos pelo uso de centralizadores espaçados, no máximo, a cada 2 m); tubo de polietileno, PVC, poliéster para envolvimento do trecho livre; tubo metálico ou corrugado; galvanização a fogo; pintura específica para proteção anticorrosiva (com deformação mínima igual ou superior à deformação

QUADRO 7.3 SISTEMA DE PROTEÇÃO EM FUNÇÃO DO MEIO E LOCAL

Vida útil de projeto	Meio*	Proteção		
		Cabeça	Trecho livre	Trecho ancorado
Provisório	Não agressivo	Calda de cimento	Calda de cimento	Calda de cimento
	Agressivo	Calda de cimento + 1 barreira	Calda de cimento + 1 barreira	Calda de cimento
Permanente	Não agressivo	Calda de cimento + 2 barreiras + tubo protetor	Calda de cimento + 2 barreiras	Calda de cimento + 1 barreira
	Agressivo	Calda de cimento + 3 barreiras + tubo protetor	Calda de cimento + 3 barreiras	Calda de cimento + 1 barreira

*A referência de meio não agressivo é o critério pH > 6, podendo ser necessários outros critérios e ensaios, a serem prescritos no projeto devidamente.
Fonte: NBR 5629 (ABNT, 2018).

elástica do aço); graxa grafitada ou, ainda segundo a norma, outro tipo de barreira de proteção previsto e justificado em projeto.

A Fig. 7.24 apresenta detalhe do tirante de monobarra pintado e tubos de injeção.

Os tirantes devem ser posicionados no centro da perfuração. Para isso, utilizam-se centralizadores espaçados, em geral, de 1,5 m a 2,0 m, com o intuito de garantir um recobrimento mínimo. Os centralizadores podem ser nervuras de plástico com formato de meia-lua ou anéis plásticos de variadas formas.

Fig. 7.24 *Tirante de monobarra de aço pintado e tubos de injeção*
Foto: Protendidos Dywidag.

A proteção dupla do trecho ancorado contra a corrosão se caracteriza por uma limpeza prévia da barra, com a utilização de líquido decapante e desengordurante, uma pintura anticorrosiva (em geral realizada por tintas e resinas) e a proteção com tubo plástico corrugado ou tubo metálico, conforme relatado. Todos os espaços entre o tirante, os tubos e o solo devem ser preenchidos por calda de cimento.

O trecho livre também deve ser limpo previamente e deve ser utilizada pintura anticorrosiva ao longo de toda a sua extensão. A NBR 5629 (ABNT, 2018) preconiza para proteção do trecho livre, em meios não agressivos, o uso de calda de cimento mais duas barreiras, como verificado anteriormente.

Ressalta-se que a proteção anticorrosiva deve ser empregada também no caso de utilização de luvas. Devem ser evitadas luvas no trecho livre. Caso necessário, devem ser posicionadas, se possível, na interface entre o trecho livre e o bulbo.

Para mais detalhes, indica-se a leitura da referida norma.

7.4 Estabilidade das cortinas atirantadas

O manual da GeoRio (2000, 2014) apresenta os modos de ruptura de uma cortina atirantada que devem ser verificados durante a elaboração de um projeto (Fig. 7.25).

Um projeto de cortina atirantada deve garantir que não haverá ruptura da fundação da estrutura. Esse tipo de ruptura (Fig. 7.25A) ocorre quando o material abaixo da fundação do painel possui parâmetros de resistência baixos (baixa capacidade de suporte). Nesses casos, deve ser avaliada a necessidade de adotar fundações profundas (estacas).

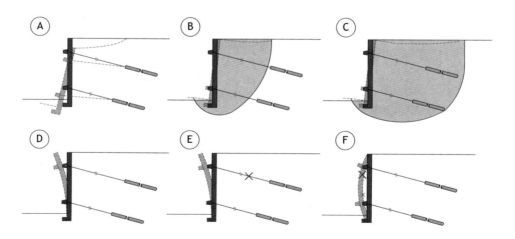

Fig. 7.25 *Modos de ruptura de uma cortina atirantada: (A) ruptura de fundação; (B e C) ruptura do talude; (D) deformação excessiva; (E) ruptura dos tirantes; (F) ruptura do painel*
Fonte: GeoRio (2014).

O projeto deve garantir, também, que não haverá ruptura entre o trecho ancorado e o painel (Fig. 7.25B), tampouco na região após o trecho ancorado (Fig. 7.25C). Durante a elaboração do projeto, deve-se garantir que as ancoragens adotadas, assim como seus comprimentos, são capazes de evitar tais formas de ruptura.

A ruptura apresentada na Fig. 7.25D corresponde a uma deformação excessiva e pode acontecer durante a implantação da estrutura, antes da incorporação das cargas em um nível das ancoragens. Já a ruptura do tirante (Fig. 7.25E) pode ocorrer caso um tirante seja submetido a uma carga igual ou superior àquela que corresponde à sua tensão de escoamento.

Por fim, a ruptura do painel (Fig. 7.25F) acontecerá em virtude de problemas no dimensionamento estrutural do painel. O painel é dimensionado estruturalmente para resistir aos momentos (em ambas as direções) e à punção junto à cabeça do tirante.

Para o dimensionamento de uma cortina atirantada, é necessário lembrar a complexidade de determinar, de forma rigorosa, o valor do empuxo de terras e sua distribuição entre as ancoragens. Tanto o valor do empuxo como sua distribuição dependem das deformações da cortina, que, por sua vez, variam em função das deformações das ancoragens e da distribuição do empuxo. Existe uma interação entre solo, ancoragens e cortina. Para a realização dessa análise mais rigorosa, seria necessária uma análise com métodos numéricos (Craizer, 1981).

Há diversos métodos para o dimensionamento de uma cortina atirantada. Durante a elaboração do projeto geotécnico deverão ser determinados: a geometria de cada painel, as cargas que atuarão nos tirantes, a inclinação dos tirantes, o comprimento de cada trecho livre, o comprimento dos trechos ancorados, os espaçamentos (horizontal e vertical) entre os tirantes, assim como o tipo de fundação que será adotada para cada painel (fundação direta ou estacas) e o processo executivo que será empregado para a implantação da estrutura de contenção.

Os métodos de dimensionamento aproximados mais simples são aqueles em que os tirantes são dimensionados simplesmente com o intuito de se contraporem aos empuxos que atuam contra a estrutura de contenção. Estão restritos a casos mais simples, para cortinas verticais, solo homogêneo, sem a presença de lençol freático e com ruptura passando pelo pé, como o método de Coulomb adaptado para cortinas atirantadas.

7.5 Método de Coulomb adaptado

O manual da GeoRio (2014) apresenta o referido método de Coulomb adaptado para cortinas atirantadas. Nele é considerado o conceito de resistência mobilizada do solo, onde:

$$\phi'_{mob} = \text{arctg}(\text{tg}\phi'/FS)$$

$$c'_{mob} = c'/FS$$

O somatório de cargas dos tirantes ao longo de uma vertical deve ser igual ao valor do empuxo ativo (E_a) multiplicado pelo espaçamento horizontal entre os tirantes (S_h).

$$\sum T = E_a S_h$$

O manual da GeoRio (2014) apresenta uma condição em que a fundação está assente sobre rocha ou estaqueamento. Levando em conta que não haverá deslocamento entre painel e solo, toda a componente vertical das estacas será suportada pelas fundações do painel, fazendo com que o empuxo possa ser considerado paralelo à inclinação do terreno, de modo que:

$$\sum T = E_a S_h \cos i / \cos \alpha$$

em que:
 i = inclinação do terrapleno;
 α = inclinação dos tirantes (em geral varia de 15° a 30°).

7.6 Processo Rodio

Outro método simples é conhecido como processo Rodio por alguns profissionais da área. O processo é semelhante ao método de Coulomb adaptado para cortinas atirantadas, porém utiliza diagramas aparentes de empuxo (Terzaghi; Peck, 1967) adaptados.

$$E_a = 0{,}65\gamma\, H^2\, k_a - 2c\, H\sqrt{k_a} + q\, H\, k_a$$

em que:
- k_a = coeficiente de empuxo ativo da teoria de Rankine;
- γ = peso específico do solo;
- H = altura da contenção;
- c = coesão;
- q = sobrecarga.

O número de tirantes por vertical (n) é então determinado por:

$$n = \frac{E_a}{\cos \alpha} \cos \delta \frac{e}{F_{adm}}$$

em que:
- α = inclinação dos tirantes (em geral varia de 15° a 30°);
- δ = ângulo do empuxo ativo com a horizontal;
- e = espaçamento horizontal entre os tirantes;
- F_{adm} = carga de trabalho do tirante.

Vale nesse ponto ressaltar que é necessário inserir o fator de segurança no processo Rodio, o que pode ser feito por meio do conceito de atrito mobilizado, como utilizado no método de Coulomb adaptado para cortinas atirantadas.

É importante destacar que não se deve confundir o fator de segurança empregado para o aço com o fator de segurança que busca suprir as incertezas em relação aos parâmetros do solo, as incertezas em relação aos modelos de cálculo, e outras. Deve-se assegurar que a estrutura esteja longe o suficiente da condição de ruptura, garantindo segurança adequada conforme preconizado pela norma vigente.

A análise de estabilidade de uma cortina atirantada pode ser realizada, também, pelo método das cunhas (equilíbrio-limite). Dos inúmeros métodos existentes, serão abordados dois, a saber:
- o método brasileiro do Prof. Costa Nunes;
- o método de Ranke-Ostermayer generalizado por Pacheco e Danziger (2001).

7.7 Método brasileiro (Prof. Costa Nunes)

O método brasileiro foi desenvolvido pelo Prof. Costa Nunes (Nunes; Velloso, 1963) e utilizado no projeto da primeira cortina ancorada construída no Brasil, em 1957.

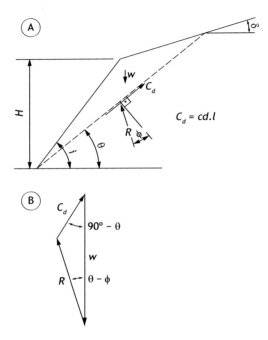

Fig. 7.26 *Consideração da superfície de ruptura passando pelo pé do talude (Culmann)*

Baseado no método de Culmann (1866), esse método considera que a superfície de ruptura é um plano que passa pelo pé do talude (ver Fig. 7.26), ficando restrito, dessa forma, a taludes verticais (ou praticamente verticais). Vale ressaltar que esse método é restrito a solos homogêneos.

De acordo com Taylor (1948 apud Craizer, 1981, p. 17): "pode-se concluir que a suposição de rotura plana conduz a aproximações geralmente aceitáveis se o talude é vertical, ou próximo da vertical; mas não dá aproximação satisfatória para taludes pouco inclinados".

O método brasileiro considera a força de protensão dos tirantes no equilíbrio da cunha. As cargas dos tirantes são inseridas de forma a se alcançar o fator de segurança preconizado pela norma (em geral, de 1,5).

A seguir é feita a descrição do método brasileiro.

No método de Culmann, o ângulo de R é ϕd. Já Costa Nunes (método brasileiro) considerou esse ângulo como o ângulo de atrito ϕ, estando todo o fator de segurança na coesão (C_d).

$$\left(\frac{C_d}{\gamma H}\right)_\theta = \frac{1}{2}\operatorname{cosec}(i)\,\operatorname{sen}(i-\theta)\,\operatorname{sen}(\theta-\phi)\sec(\phi)$$

$$\frac{d\left(\frac{C_d}{\gamma H}\right)_\theta}{d\theta} = 0 \rightarrow \theta_{crít} = \frac{i+\phi}{2} \quad \text{e} \quad \frac{C_d}{\gamma H} = \frac{1-\cos(1-\phi)}{4\operatorname{sen}(i)\cos(\phi)}$$

Sendo o número de estabilidade $\dfrac{C_d}{\gamma H}$ considerado para talude homogêneo e sem percolação.

Observa-se que Culmann é aceitável apenas para $i \approx 90°$, sendo tanto mais contra a segurança quanto menor for o valor de i.

Seja $i = 90°$:

$$\theta_{crít} = \dfrac{90° + \phi}{2} = 45° + \dfrac{\phi}{2}$$

e

$$\dfrac{C_d}{\gamma H} = \dfrac{1 - \cos(90° - \phi)}{4\,\text{sen}(90°)\cos(\phi)} = \dfrac{1 - \text{sen}\,\phi}{4\cos\phi} \quad \text{para } \theta_{crít}$$

Para θ qualquer:

$$\left(\dfrac{C_d}{\gamma H}\right)_\theta = \dfrac{1}{2}\text{cosec}(90°)\,\text{sen}(90° - \theta)\,\text{sen}(\theta - \phi)\sec(\phi)$$

$$\left(\dfrac{C_d}{\gamma H}\right)_\theta = \dfrac{1}{2}\cos(\theta)\,\text{sen}(\theta - \phi)\sec(\phi)$$

FS empregado:
- Caso geral (θ qualquer), com $i = 90°$:

$$FS_\theta = \dfrac{C}{C_d} = \dfrac{cL}{c_d L} = \dfrac{c/\gamma H}{c_d/\gamma H}$$

$$FS_\theta = \dfrac{c/\gamma H}{\dfrac{1}{2}\cos(\theta)\,\text{sen}(\theta - \phi)\sec(\phi)}$$

$$FS_\theta = \dfrac{2c\,\cos\phi}{\gamma H \cos(\theta)\,\text{sen}(\theta - \phi)}$$

- Para $\theta_{crít}$:

$$FS = \frac{4c \cdot \cos\phi}{\gamma H (1 - \text{sen}(\phi))}$$

Dado um *FS*, é possível determinar o θ correspondente a ele. Esse θ separa em duas regiões: uma que necessita das forças de ancoragem e outra que as dispensa.

Considerando a Fig. 7.27, pode-se aplicar a lei dos senos no Δabc:

$$\frac{F}{\text{sen}(90°-\phi)} = \frac{Ft}{\text{sen}\left[90°-(\beta-\phi)\right]} \therefore$$

$$\therefore Ft = \frac{F \cos(\beta-\phi)}{\cos\phi}$$

$$FS = \frac{C}{C_d}, \text{ sendo } C_d = T - Ft$$

Por sua vez, segundo a lei dos senos no Δadc:

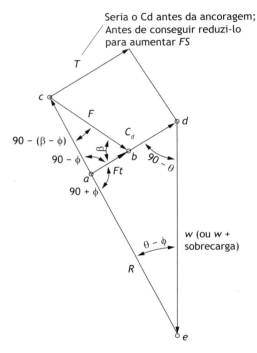

Fig. 7.27 *Polígono das forças de ancoragem*

$$\frac{T}{\text{sen}(\theta-\phi)} = \frac{W}{\text{sen}\left[90°+\phi\right]} \therefore T = \frac{W \text{sen}(\theta-\phi)}{\cos\phi}$$

$$FS = \frac{C}{C_d} = \frac{cL}{T\,Ft} = \frac{cH\cos\delta}{\text{sen}(\theta-\delta)} \cdot \frac{1}{\dfrac{W\text{sen}(\theta-\phi)}{\cos\phi} - \dfrac{F\cos(\beta-\phi)}{\cos\phi}}$$

$$FS = \frac{cH\cos\delta\cos\phi}{\text{sen}(\theta-\delta)\left[W\text{sen}(\theta-\phi) - F\cos(\beta-\phi)\right]}$$

$$\text{Se: } \lambda = \frac{FS_{desejado}}{FS_{existente}} = \frac{cL/T - Ft}{cL/T}$$

7 # Cortina atirantada

Ainda:
$$\frac{\lambda}{\lambda-1} = \frac{T}{Ft}$$

Logo:
$$\frac{\lambda}{\lambda-1} = \frac{W \operatorname{sen}(\theta-\phi)}{\cos\phi} \frac{\cos\phi}{F\cos(\beta-\phi)}$$

$$F = \frac{\lambda-1}{\lambda} \frac{W \operatorname{sen}(\theta-\phi)}{\cos(\beta-\phi)} \rightarrow \text{Força total que deverá ser aplicada}$$

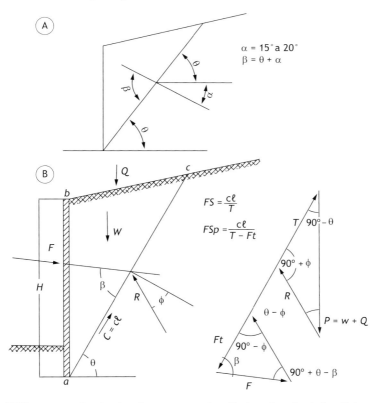

Fig. 7.28 *(A) Detalhe dos ângulos α, β e θ e (B) cálculo pelo método brasileiro
Fonte: (B) Craizer (1981).*

Levando em conta a Fig. 7.28, calcula-se F por meio de:

$$F = \frac{\lambda-1}{\lambda} \frac{W \operatorname{sen}(\theta-\phi)}{\cos(\theta+\alpha-\phi)}$$

Para $\theta = \theta_{crít}$, tem-se:

$$F = \frac{\lambda-1}{\lambda} W \frac{\operatorname{sen}\left(45° - \dfrac{\phi}{2}\right)}{\cos\left(45° - \dfrac{\phi}{2} + \alpha\right)}$$

7.7.1 Sequência de projeto
1. Calcular $\theta_{crít}$.
2. Calcular w.
3. Calcular o FS do plano crítico (sem ancoragens).
4. Fixar α (tipicamente 15° a 30°) e calcular β.
5. Calcular λ.
6. Calcular a força de ancoragem correspondente ao plano crítico F.
7. Distribuir tirantes no painel:

Número de tirantes por vertical $= (F \times \text{espaçamento horizontal})/F_{adm}$ de cada tirante

8. Determinar o ângulo de inclinação do plano de ancoragem "por tentativas", com base no FS desejado: é o plano que, sem ancoragens, fornece o FS desejado (conforme a NBR 5629 – ABNT, 2018).

7.8 Método de Ranke-Ostermayer

O método de Ranke-Ostermayer foi desenvolvido, originalmente, para solos granulares. Nele, as ancoragens participam do processo de ruptura e o dimensionamento do comprimento livre é realizado com o intuito de se alcançar o fator de segurança desejado.

Pacheco e Danziger (2001) apresentaram uma generalização do método, propiciando sua aplicação para solos com intercepto de coesão (c) e ângulo de atrito (ϕ). Os autores partiram da premissa de que o modelo adotado no caso de solos granulares seria válido para o caso de solos com coesão e atrito.

O método é apresentado para o caso de uma ancoragem, de duas ancoragens e de ancoragens múltiplas. Serão empregadas aqui as mesmas representações utilizadas por Pacheco e Danziger (2001). Para um maior aprofundamento no entendimento do método, indica-se a leitura do artigo dos referidos autores.

Para o caso de uma linha de ancoragem, o modelo para análise é aquele representado pela Fig. 7.29, e o polígono de forças, considerando solo com coesão e ângulo de atrito, é aquele ilustrado pela Fig. 7.30.

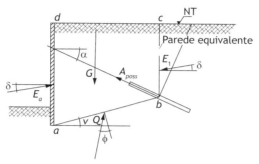

Fig. 7.29 *Modelo admitido para cálculo para o caso de cortinas com um nível de ancoragem segundo Ranke e Ostermayer (1968, com tradução livre de Costa Nunes)*
Fonte: Pacheco e Danziger (2001).

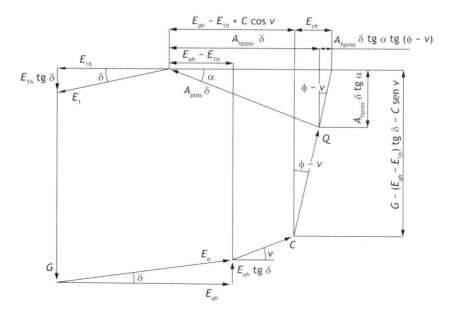

Fig. 7.30 *Polígono de forças que atuam sobre a cunha abcd segundo Ranke e Ostermayer (1968, com tradução livre de Costa Nunes)*
Fonte: Pacheco e Danziger (2001).

Nessas figuras:

G = peso da cunha de solo *abcd*;
E_a = reação ao empuxo de terra;
E_1 = empuxo do terreno localizado à direita da cunha;
Q = reação do material de fundação sobre a cunha, ao longo da superfície *ab* (considera-se todo o atrito mobilizado);
δ = ângulo de atrito solo-cortina;
C = força de coesão = $c\,l$ (coesão × comprimento *ab*);
A_{poss} = esforço que equilibra a cunha. Representa a máxima carga no tirante. A carga no tirante é uma força instabilizante em relação à cunha de solo;

$E_{rh} = [G - (E_{ah} - E_{1h})\,\mathrm{tg}\,\delta - C\,\mathrm{sen}\,v]\,\mathrm{tg}\,(\phi - v)$;
$A_{h\,poss}$ (projeção horizontal de A_{poss}) $= \dfrac{(E_{ah} - E_{1h} + C\cos v + E_{rh})}{1 + \mathrm{tg}\,\alpha\,\mathrm{tg}\,(\phi - v)}$;
E_{1h} = projeção horizontal de E_1;
E_{ah} = projeção horizontal de E_a;
G = peso da cunha;
α = inclinação do tirante;
ϕ = ângulo de atrito do solo;
v = ângulo que o segmento de reta que une o pé da cortina e o centro do tirante faz com a horizontal.

O fator de segurança é obtido pela divisão de $A_{h\,poss}$, que é o valor da carga máxima do tirante, por $A_{h\,existente}$. $A_{h\,existente}$ é determinada por meio do empuxo (E_a) e do espaçamento entre os tirantes.

Os autores apresentam ainda o desenvolvimento da metodologia para o caso de duas ancoragens e para o caso de ancoragens múltiplas com consideração da coesão.

Pacheco e Danziger (2001) salientam que o método pode ser aplicado para situações com diversos níveis de tirantes e considerando o intercepto de coesão. Faz-se necessário verificar o posicionamento de cada bulbo, analisando se será ou não fator instabilizante para a superfície potencial de ruptura que será analisada.

Destacam, também, que os trechos livres calculados com essa metodologia são menores do que aqueles calculados por meio de metodologias usuais. Além disso, indicam a utilização de instrumentações nas obras para que se possa comprovar a "eficiência dessa metodologia".

Atualmente, para os casos de maior complexibilidade, em virtude da geometria da cortina ou do terrapleno, da estratificação do solo, da presença de superfícies reliquiares, da variação de sobrecargas ou da presença de lençol freático, por exemplo, faz-se uso, em geral, de programas computacionais, cada vez mais elaborados, que utilizam análises por equilíbrio-limite para o dimensionamento de cortinas atirantadas.

Faz parte da boa prática da Engenharia que o engenheiro projetista conheça as características básicas do programa que utiliza para o dimensionamento das estruturas de contenção, como as cortinas atirantadas. Recomenda-se uma comparação inicial dos resultados fornecidos pelos programas com situações mais simples, de fácil cálculo com métodos tradicionais.

7.9 Dimensionamento do bulbo (trecho ancorado)

O comprimento do trecho ancorado depende do tipo de solo onde o trecho estará implantado, do valor da tensão efetiva que estará atuando no trecho, do diâmetro da perfuração e da carga da ancoragem.

A determinação do comprimento do bulbo "deve ser calculado por meio teórico ou semiempírico constante em publicações técnicas que refletem o estado da arte na Mecânica dos Solos", segundo a NBR 5629 (ABNT, 2018, p. 6). Ainda segundo a norma, "devem ser justificados recobrimentos inferiores a 5 m sobre o centro de trecho ancorado".

A GeoRio (2014) apresenta algumas indicações de comprimentos em função do tipo de solo e da carga de trabalho do tirante, conforme a Tab. 7.3.

Vale lembrar que esses comprimentos são indicativos, havendo a necessidade de realizar os ensaios de tração, de acordo com a NBR 5629 (ABNT, 2018), para a aceitação do dimensionamento dos bulbos.

Tab. 7.3 Comparação dos bulbos de ancoragem

Carga de trabalho (kN)	Bulbo de ancoragem (cm) Tipo de solo		
	Solo	Rocha alterada	Rocha sã
160	600	500	300
200	700	600	400
350	800	700	500
500	800	700	500

Fonte: GeoRio (2014).

7.10 Cargas nas fundações das cortinas atirantadas

Hanna (1982) apresenta um esquema do sistema de forças que atuam numa cortina atirantada (Fig. 7.31).

A carga que chega às fundações da cortina depende do sentido da força mobilizada no contato cortina-solo. Essa força pode ser contrária ao

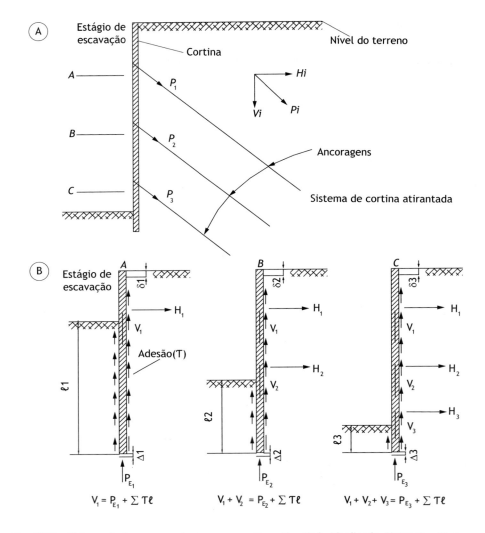

Fig. 7.31 *Sistema de forças que atuam numa cortina atirantada idealizado. Nota: $H_1 + H_2 + H_3$ = área sob diagrama de pressão; os valores de P_1, P_2 e P_3 podem mudar enquanto a escavação continuar; o ensaio de recebimento do tirante modificará temporariamente a distribuição de carga*
Fonte: Hanna (1982).

sentido da componente vertical dos tirantes, como na Fig. 7.31, fazendo com que a carga que chega às fundações seja pequena, resumindo-se, praticamente, ao peso próprio dos painéis das cortinas. Tal situação é encontrada no caso de fundações deslocáveis, onde a carga que chega às fundações se resume ao peso da parede de concreto armado.

Todavia, no caso de fundações que apresentam deslocamentos muito pequenos, a força de atrito cortina-solo pode estar direcionada para baixo, no mesmo sentido da componente vertical dos tirantes. Nesse caso, existe um aumento das cargas que chegam às fundações, havendo a necessidade de considerar todas as parcelas para que não haja a possibilidade de uma instabilidade vertical da estrutura de contenção.

Carga nas fundações por painel = peso do painel de concreto
+ somatório das componentes verticais dos tirantes no painel
+ força tangencial mobilizada na interface cortina-solo
(E_a · sen δ · largura do painel)

Podem existir diversas causas para a necessidade de adotar estacas para apoiar os painéis das cortinas atirantadas, entre elas:
- durante o processo executivo, para que os trechos dos painéis não sofram recalques, em função da existência de camadas de solo, que apoiam os painéis, com baixa capacidade de suporte;
- necessidade de aumentar o fator de segurança durante a implantação da estrutura de contenção;
- existência de camada de baixa capacidade de suporte abaixo da cota final do pé da cortina atirantada.

Velloso e Lopes (2002, p. 58-59) citam a NBR 6122 (ABNT, 1996):

> As estacas escavadas com injeção, quando não penetram em rocha, devem ser dimensionadas levando em conta apenas o atrito, utilizando-se alguns dos métodos consagrados na técnica. Esse dimensionamento é válido tanto à compressão quanto à tração.
>
> No caso de estacas que penetram em rocha, é lícito somar a resistência do atrito à resistência de ponta na rocha, no caso de estacas de compressão, desde que se garanta um embutimento mínimo de três diâmetros.

7.11 Recomendações para a elaboração do projeto de cortina atirantada

- A NBR 5629 (ABNT, 2018) preconiza que o bulbo deve distar pelo menos 3 m da superfície de início da perfuração. Muitos projetistas adotam comprimentos maiores do que 3 m.

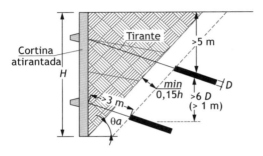

Fig. 7.32 Recomendações para o projeto de cortina atirantada – seção transversal
Fonte: Pinelo (1980).

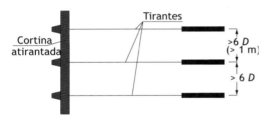

Fig. 7.33 Recomendação de espaçamento entre os tirantes – vista superior
Fonte: Pinelo (1980).

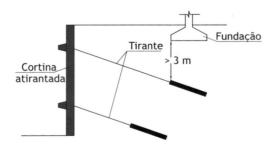

Fig. 7.34 Recomendação da distância do bulbo até a fundação
Fonte: baseado em Ostermayer (1977).

- Pinelo (1980) apresenta recomendações para o espaçamento das ancoragens conforme as Figs. 7.32 e 7.33. O espaçamento entre bulbos deve ser maior do que 1 m e maior do que seis vezes o diâmetro da perfuração. A GeoRio (2014) também exibe tais recomendações de Pinelo (1980).
- O início do bulbo deve distar pelo menos 0,15H da superfície crítica, sendo H a altura da contenção.
- Tanto a NBR 5629 (ABNT, 2018) quanto o trabalho de Pinelo (1980) indicam que o recobrimento de terra, em geral, deve ter pelo menos 5 m sobre o centro do trecho de ancoragem.
- Hanna (1982) cita o trabalho de Ostermayer (1977), segundo o qual o bulbo deve distar pelo menos 3 m da cota de fundação de outras edificações (Fig. 7.34).
- É prudente que o painel intercepte toda a camada de colúvio ou se garanta, caso seja mesmo possível, que não haja a possibilidade de movimentação da referida camada de solo.

- As verificações de estabilidade devem ser realizadas para todas as etapas construtivas, e não somente para a condição final da cortina.
- Recomenda-se a utilização de tirantes (monobarras) com o rosqueamento da barra impresso e contínuo.
- No perímetro da chapa de aço, em contato com o concreto, deverá ser apicoada uma faixa de 3 cm, e as partes metálicas devem ser envolvidas com massa à base de epóxi.
- Os trechos livres e o ancorado devem ser dotados de dispositivos visando à centralização deles.
- Possíveis emendas no trecho livre devem ser protegidas com tubo plástico.

7.12 Composição de planilha de custos

Para a composição de uma planilha de custos, existem diversos sistemas de custos unitários, entre eles os de órgãos municipais, estaduais e federais.

A planilha apresentada no Quadro 7.4, meramente ilustrativa, montada para um caso específico, foi baseada no sistema de custos unitários da Empresa de Obras Públicas do Governo do Estado do Rio de Janeiro (Emop).

Quadro 7.4 Exemplo de planilha de custos

Código	Serviço	Unidade
01.	Serviços preliminares	
02.020.0001-0	Placa de identificação de obra pública, inclusive pintura e suportes de madeira. Fornecimento e colocação	m^2
05.006.0001-1	Aluguel de andaime com elementos tubulares (fachadeiros) sobre sapatas fixas, considerando-se a área da projeção vertical do andaime e pago pelo tempo necessário à sua utilização, exclusive transporte dos elementos do andaime até a obra (vide item 04.020.0122), plataforma ou passarela de pinho (vide itens 05.005.0012 a 05.005.0015 ou 05.007.0007 e 05.008.0008), montagem e desmontagem dos andaimes (vide item 05.008.0001)	$m^2 \cdot m$
04.021.0010-0	Carga e descarga manual de andaime tubular, inclusive tempo de espera do caminhão, considerando-se a área de projeção vertical	m^2
05.005.0012-1	Plataforma ou passarela de madeira de 1ª, considerando-se aproveitamento da madeira em 20 vezes, exclusive andaime ou outro suporte e movimentação (vide item 05.008.0008)	m^2
05.001.0023-0	Demolição manual de alvenaria de tijolos furados, incusive empilhamento dentro do canteiro de serviço	m^3

Quadro 7.4 Exemplo de planilha de custos (cont.)

Código	Serviço	Unidade
05.001.0002-1	Demolição manual de concreto armado compreendendo pilares, vigas e lajes em estruturas apresentando posição especial, inclusive empilhamento lateral dentro do canteiro	m³
02.006.0010-0	Aluguel de contêiner (módulo metálico içável) tipo escritório, medindo aproximadamente 2,20 m de largura, 6,20 m de comprimento e 2,50 m de altura, composto de chapas de aço com nervuras trapezoidais, isolamento termoacústico no forro, chassis reforçado e piso em compensado naval, incluindo instalações elétricas, exclusive transporte (vide item 04.005.0300) e carga e descarga (vide item 04.013.0015)	un · mês
02.006.0020-0	Aluguel de contêiner (módulo metálico içável) tipo sanitário-vestiário, medindo aproximadamente 2,20 m de largura, 6,20 m de comprimento e 2,50 m de altura, composto de chapas de aço com nervuras trapezoidais, isolamento termo-acústico no forro, chassis reforçado e piso em compensado naval, incluindo instalações elétricas e hidrossanitárias, suprido de acessórios, 2 vasos sanitários, 1 lavatório, 1 mictório e 4 chuveiros, exclusive transporte (vide item 04.005.0300) e carga e descarga (vide item 04.013.0015)	un · mês
04.005.0300-0	Transporte de contêiner, segundo descrição da família 02.006, exclusive carga e descarga (vide item 04.013.0015)	un · km
04.013.0015-0	Carga e descarga de contêiner, segundo descrição da família 02.006	un
01.050.0616-0	Mão de obra de Arquiteto ou Engenheiro Sênior, para serviços de Consultoria de Engenharia e Arquitetura, inclusive encargos sociais	h
05.105.0047-0	Mão de obra de técnico de segurança do trabalho, inclusive encargos sociais	h
05.105.0128-0	Mão de obra de mestre de obra "A", inclusive encargos sociais	mês
05.105.0015-0	Mão de obra de servente, inclusive encargos sociais	h
02.	**Movimento de terra**	
03.001.0001-1	Escavação manual de vala/cava em material de 1ª categoria (areia, argila ou piçarra), até 1,50 m de profundidade, exclusive escoramento e esgotamento	m³
03.011.0015-1	Reaterro de vala/cava com material de boa qualidade, utilizando vibrocompactador portátil, exclusive material	m³
03.010.0105-0	Aterro compactado a 95%, para construção de barragens ou diques, executados em camadas de 20 cm de material solto de boa qualidade, inclusive espalhamento e irrigação, em terreno de boa resistência, exclusive fornecimento de terra	m³
09.006.0035-0	Terra tipo capa de morro, inclusive carga, descarga e transporte. Fornecimento	m³

7 # CORTINA ATIRANTADA

QUADRO 7.4 EXEMPLO DE PLANILHA DE CUSTOS (cont.)

Código	Serviço	Unidade
01.005.0004-0	Reparo manual de terreno, compreendendo acerto, raspagem eventualmente até 0,30 m de profundidade e afastamento lateral do maternal excedente, inclusive compactação manual	m²
03.	**Transportes**	
01.009.0200-0	Mobilização e desmobilização de equipamento e equipe de sondagem e perfuração rotativa, com transporte de 101 a 200 km	un
04.005.0124-0	Transporte de carga de qualquer natureza, exclusive as despesas de carga e descarga, tanto de espera do caminhão como do servente ou equipamento auxiliar, à velocidade média de 254 km/h, em caminhão basculante a óleo diesel, com capacidade útil de 8 t	t · km
05.001.0189-0	Transporte de materiais encosta abaixo, em carrinhos, inclusive carga e descarga	t · m
04.011.0051-1	Carga e descarga mecânica, com pá-carregadeira, com 1,50 m² de capacidade, utilizando caminhão basculante a óleo diesel, com capacidade útil de 8 t, considerados para o caminhão os tempos de espera, manobra, carga e descarga e para a carregadeira os tempos de espera e operação para cargas de 50 t por dia de 8h	t
04.018.0020-1	Recebimento de carga, descarga e manobra de caminhão basculante de 8,00 m³ ou 12 t	t
04.020.0122-0	Transporte de andaime tubular, considerando-se a área de projeção vertical do andaime, exclusiva carga, descarga e tempo de espera do caminhão (vide item 04.021.0010)	m² · km
04.021.0010-0	Carga e descarga manual de andaime tubular, inclusive tempo de espera do caminhão, considerando-se a área de projeção vertical	m²
04.	**Cortina atirantada**	
11.047.0012-0	Tirante protendido do aço ST 85/105, para cargo de trabalho até 34 t, diâmetro de 32 mm, inclusive o fornecimento da barra e bainha, proteção anticorrosiva, preparo e colocação no furo, exclusive luvas, placas, contraporcas etc., perfuração e injeção, inclusive tubo especial para injeção (tubo PVC ¾" e manchetes)	m
11.047.0011-1	Protensão parcial e final do tirante (exclusive este) de aço ST 85/105, para carga de trabalho até 34 t, diâmetro de 32 mm, inclusive fornecimento e instalação da placa, anel de ângulo, porcas, contraporcas, luvas etc., pintura e proteção da cabeça, exclusive perfuração e injeção	un

Quadro 7.4 Exemplo de planilha de custos (cont.)

Código	Serviço	Unidade
11.047.0015-0	Tirante protendido em aço 50/55, para carga de trabalho até 22 t, diâmetro de 32 mm, inclusive o fornecimento da barra, bainha, proteção anticorrosiva, preparo e colocação no furo, exclusive luvas, placas, porcas e contraporcas etc., perfuração e injeção	m
11.047.0016-0	Protensão parcial e final de tirante (exclusive este) de aço 50/55, para carga de trabalho de 22 t, diâmetro de 32 mm, inclusive o fornecimento e instalação da placa, anel de ângulo, porcas, contraporcas, luvas etc., pintura e proteção da cabeça, exclusive perfuração e injeção	un
01.002.0028-0	Perfuração rotativa com coroa de *widia*, em solo, diâmetro H vertical, inclusive deslocamento dentro do canteiro e instalação da sonda em cada furo (*vide* itens de mobilização e desmobilização na família 01.009)	m
01.004.0025-0	Perfuração rotativa com coroa de diamante, em alteração de rocha, diâmetro H, inclusive deslocamento dentro do canteiro e instalação da sonda em cada furo (*vide* itens de mobilização e desmobilização na família 01.009)	m
01.004.0043-0	Perfuração rotativa com coroa de diamante, em rocha sã, diâmetro H, inclusive deslocamento dentro do canteiro e instalação da sonda em cada furo (*vide* itens de mobilização e desmobilização na família 01.009)	m
07.050.0035-1	Injeção de calda de cimento, admitindo uma produção média bruta de 0,5 saco/h, inclusive fornecimento dos materiais, medido por saco de 50 kg	saco
11.025.0012-0	Concreto bombeado, *fck* = 30 MPa, compreendendo o fornecimento de concreto importado de usina, colocação nas formas, espalhamento, adensamento mecânico e acabamento	m³
01.001.0150-0	Controle tecnológico de obras em concreto armado considerando apenas o controle do concreto e constando de coleta, moldagem e capeametno de corpos de prova, transporte até 50 km, ensaios de resistência à compressão aos 28 dias e *slump test*, medido por m³ de concreto colocado nas formas	m³
11.009.0013-0	Barra de aço CA-50, com saliência ou mossa, coeficiente de conformação superficial mínimo (aderência) igual a 1,5, diâmetro de 6,3 mm, destinada à armadura de concreto armado, compreendendo 10% de perdas de pontas e arames 18. Fornecimento	kg
11.009.0014-1	Barra de aço CA-50, com saliência ou mossa, coeficiente de conformação superficial mínimo (aderência) igual a 1,5, diâmetro de 8 mm a 12,5 mm, destinada à armadura de concreto armado, compreendendo 10% de perdas de pontas e arames 18. Fornecimento	kg

7 # Cortina atirantada

Quadro 7.4 Exemplo de planilha de custos (cont.)

Código	Serviço	Unidade
11.011.0030-1	Corte, dobragem, montagem e colocação de ferragens nas formas, aço CA-50, em barras redondas, com diâmetro igual a 8 mm a 12,5 mm	kg
11.011.0029-0	Corte, dobragem, montagem e colocação de ferragens nas formas, aço CA-50, em barras redondas, com diâmetro igual a 6,3 mm	kg
11.005.0015-0	Formas de chapas de madeira compensada, de 20 mm de espessura, plastificadas, servindo 2 vezes, e madeira auxiliar servindo 3 vezes, inclusive fornecimento e desmoldagem, exclusive escoramento	m^2
11.004.0069-1	Escoramento de formas de paramentos verticais, para altura de 1,50 m a 5,00 m, com 30% de aproveitamento da madeira, inclusive retirada	m^2
05.008.0001-0	Montagem e desmontagem de andaime com elementos tubulares, considerando-se a área vertical recoberta	m^2
05.008.0008-1	Movimentação vertical ou horizontal de plataforma ou passarela	m^2
11.001.0005-1	Concreto dosado racionalmente para uma resistência característica à compressão de 15 MPa, compreendendo apenas o fornecimento dos materiais, inclusive 5% de perdas	m^3
11.002.0010-0	Preparo manual de concreto, inclusive transporte horizontal com carrinho de mão, até 20,00 m	m^3
06.082.0055-0	Dreno ou barbacã em tubo de PVC, diâmetro de 4", inclusive fornecimento do tubo e material drenante	m
06.100.0011-0	Manta geotêxtil 100% polipropileno ou 100% poliéster, em gabiões, drenos profundos ou valetas. Fornecimento e colocação	m^2
10.003.0030-0	Estaca raiz com diâmetro de 8", para carga de 50 t, injeção de argamassa de cimento e areia, com 450 kg a 500 kg de cimento por m^3, inclusive o fornecimento dos materiais (cimento, areia e aço), exclusive perfuração	m
01.002.0042-0	Perfuração rotativa com coroa de *widia*, em solo, diâmetro de 8" vertical, inclusive deslocamento dentro do canteiro e instalação da sonda em cada furo (*vide* itens de mobilização e desmobilização na família 01.009)	m
01.002.0066-0	Perfuração rotativa com coroa de *widia*, em alteração de rocha, diâmetro de 8" vertical, inclusive deslocamento dentro do canteiro e instalação da sonda em cada furo (*vide* itens de mobilização e desmobilização da família 01.009)	m
01.002.0081-0	Perfuração rotativa com coroa de *widia*, em rocha sã, diâmetro de 8" vertical, inclusive deslocamento dentro do canteiro e instalação da sonda em cada furo (*vide* itens de mobilização e desmobilização na família 01.009)	m
10.012.0001-0	Arrasamento de estaca de concreto para carga de trabalho de compressão axial até 600 kN	un

QUADRO 7.4 EXEMPLO DE PLANILHA DE CUSTOS (cont.)

Código	Serviço	Unidade
05.	**Drenagem – dreno horizontal profundo**	
01.002.0026-0	Perfuração rotativa com coroa de *widia*, em solo, diâmetro NX, horizontal, inclusive deslocamento dentro do canteiro e instalação da sonda em cada furo (*vide* itens de mobilização e desmobiização na família 01.009)	m
01.004.0024-0	Perfuração rotativa com coroa de diamante, em alteração de rocha, diâmetro NX, inclusive deslocamento dentro do canteiro e instalação de sonda em cada furo (*vide* itens de mobilização e desmobilização na família 01.009)	m
06.082.0010-0	Dreno profundo em tubo plástico perfurado, 2" de diâmetro, inclusive tela de *nylon* e fornecimento dos materiais, exclusive perfuração do terreno	m

Para cada serviço especificado existem itens com códigos para que possam ser obtidos os custos dos diversos serviços especificados no Catálogo de Referência publicado pelo órgão responsável pelo sistema de custos.

Nesse exemplo, o custo total da obra foi dividido em:
- serviços preliminares;
- movimento de terra;
- transportes;
- cortina atirantada;
- drenagem.

Muro de solo reforçado

8.1 Características e detalhes construtivos

O muro de solo reforçado se caracteriza pela implantação de reforços, que são materiais com elevada resistência à tração, no interior de um maciço de solo compactado.

De forma análoga ao concreto armado, em que o concreto possui uma elevada resistência à compressão, e a barra de aço, uma elevada resistência à tração, propiciando ao conjunto um comportamento com melhores características mecânicas, a estrutura de solo reforçado alia a boa resistência à compressão e ao cisalhamento do solo com a resistência à tração do reforço.

O muro de solo reforçado atua como se fosse um muro de peso. A região reforçada do solo compactado atua como se fosse um muro de peso estabilizando o trecho não reforçado (Fig. 8.1). Todas as verificações de estabilidade realizadas para um muro de peso tradicional, como deslizamento, tombamento, capacidade de carga das fundações e estabilidade global, precisam ser consideradas na elaboração do projeto. Além delas, será necessário avaliar o equilíbrio interno (tensões nos reforços).

A Fig. 8.2 apresenta a construção de um muro de solo reforçado, e a Fig. 8.3, um muro pronto.

A ideia está longe de ser recente. Jones (1988) salienta que os princípios básicos do muro de solo reforçado podem ser vistos na natureza, em técnicas construtivas adotadas por animais e pássaros, assim como em descrições bíblicas sobre técnicas construtivas de moradias com o uso de juncos, galhos e fibras vegetais.

Vários autores relatam também antigas estruturas, entre elas o Zigurate de Ur (Iraque), templo com idade em torno de 5.000 anos, construído com reforço de juncos e galhos atuando como reforços de camada argilosa.

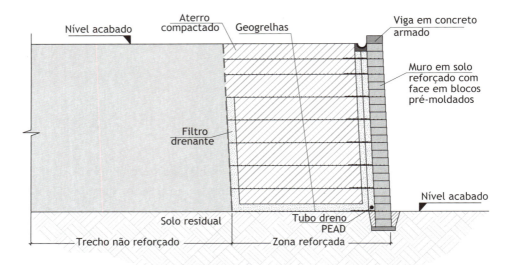

Fig. 8.1 *Zona reforçada e trecho não reforçado num muro de solo reforçado*

Fig. 8.2 *Construção de um muro de solo reforçado*

A Fig. 8.4 apresenta como se dá a mobilização de tensões num maciço de solo reforçado, assim como o equilíbrio, com a compatibilização da tensão com a deformação entre solo e reforço.

Verifica-se que, para o caso de deformação nula, o solo estaria com o estado de tensões compatível com a condição k_0 (repouso). Nessa condição, isto é, sem deformação, o reforço não estaria tracionado. Com o início de uma deformação horizontal na massa de solo reforçada, o estado de tensões no solo caminha para o estado ativo, com um alívio das tensões horizontais. Tal deformação, que gera uma diminuição das tensões no solo, propicia uma deformação nos reforços, aumentando as tensões solicitantes nos reforços. Esse processo perdura até o momento em que há o equilíbrio entre a tensão no solo e nos reforços.

Segundo Vertematti (2004, p. 84):

> Em maciços de solo reforçado, a inclusão de materiais geossintéticos como elemento de reforço do material de aterro propicia uma redistribuição global das tensões e deformações, permitindo a adoção de estruturas com face vertical (muros) ou maciços íngremes (taludes), com menor volume de aterro compactado.

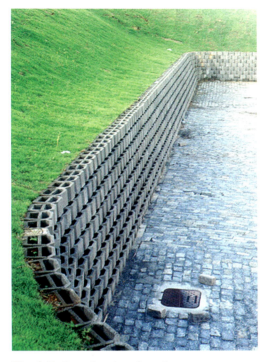

Fig. 8.3 *Muro de solo reforçado pronto*

Seria possível enumerar diversas vantagens na utilização de uma estrutura de solo reforçado, como adoção de faces dos muros ou taludes mais verticalizados, execução de obra em locais de difícil acesso, custo competitivo, mão de obra não especializada, equipamentos simples, grande velocidade de execução, possibilidade de agradável acabamento da obra (característica estética), tolerância a recalques de fundação, entre outras.

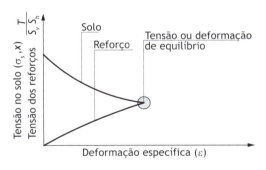

Fig. 8.4 *Tensão ou deformação de equilíbrio*
Fonte: Ehrlich e Azambuja (2003).

Diversas são as características vantajosas da técnica de solo reforçado, porém uma "salta aos olhos": a possibilidade de utilização do próprio solo disponível no local como um dos principais materiais para a construção da estrutura de contenção. Quando se pode utilizar o próprio material já disponível no local como solo compactado, torna-se quase obrigatória a avaliação de sua viabilidade como solução a ser adotada.

A face do muro de solo reforçado possui a função de evitar processos erosivos entre os reforços, e a estabilidade da estrutura de contenção é garantida pelos mecanismos de interação entre o solo e o reforço. Existem diversos tipos de faces, como blocos pré-moldados de várias formas, painéis modulares e caixas metálicas preenchidas com pedras.

Inicialmente, os muros de solo reforçado foram construídos utilizando-se uma técnica chamada de autoenvelopamento (Figs. 8.5 e 8.6).

Nessa técnica, o geossintético é instalado de forma a confinar o solo entre as camadas de reforço. Isso é realizado por meio da sua dobra e do embutimento de um trecho do reforço, dentro da massa de solo, para funcionar como uma ancoragem. Muitas vezes se faz necessária a utilização de escoras durante a execução para controlar a deformação da face (Fig. 8.7). Não se pode deixar o geossintético exposto. Logo, existe a necessidade da implantação de uma face de proteção para a estrutura de solo reforçado, como um muro de alvenaria, o uso de concreto projetado ou mesmo uma proteção vegetal, quando for possível.

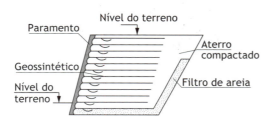

Fig. 8.5 *Seção transversal típica de um muro de solo reforçado (autoenvelopamento)*

Fig. 8.6 *Muro de solo reforçado autoenvelopado*

Hoje, visando a uma maior facilidade executiva, ou mesmo a um melhor aspecto visual, estão sendo empregados sistemas de blocos segmentais (pré-moldados) (Figs. 8.8 e 8.9). Esses blocos pré-moldados de concreto atuam como fôrma para o muro, possuem sistemas de encaixe (existem os mais variados tipos de encaixe), podem ser transportados e montados facilmente e propiciam uma grande velocidade para o andamento da obra.

Também são bastante conhecidos os sistemas com painéis modulares, com o faceamento atuando como fôrma. Ehrlich e Azambuja (2003) salientam que são sistemas mais bem adaptados a reforços pouco extensíveis, como geobarras ou fitas com polímeros de alta tenacidade, uma vez que não toleram deformações construtivas significativas. O comentário realizado também vale, segundo os autores, para as paredes integrais, que são estruturas altas em que cada elemento de face tem a altura total do muro.

Modernamente, os elementos mais utilizados como reforços são os metálicos e os geossintéticos. Os geossintéticos mais empregados são os geotêxteis tecidos e não tecidos e as geogrelhas.

Para muros de maiores alturas e aqueles nos quais há a necessidade de uma limitação nas deformações pós-construtivas, em geral as geogrelhas são os geossintéticos mais utilizados.

Na escolha do material a ser adotado como reforço, não só os possíveis danos mecânicos de instalação devem ser considerados, como também a agressividade química dos solos e as características da obra.

Fig. 8.7 *Escoras na construção de um muro de solo reforçado autoenvelopado*

Fig. 8.8 *Muro com face em blocos pré-moldados*

Fig. 8.9 *Muro de solo reforçado com face em blocos segmentais (pré-moldados)*

Ehrlich e Azambuja (2003) salientam que ambientes alcalinos podem se mostrar como severa restrição para a utilização de geossintéticos à base de poliéster, em virtude da degradação por hidrólise do referido polímero.

No caso da possibilidade, por exemplo, do contato do reforço com o cimento "fresco", é preciso optar por um material resistente, como a geogrelha de PVA (álcool de polivinila), por exemplo.

Durante a execução do muro de solo reforçado com face em blocos segmentais, os reforços podem ser instalados com espaçamentos verticais variados (Fig. 8.10). Não é necessário um espaçamento vertical constante. Também podem ser adotados reforços com diferentes resistências na mesma seção de muro de solo reforçado.

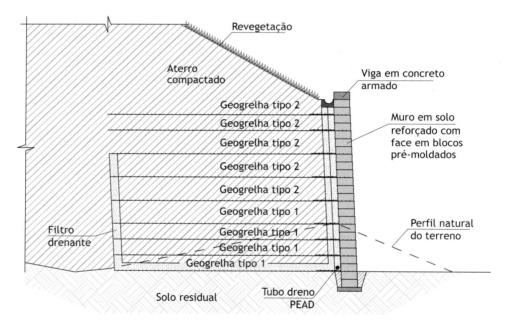

Fig. 8.10 *Detalhe típico de muro de solo reforçado com diferentes geogrelhas e variados espaçamentos verticais entre geogrelhas*

Em geral, os reforços são instalados sem traspasse, para evitar uma altura indesejada no contato entre camadas de blocos, que pode gerar trincas indesejadas na face (Figs. 8.11 e 8.12).

Segundo Ehrlich e Becker (2009, p. 90), "de modo geral, recomenda-se limitar o espaçamento vertical (S_v) em 0,80 m. Para sistemas com blocos segmentais, é recomendável que o espaçamento não seja superior a duas vezes a profundidade dos blocos".

A região reforçada do muro de solo reforçado deve ser sempre protegida em relação à presença de água, que atua diretamente sobre a poropressão, alterando a tensão efetiva do solo e, em consequência, a sua resistência. O uso do "colchão" de areia é uma das medidas para evitar a presença de água na zona reforçada (Fig. 8.13).

Quanto ao solo a ser utilizado, existe uma grande diferença da experiência brasileira em comparação às especificações internacionais. Em geral, as normas internacionais preconizam que o solo a ser empregado numa estrutura de solo reforçado deve ser granular não plástico ($IP < 4\%$) e com grande restrição em relação à porcentagem de finos. Trata-se de uma recomendação típica de países de clima temperado, cujos solos finos apresentam comportamento completamente distinto quando comparados aos solos finos de países tropicais (como o Brasil).

Ehrlich e Becker (2009) ressaltam que, no caso de países com solos tropicais, a utilização de solos lateríticos possui a vantagem de exibir uma parcela significativa de coesão, sem uma tendência à plastificação exagerada ou à fluência do maciço. Os mesmos autores recomendam que o índice de

Fig. 8.11 *Instalação de geogrelha sem traspasse*

Fig. 8.12 *Implantação de geogrelha sem traspasse*

Fig. 8.13 *"Colchão" de areia sendo implantado*

plasticidade seja menor do que 20%, embora tenham conhecimento de casos bem-sucedidos com índices de plasticidade de até 30%.

Ehrlich e Azambuja (2003) indicam que, para o controle de resistência e também de degradabilidade do material, o índice de suporte Califórnia (ISC) precisa ser superior a 15%, e a expansão por saturação na umidade ótima, inferior a 2%.

Ehrlich e Becker (2009, p. 94) resumem: "De maneira geral, pode-se afirmar que quaisquer solos adequados para a compactação de aterros não reforçados prestam-se à construção de estruturas de solo reforçado, desde que tomadas as providências adequadas de drenagem".

8.2 Características dos geossintéticos para reforço

Os geossintéticos mais utilizados como reforço em estruturas de solo reforçado são os geotêxteis, divididos em tecidos e não tecidos, e as geogrelhas.

Geotêxtil tecido é um "produto obtido do entrelaçamento de fios, monofilamentos ou laminetes (fitas) segundo direções preferenciais denominadas 'trama' (sentido transversal) e 'urdume' (sentido longitudinal)" (Vertematti, 2004, p. 10). A fabricação é realizada de forma análoga à que ocorre em uma tecelagem.

Ehrlich e Becker (2009) salientam que os geotêxteis tecidos apresentam rigidez muito maior do que os não tecidos, em razão da frouxa ligação entre os filamentos não tecidos.

Já o geotêxtil não tecido é fabricado por um material basicamente semelhante ao do geotêxtil tecido, porém não é adotado o processo de tecelagem. As fibras cortadas (ou filamentos contínuos) são distribuídas de forma aleatória e consolidadas por meio de processos térmicos ou agulhagem mecânica, ou são interligadas por meio de produtos químicos.

Por sua vez, de acordo com Vertematti (2004, p. 9), a geogrelha é um:

> Produto com estrutura em forma de grelha com função predominante de reforço, cujas aberturas permitem a interação do meio em que estão confinadas, e constituído por elementos resistentes à tração. É considerado unidirecional quando apresenta elevada resistência à tração apenas em uma direção, e bidirecional quando apresenta elevada resistência à tração nas duas direções principais (ortogonais). Em função do processo de fabricação, as geogrelhas podem ser extrudadas, soldadas ou tecidas.

As geogrelhas são, em geral, constituídas pelos seguintes polímeros: polietileno de alta densidade (PEAD), poliéster (PET) e álcool de polivinila (PVA).

Vertematti (2004) ressalta as propriedades relevantes para o desempenho de um reforço, a saber:
- resistência à tração, T (kN/m);
- elongação sob tração, ε (%);
- taxa de deformação, ε' (%/s);
- módulo de rigidez à tração, J (kN/m);
- comportamento em fluência;
- resistência a esforços de instalação;
- resistência à degradação ambiental;
- interação mecânica com o solo envolvente;
- fatores de redução.

É importante ressaltar que o projetista deve não somente estar atento à tração máxima que será imposta ao reforço durante o período construtivo e pós-construtivo, mas também garantir que as deformações impostas ao reforço sejam compatíveis, durante toda a vida útil da estrutura, com a funcionalidade e a estética do muro de contenção.

Em função das características do geossintético, são utilizados fatores de redução em relação à resistência à tração máxima indicada por cada fabricante. Vários são os fatores de redução parcial, que, somados, geram um fator de redução global.

O primeiro fator de redução parcial diz respeito à possibilidade de danos mecânicos durante o processo de instalação. O geossintético é submetido a uma série de solicitações durante o transporte, a manipulação, a estocagem na obra, a instalação e a compactação do material de aterro. Todo esse processo pode gerar "perdas" em relação à carga nominal da resistência máxima indicada pelo fabricante.

O segundo fator de redução parcial refere-se à fluência ou *creep*. A fluência se caracteriza por uma deformação lenta, ao longo do tempo, quando é mantida uma solicitação constante, e é dependente do tipo de polímero utilizado na fabricação do reforço. A fluência pode levar o reforço até à ruptura, mesmo que ele esteja submetido a uma tensão inferior à tensão máxima de ruptura.

Outra necessidade de fator de redução parcial ocorre quando existe a possibilidade de degradação do polímero do geossintético em virtude da ação de agentes ambientais agressivos. Caso existam agentes agressivos, o projetista deverá avaliar o tipo de geossintético a ser adotado ou a proteção mais adequada a ser utilizada.

Ainda é considerado um fator de redução parcial em razão de incertezas estatísticas na determinação da resistência do geossintético.

Vertematti (2004) apresenta uma tabela para a faixa de valores indicativos para os fatores de redução utilizáveis na fase de projeto básico (Tab. 8.1).

Ehrlich e Becker (2009) exibem uma tabela, adaptada de Azambuja (1999), com os fatores de fluência para diversos polímeros (Tab. 8.2). Também mostram, assim como Ehrlich e Azambuja (2003), os critérios para a determinação da severidade do meio preconizados por Allen (1991) (Quadro 8.1).

Por fim, Azambuja (1999) apresenta uma tabela com o intervalo de fatores de dano mecânico sugeridos na literatura (Tab. 8.3).

TAB. 8.1 FAIXA DE VALORES INDICATIVOS PARA OS FATORES DE REDUÇÃO UTILIZÁVEIS NA FASE DE PROJETO BÁSICO

Fator	Valor mínimo	Valor máximo
Fluência em tração (f_{cr})	2,00	5,00
Danos de instalação (f_{mr})	1,50	2,00
Degradação ambiental (f_a)	1,05	2,00
Incertezas estatísticas do material (f_m)	1,05	1,40
Fator de redução global (FR)	3,03	28,00

Fonte: Vertematti (2004).

TAB. 8.2 FATORES DE FLUÊNCIA PARA DIVERSOS POLÍMEROS

Polímero	Fator de fluência (f_f)
Poliéster (PET) e PVA	2,0-2,5
Polipropileno (PP)	3,5-4,0
Polietileno de alta densidade (PEAD)*	4,5-5,0

* Válido para polímeros orientados por encruamento.

Fonte: Ehrlich e Becker (2009), adaptado de Azambuja (1999).

Tab. 8.3 Fatores de dano mecânico

Geossintético	Capacidade de sobrevivência	Capacidade de sobrevivência requerida			
		Baixa	Moderada	Alta	Muito alta
Geotêxtil tecido PP	Baixa	1,30-1,45	1,40-2,00	NR*	NR
	Moderada	1,20-1,35	1,30-1,80	NR	NR
	Alta	1,10-1,30	1,20-1,70	1,60-NR	NR
Geotêxtil tecido PETP	Alta	1,10-1,40	1,20-1,70	1,50-NR	NR
Geotêxtil não tecido PETP	Baixa	1,15-1,40	1,25-1,70	NR	NR
	Moderada	1,10-1,40	1,20-1,50	NR	NR
	Alta	1,05-1,20	1,10-1,40	1,35-1,85	NR
Geogrelha tecida PETP com revestimento de acrílico	Moderada	1,10-1,20	1,20-1,40	NR	NR
	Alta	1,10-1,15	1,20-1,40	1,50-NR	NR
Geogrelha tecida PETP com revestimento de PVC	Moderada	1,05-1,15	1,15-1,30	1,40-1,60	NR
	Alta	1,05-1,15	1,15-1,30	1,40-1,60	1,50-2,00
Geogrelha rígida PP	Moderada	1,05-1,15	1,05-1,20	1,30-1,45	NR
Geogrelha rígida HDPE	Moderada	1,05-1,15	1,10-1,40	1,20-1,50	1,30-1,60
	Alta	1,04-1,10	1,05-1,20	1,15-1,45	1,30-1,50

* NR – emprego não recomendável (perdas de resistência superiores a 50%).
Fonte: Azambuja (1999).

Quadro 8.1 Classificação da severidade do meio

Tipo de equipamento	Solo	Espessura da camada		
		< 15 cm	15 a 30 cm	> 30 cm
Leve e rebocado	Areia fina a grossa, grãos subarredondados	Baixa	Baixa	Baixa
	Areia e cascalho graduados, grãos subangulares, ϕ < 75 mm	Moderada	Baixa	Baixa
	Cascalho mal graduado, grãos angulosos, ϕ > 75 mm	Muito alta	Alta	Moderada
Autopropelido	Areia fina a grossa, grãos subarredondados	Moderada	Baixa	Baixa
	Areia e cascalho graduados, grãos subangulares, ϕ < 75 mm	Alta	Moderada	Baixa
	Cascalho mal graduado, grãos angulosos, ϕ > 75 mm	Não recomendada	Muito alta	Alta

Fonte: Allen (1991).

É importante ressaltar que existem os fatores de redução parcial para determinar a resistência máxima à tração do reforço e existem, também, os fatores de segurança para a ruptura do reforço, o arrancamento e a resistência da conexão (contato bloco-reforço).

Elias, Christopher e Berg (2001), para a ruptura do reforço, indicam um fator de segurança igual ou maior do que 1,5 para obras permanentes e críticas; para obras temporárias e não críticas, um fator de segurança de ruptura do reforço maior ou igual a 1,15; para o arrancamento, um fator de segurança maior ou igual a 1,5; e, para a conexão, um fator de segurança também maior do que 1,5.

8.3 Mecanismos de interação solo-reforço e ponto de atuação da tensão máxima

O mecanismo de transferência de tensões entre solo e reforço se dá, basicamente, pelo atrito entre o solo e o reforço, assim como por resistência passiva do solo contra elementos transversais do reforço.

No caso de geotêxteis, tiras e barras lisas, por exemplo, o mecanismo de transferência se realiza unicamente por atrito. Para as geogrelhas, além do atrito, existe transferência de tensões por cisalhamento nas interfaces e por resistência passiva contra os elementos transversais.

A carga que será transmitida por cada mecanismo depende do tipo do reforço, das características do solo, do estado de tensões *in situ* e do método construtivo (Mitchell; Villet, 1987).

A Fig. 8.14 exibe o diagrama típico de distribuição de tração nos reforços e a indicação das zonas ativa e resistente. Na zona ativa, o sentido do movimento relativo entre o solo e o reforço é oposto ao que se verifica na zona resistente. O solo da zona ativa tende a se movimentar, porém a presença dos reforços impõe, pelas tensões que se desenvolvem ao longo deles, uma restrição para tais movimentações. O ponto onde ocorre o valor de máxima tração ocorre no contato entre a zona ativa e a zona resistente. A superfície que separa essas duas zonas, onde são verificados os pontos de tração máxima que se desenvolvem nas camadas de reforço, é a superfície potencial de ruptura.

Christopher et al. (1990) apresentam propostas para a definição do ponto de atuação da tensão máxima para o caso de reforço extensível (geotêxteis e geogrelhas de PET ou PEAD), onde o ponto de tração máxima coincide com a superfície potencial de ruptura prevista pela teoria de Rankine (Fig. 8.15A), e para o caso de reforço inextensível (ou pouco extensível), como geobarras e geogrelhas de poliaramida (Fig. 8.15B).

8 # Muro de solo reforçado

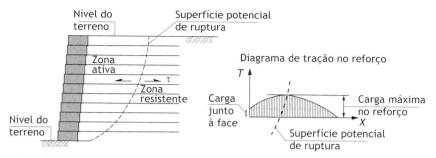

Fig. 8.14 *Diagrama típico de distribuição de tração nos reforços*

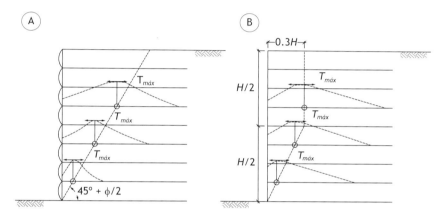

Fig. 8.15 *Ponto de atuação da tração máxima para (A) reforço extensível e (B) reforço pouco extensível*
Fonte: Christopher et al. (1990).

Já Dantas e Ehrlich (2000a, 2000b) exibem um procedimento para a estimativa do ponto de tração máxima nos reforços de taludes com base em estudos numéricos (Fig. 8.16).

8.4 Influência da compactação

Cousens e Pinto (1996) relatam que, apesar de o efeito da compactação ser relativamente bem estudado para muros de contenção tradicionais, isto é, muros não reforçados, tal fato não ocorre para o caso de solos reforçados, já que muito pouca

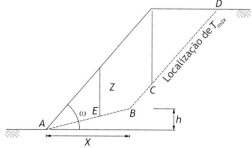

Fig. 8.16 *Ponto de atuação da tração máxima*
Fonte: Dantas e Ehrlich (2000a, 2000b).

273

investigação tem sido realizada para melhor compreender o seu comportamento.

De acordo com Caputo (1988, p. 172):

> Entende-se por compactação de um solo, o processo manual ou mecânico que visa a reduzir o volume de seus vazios e, assim, aumentar sua resistência, tornando-o mais estável. A compactação de um solo visa a melhorar suas características, não só quanto à resistência, mas, também, nos aspectos: permeabilidade, compressibilidade e absorção de água.

Os procedimentos tradicionais de modelagem de aterros e dimensionamento de muros, sejam eles reforçados ou não, não levam em consideração a influência da compactação nas tensões internas.

Apesar de os modelos tradicionais desconsiderarem o efeito da compactação nas tensões internas, Aggour e Brown (1974) relatam estudos realizados já no final do século XIX por Darwin (1883), em pequenas latas de biscoito, e repetidas por Terzaghi (1934), em modelos de maior escala, mostrando o aumento da tensão horizontal do solo quando da compactação do material.

Rowe (1954) apresenta um modelo para descrever o comportamento da tensão horizontal devido à compactação. Nesse modelo, a compactação é encarada como um processo de aplicação e remoção de uma tensão superficial. Segundo o autor, os picos de tensões induzidas pela aplicação de um carregamento ficam retidos após o descarregamento, sendo a tensão de pico igual à residual. De acordo com essa proposta, o coeficiente de empuxo no repouso (k_0) seria expresso da seguinte forma:

$$k_0^* = k_0 \left(1 + h_0/h\right) \tag{8.1}$$

em que:

k_0^* = coeficiente de empuxo no repouso considerando-se a compactação;

k_0 = coeficiente de empuxo no repouso;

h_0 = tensão máxima do pico induzida pela compactação;

h = tensão total.

As hipóteses da modelação propostas por Duncan e Seed (1986) são de a tensão horizontal induzida pela compactação atuar sobre um muro vertical, sem atrito, indeslocável, com a compactação sendo realizada em ciclos de carga e descarga. As cargas são uniformes, verticais e de extensão lateral infinita, de forma análoga ao adensamento unidimensional cíclico (carregamento e descarregamento). Mantêm-se, dessa forma, as tensões verticais e horizontais como principais e os deslocamentos horizontais nulos. O Quadro 8.2 apresenta os parâmetros do referido modelo.

QUADRO 8.2 PARÂMETROS DO MODELO HISTERÉTICO DE DUNCAN E SEED (1986)

Parâmetro	Nome	Intervalo	Método de estimativa baseado em ϕ'
α	Coeficiente de descarregamento	$0 \leq \alpha \geq 1$	Relação entre α e sen ϕ' (Fig. 8.17)
β	Coeficiente de recarregamento	$0 \leq \beta \geq 1$	$\beta \approx 0{,}6$
k_0	Coeficiente de empuxo no repouso	$0 \leq k_0 \geq 1$	$k_0 \approx 1 - \text{sen } \phi'$
$k_{1\phi'}$	Coeficiente de empuxo-limite	$k_0 \leq k_{1\phi'} \geq k_p$	$k_{1\phi'} = \text{tg}^2(45° + \phi'/2)$
c'	Coesão	-	-

O parâmetro k_1 é controlado pela ruptura passiva do solo, sendo expresso, segundo o critério de ruptura de Mohr-Coulomb, da seguinte forma:

$$k_1 = \left(\frac{\sigma'_h}{\sigma'_v}\right)_{\lim} = k_{1,\phi'} + \frac{2c'}{\sigma'_v}\sqrt{k_{1,\phi'}} \quad (8.2)$$

Os parâmetros podem ser definidos com base em ensaios k_0 de carregamento e descarregamento ou estimados a partir do conhecimento de ϕ' e c'.

O Quadro 8.3 apresenta um resumo das definições utilizadas no modelo proposto por Duncan e Seed (1986).

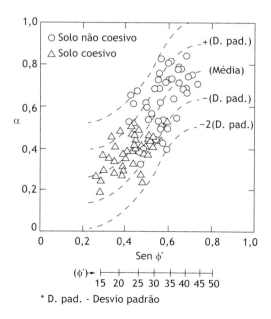

Fig. 8.17 Relação $\alpha \times \text{sen } \phi'$
Fonte: Duncan e Seed (1986).

Quadro 8.3 Definições do modelo histerético de Duncan e Seed (1986)

Termos do modelo histerético	Definições
$(\sigma'_{h\,ESS},\ \sigma'_{v\,ESS})$	Tensão horizontal e vertical efetiva existente
$(\sigma'_{h\,MPLP},\ \sigma'_{v\,MPLP})$	Máxima tensão horizontal e vertical efetiva já ocorrida
$(\sigma'_{h\,CMUP},\ \sigma'_{v\,CMUP})$	Tensão horizontal e vertical efetiva correspondente ao mínimo valor de σ'_h alcançado desde o último *MPLP*
$(\sigma'_{h\,RMLP},\ \sigma'_{v\,RMLP})$	Tensão horizontal e vertical efetiva correspondente ao máximo valor de σ'_h alcançado durante o mais recente ciclo de carga
$(\sigma'_{h\,RMUP},\ \sigma'_{v\,RMUP})$	Tensão horizontal e vertical efetiva correspondente ao mínimo valor de σ'_h alcançado durante o mais recente ciclo de descarga
$(\sigma'_{h\,r},\ \sigma'_{v\,r})$	Ponto de interseção entre o caminho de tensões no descarregamento e a linha k_0 (carregamento virgem)
Δ	Diferença no valor da tensão horizontal efetiva entre *MPLP* e *CMUP*
β	Fração de Δ considerada num recarregamento completo de *CMUP* até *R*
α^*	Coeficiente de descarregamento modificado

A Fig. 8.18 ilustra o caminho de tensões proposto pelo método de Duncan e Seed (1986), no qual são apresentados sucessivos ciclos de carga-descarga.

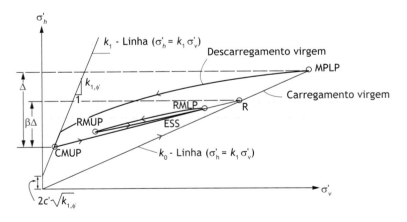

Fig. 8.18 *Componentes do modelo histerético de Duncan e Seed (1986)*

O modelo é definido pelos autores na forma de "regras", listadas a seguir.

Carregamento inicial ou virgem é definido como o carregamento cuja tensão vertical efetiva ultrapassa a magnitude de todas as tensões anteriores e que segue a linha k_0 (1 − sen ϕ'), estabelecendo-se, dessa forma, um novo ponto de máximo, o ponto MPLP.

$$\sigma'_h = k_0\, \sigma'_v \qquad (8.3)$$

Descarregamento virgem é qualquer descarregamento da tensão vertical efetiva, a partir do ponto MPLP, seguindo o caminho de tensões definido pela equação a seguir, estabelecendo-se, dessa forma, um novo ponto mínimo de descarregamento, o ponto CMUP.

$$\sigma'_h = k_0{'}\, \sigma'_v \qquad (8.4)$$

em que:

$k_0{'} = k_0\, (OCR)^\alpha$;

$OCR = \dfrac{\sigma'_{vMPLP}}{\sigma'_{vESS}}$.

Todo descarregamento está sujeito à condição-limite de ruptura passiva.

$$\sigma'_h \leq k_1\, \sigma'_v \qquad (8.5)$$

em que o parâmetro k_1 é função de c' e ϕ'.

Recarregamento virgem é definido como o primeiro ciclo de recarregamento depois de estabelecido o novo ponto CMUP, seguindo o caminho linear de tensões a partir de CMUP até o ponto de recarregamento R, que é estabelecido da seguinte forma:

$$\sigma^*_{h,r} = \sigma'_{h\,CMUP} + \beta\,\Delta \qquad (8.6)$$

$$\sigma^*_{v\,r} = \dfrac{\sigma^*_{h\,r}}{k_0} \qquad (8.7)$$

em que:

$$\Delta = \sigma'_{h\,MPLP} - \sigma'_{h\,CMUP}$$

O recarregamento virgem segue um caminho linear de tensões, cuja inclinação aumenta com o aumento do grau de descarregamento (Fig. 8.19).

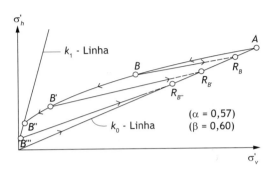

Fig. 8.19 *Típico caminho de tensões do modelo histerético - k_0*
Fonte: Duncan e Seed (1986).

O recarregamento não virgem segue um caminho de tensões desde *RMUP* até *R*, seguindo a linha k_0 até o ponto *MPLP*. Carregamentos em níveis acima desse ponto constituirão um novo carregamento virgem. Quando qualquer descarregamento atinge níveis de tensão mais elevados do que *R*, porém inferiores a *MPLP*, será estabelecido um novo ponto *R* para os subsequentes ciclos de recarregamento.

Descarregamento não virgem partindo de um ponto na linha k_0 (o que implica que o mais recente descarregamento ultrapassou o antigo valor de *R* e estabeleceu um novo ponto *R*, sem ultrapassar, portanto, o ponto *MPLP*) seguirá o caminho de tensões definido a seguir:

$$\frac{\sigma'_h}{\sigma'_v} = k_0 \left(\frac{\sigma'_{v\,RLMP}}{\sigma'_{v\,ESS}} \right)^{\alpha^*} \quad (8.8)$$

em que α^* é tal que o descarregamento passa pelo ponto *CMUP*, logo:

$$\alpha^* = \frac{\ln\left(\dfrac{\sigma'_{h\,CMUP}}{k_0\,\sigma'_{v\,CMUP}}\right)}{\ln\left(\dfrac{\sigma'_{v\,RMLP}}{\sigma'_{v\,CMUP}}\right)} \quad (8.9)$$

Todo descarregamento abaixo de *CMUP* constitui um descarregamento virgem.

Descarregamento não virgem a partir de um ponto acima da linha k_0 segue um caminho de tensão do tipo α^* (Fig. 8.20). O ponto no qual o descarregamento começa (ponto C) é, a princípio, projetado verticalmente para baixo até a linha k_0 (ponto C'). O ponto B (CMUP), da mesma forma, é projetado verticalmente para baixo com a mesma distância, estabelecendo-se o ponto B'. O caminho de descarregamento do tipo α^* do ponto C' ao ponto B' é calculado conforme as Eqs. 8.8 e 8.9.

Cousens e Pinto (1996) realizaram uma série de ensaios em modelos reduzidos com face em blocos pré-moldados que foram construídos com 30 cm de altura. Dois comprimentos de reforços foram testados, de 8 cm e 12 cm, assim como três espaçamentos verticais. Foram, também, simuladas diferentes fundações.

O solo utilizado pelos autores foi uma areia de granulometria média com peso específico mínimo

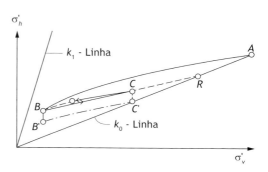

Fig. 8.20 Caminho de tensões para o descarregamento - k_0
Fonte: Duncan e Seed (1986).

de 14,4 kN/m³ e máximo de 16,8 kN/m³. Ensaios realizados mostraram um ângulo de atrito de pico de 40° e 35° pós-pico, quando testado para uma tensão normal na faixa de 0 a 30 kN/m². O ângulo de atrito entre a areia e a face foi de 37°.

A sobrecarga foi aplicada através de uma bolsa de água que ocupava todo o topo do modelo. A compactação foi realizada em camadas de 30 mm de altura, através de uma placa vibratória a ar comprimido.

Os autores salientam que o comportamento dos modelos reforçado e não reforçado foi semelhante durante o reaterro, em que muito pouco deslocamento foi verificado durante o simples lançamento da camada, sendo que grande parte do deslocamento originou-se do processo de compactação.

A Fig. 8.21 apresenta a movimentação horizontal do muro durante sua construção para o caso de uma fundação rígida.

Cousens e Pinto (1996) verificaram que, em muros compactados, os deslocamentos horizontais são muito maiores durante a fase de construção do que os induzidos durante a aplicação da sobrecarga. Ressaltam que um incremento de carga causou deslocamentos até

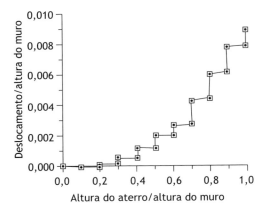

Fig. 8.21 *Movimentação horizontal durante a construção do muro*
Fonte: Cousens e Pinto (1996).

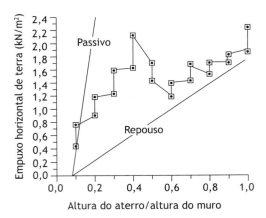

Fig. 8.22 *Tensão horizontal durante a construção do muro*
Fonte: Cousens e Pinto (1996).

15 vezes maiores quando aplicado durante a fase de construção em comparação com os deslocamentos medidos decorrentes do mesmo incremento de carga aplicado no período pós-construção.

A Fig. 8.22 exibe a variação da tensão horizontal do muro ao longo de sua construção.

Segundo os autores, a compactação aumenta a tensão horizontal nas proximidades da camada na qual está atuando, sendo seu efeito rapidamente reduzido em grandes profundidades. O coeficiente do empuxo é inicialmente alto e, à medida que o reaterro vai prosseguindo, há uma diminuição do seu valor até um ponto a partir do qual o efeito da compactação se mostra desprezível.

Saramago (2002), por meio de ensaios em modelos físicos no Laboratório de Geotecnia da Coppe/UFRJ, verificou que, tal como descrito por Ehrlich e Mitchell (1995), a compactação pode ser considerada como um tipo de "pré-carregamento" do solo. O efeito da compactação não se limita à redução do índice de vazios, mas propicia, também, um aumento das tensões horizontais no interior da massa de solo reforçado, gerando um material pré-tensionado. Verificou, também, que a compactação promove deslocamentos durante o período construtivo, diminuindo, por conseguinte, os recalques e os deslocamentos horizontais no período pós-construtivo.

Saramago (2002) e Saramago e Ehrlich (2003) apresentam os ensaios realizados no Laboratório de Modelos Físicos anexo ao Laboratório de Geotecnia da Coppe/UFRJ. Foram montados cinco muros de solo reforçado, sendo monitoradas as tensões desenvolvidas ao longo dos reforços e os deslocamentos horizontais internos e da face dos muros. O solo utilizado nas construções dos modelos foi um quartzo moído bem graduado, e o reforço, uma geogrelha flexível de poliéster (Fortrac 80/30-20). Em todas as montagens foi empregada face de blocos pré-moldados (Terrae-W). A caixa do modelo foi construída em concreto armado com 2 m de largura, 3 m de profundidade e 1,5 m de altura.

A Fig. 8.23 apresenta as características do modelo físico adotado, com quatro camadas de reforços com espaçamento vertical de 0,4 m e comprimento de 2,12 m, contados a partir da face interna do bloco.

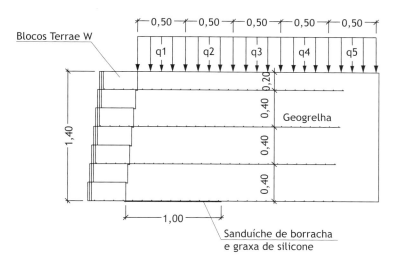

Fig. 8.23 *Representação dos muros construídos na Coppe/UFRJ*
Fonte: Saramago (2002).

Na construção dos modelos foram utilizados dois compactadores: uma placa vibratória a gasolina (Dynapac LF 81) e um soquete vibratório (Dynapac LC 71-ET).

A Fig. 8.24 ilustra os deslocamentos medidos da face de um modelo físico de muro de solo reforçado durante a aplicação de estágios de sobrecarga (em relação ao logaritmo da pressão aplicada através dos *air bags*). As fases de carregamento e descarregamento virgem estão apresentadas na referida figura.

Nota-se que, a partir da tensão vertical correspondente à induzida pelo compactador (soquete vibratório – "sapo"), há um aumento do incremento dos deslocamentos horizontais da face do muro em toda a sua altura.

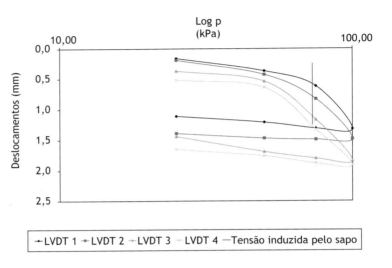

Fig. 8.24 *Deslocamentos medidos da face de um modelo físico de muro de solo reforçado*
Fonte: Saramago (2002).

8.5 Estabilidade externa

Para o dimensionamento de um muro de solo reforçado, é necessária a verificação da estabilidade externa, da mesma forma realizada para muros de peso tradicionais. Isto é, precisa-se verificar a estabilidade quanto ao deslizamento, tombamento, capacidade de carga das fundações e estabilidade global.

Os fatores de segurança em relação à estabilidade externa são aqueles preconizados pela NBR 11682 (ABNT, 2009).

Na Tab. 8.4, retirada da referida norma, encontram-se os fatores de segurança em relação ao tombamento, ao deslizamento e à capacidade de carga das fundações (critério determinístico).

Em relação à estabilidade global, os fatores de segurança podem variar de 1,3 a 1,5, conforme a própria norma estabelece (Tab. 8.5).

TAB. 8.4 REQUISITOS PARA A ESTABILIDADE DE MUROS DE CONTENÇÃO

Verificação da segurança	Fator de segurança mínimo
Tombamento	2,0
Deslizamento na base	1,5
Capacidade de carga da fundação	3,0

Nota: na verificação da capacidade de carga da fundação, podem ser alternativamente utilizados os critérios e fatores de segurança preconizados pela NBR 6122 (ABNT, 2010).
Fonte: NBR 11682 (ABNT, 2009).

TAB. 8.5 FATORES DE SEGURANÇA EM RELAÇÃO À ESTABILIDADE GLOBAL

Nível de segurança contra danos materiais e ambientais	Nível de segurança contra danos a vidas humanas		
	Alto	Médio	Baixo
Alto	1,5	1,5	1,4
Médio	1,5	1,4	1,3
Baixo	1,4	1,3	1,2

Nota 1: no caso de grande variabilidade dos resultados dos ensaios geotécnicos, os fatores de segurança da tabela acima devem ser majorados em 10%. Alternativamente, pode ser usado o enfoque semiprobabilístico indicado no anexo D.
Nota 2: no caso de estabilidade de lascas/blocos rochosos, podem ser utilizados fatores de segurança parciais, incidindo sobre os parâmetros γ, ϕ, c, em função das incertezas sobre estes parâmetros. O método de cálculo deve ainda considerar um fator de segurança mínimo de 1,1. Este caso deve ser justificado pelo engenheiro civil geotécnico.
Nota 3: esta tabela não se aplica aos casos de rastejo, voçorocas, ravinas e queda ou rolamentos de blocos.
Fonte: NBR 11682 (ABNT, 2009).

8.6 ESTABILIDADE INTERNA

8.6.1 Métodos de equilíbrio-limite

São os métodos mais difundidos e empregados para a análise da estabilidade interna de estruturas reforçadas. Tamanha repercussão no meio técnico pode ser explicada pela facilidade de seu emprego.

Vários são os métodos existentes, entre eles Jewell (1985), Schmertmann et al. (1987), Leshchinsky e Boedeker (1989), Juran e Chen (1989), Juran, Ider e Farrag (1990) e muito outros. Não cabe neste trabalho, porém, a descrição dos referidos métodos.

Os métodos de análise de estruturas de solo reforçado baseados em equilíbrio-limite analisam a estrutura na situação de colapso iminente. O colapso estrutural é admitido a partir de reduções nos parâmetros de resistência do solo e do reforço. Dessa forma, atinge-se uma condição de trabalho com segurança em relação ao colapso da estrutura.

Esses métodos baseados em equilíbrio-limite diferenciam-se, em geral, pela geometria adotada para a superfície potencial de ruptura e/ou pelo procedimento de equilíbrio empregado (Silva; Abramento,1995).

Silva e Abramento (1995) ressaltam que, em geral, soluções baseadas em método de equilíbrio-limite envolvem a separação do maciço reforçado nas zonas ativa, correspondendo ao mecanismo de escorregamento que maximiza a resultante de empuxo necessária ao equilíbrio, e resistente (ou passiva), adjacente à superfície crítica, na qual o reforço deve possuir comprimento de ancoragem suficiente para evitar seu arrancamento.

Segundo os mesmos autores, algumas hipóteses são bastante frequentes nas metodologias baseadas em equilíbrio-limite, a saber:
- talude reforçado com crista horizontal, inclinação da face constante e fundação com capacidade de carga adequada;
- distribuição do empuxo linearmente crescente com a profundidade;
- solo homogêneo e não coesivo.

Ehrlich e Silva (1992, p. 16) ponderam que

> os métodos baseados em equilíbrio limite são teoricamente válidos em análises cujo objetivo seja o estudo da estabilidade global. Por outro lado, verificações de estabilidade local são também necessárias de forma a evitar-se que a falência em determinado nível de reforço comprometa o conjunto, num processo de ruptura progressiva. Adota-se, para esse fim, comumente, um crescimento linear da tração nos reforços com a profundidade.

Dessa forma, a análise de estabilidade local precisa da consideração de outros aspectos importantes, como dilatância do solo, compatibilidade de tensões e deformações solo/reforço e influência da compactação.

Silva e Abramento (1996) ressaltam que os métodos baseados em equilíbrio-limite são inadequados para a estimativa da magnitude e da distribuição da tensão no reforço na condição de carga de trabalho.

8.6.2 Método de Ehrlich e Mitchell (1994)

Ehrlich e Mitchell (1994) desenvolveram um método analítico fechado de cálculo de estruturas de solo reforçado baseado na compatibilidade de deformações no solo e no reforço, considerando no modelo a influência da rigidez de ambos, assim como da compactação. Tal método é aplicável a taludes verticais, submetidos ao peso próprio, sendo o solo puramente friccional ou não e com poropressão nula.

O reforço é modelado como um material elástico linear com uma perfeita aderência na interface com o solo adjacente no ponto de tensão máxima. Isso significa que não há deslizamento entre o solo e o reforço e que os dois materiais possuem a mesma deformação nessa região.

O modelo considera que cada camada de reforço é responsável pelo equilíbrio horizontal local de uma faixa de solo localizada na zona ativa, com espessura S_v e largura S_h, em que S_v e S_h são os espaçamentos verticais e horizontais entre reforços.

Tem-se, então:

$$T - S_h \, S_v (\sigma_h)_{ave} = 0 \qquad (8.10)$$

em que:

T = tensão máxima no reforço;

$(\sigma_h)_{ave}$ = tensão horizontal média do solo, entre as profundidades Z_m e Z_n, atuante no plano vertical e normal ao reforço, no ponto referente à tensão máxima;

S_v = espaçamento vertical entre reforços;

S_h = espaçamento horizontal entre reforços.

A Fig. 8.25 apresenta o mecanismo de equilíbrio interno. O modelo considera que as tensões cisalhantes são nulas na direção dos reforços, entre fatias de solo adjacentes ($\tau_x = 0$). Dessa forma, as tensões horizontais e verticais são mantidas como principais.

As equações constitutivas do modelo do solo utilizado são uma versão modificada daquelas do modelo hiperbólico elástico não linear apresentado por Duncan et al. (1980). O modelo considera que, durante o carregamento inicial, o coeficiente de Poisson é constante e igual à condição no repouso. Já no descarregamento, o coeficiente de Poisson é determinado com base no método de Duncan e Seed (1986). Essa modelagem permite a consideração da tensão induzida pela compactação.

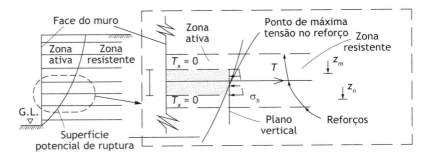

Fig. 8.25 Mecanismo de equilíbrio interno
Fonte: Ehrlich e Mitchell (1994).

O modelo apresenta uma simplificação dos diversos caminhos de tensão a que uma camada está sujeita durante o processo de compactação. Considera-se, nessa modelagem, que o solo ao redor do reforço, no ponto correspondente à tração máxima, está sujeito a apenas um ciclo de carga-descarga. Dessa forma, as tensões em cada camada são calculadas somente uma única vez, sendo esse cálculo independente das demais camadas, considerando a altura final da camada.

A Fig. 8.26 apresenta o caminho de tensões considerado no modelo. Ressalta-se que σ'_z representa a tensão efetiva vertical, e σ'_{zc}, a máxima tensão vertical, incluindo o efeito da compactação.

O carregamento, devido ao peso da(s) camada(s) mais a tensão induzida pela compactação, é representado pelo segmento 1-2-3. O caminho é modelado em duas etapas por pura conveniência de análise. O trecho inicial (segmento 1-2) corresponde à etapa na qual se tem um carregamento vertical sem nenhuma deformação lateral e, no seguinte (2-3), verifica-se um carregamento com deformação horizontal sob tensão horizontal constante.

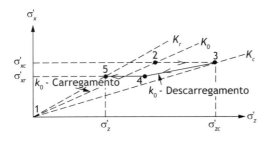

Fig. 8.26 Caminho de tensões do modelo
Fonte: Ehrlich e Mitchell (1994).

O descarregamento também é dividido em dois segmentos. Do ponto 3 ao 4, o descarregamento ocorre sem deformação horizontal até se atingir a tensão horizontal residual σ'_{xr}. No segmento 4-5, o descarregamento ocorre com deformação horizontal e sob uma tensão horizontal constante até atingir o ponto correspondente a σ'_z. Ressalta-se que as tensões verticais e horizontais se mantiveram como principais durante todo o ciclo de carga-descarga.

Verifica-se, no modelo, a possibilidade de se ter σ'_z igual a σ'_{zc} caso não haja compactação ou em profundidades em que a tensão vertical, devido ao peso das camadas sobrejacentes de solo, seja maior do que as tensões induzidas pela compactação.

Ehrlich e Mitchell (1994) citam os resultados dos ensaios de Campanella e Vaid (1972), que mostram o comportamento de múltiplos ciclos de carga-descarga sob a condição k_0 (Fig. 8.27).

Pela figura, verifica-se que o estado de tensão residual (ponto E) pode ser determinado de forma conservativa quando da utilização de apenas um ciclo de carga, isto é, o ponto III possui um valor de tensão horizontal maior do que a tensão horizontal relativa ao ponto E, obtido em ciclos subsequentes.

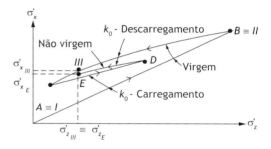

Fig. 8.27 Caminho de tensões típico para ensaio de histerese sob condição k_0
Fonte: Ehrlich e Mitchell (1994).

Os autores salientam, ainda, que a hipótese de não rotação das tensões principais é uma simplificação do modelo. Estudos realizados em modelos mostram que a superfície potencial de ruptura é perpendicular à superfície do solo no topo do muro. Logo, existe uma rotação do plano de tensões principais em relação à orientação inicial. Todavia, os autores afirmam que comparações com resultados de vários modelos em verdadeira grandeza mostram a boa concordância do método.

A compactação no modelo é representada por um carregamento unidimensional equivalente ao carregamento transiente, superficial e de extensão lateral finita. A máxima tensão vertical equivalente (σ'_{zc}), que inclui o efeito da compactação, é definida da seguinte forma:

$$\sigma'_{zc} = \frac{\sigma'_{xp}}{k_0} \qquad (8.11)$$

em que:

σ'_{xp} = pico de tensão horizontal induzido no ponto de interesse, incluindo o efeito do peso das camadas sobrejacentes mais a tensão induzida pela operação de compactação, considerando a inexistência de deformação lateral.

A deformação lateral da camada de solo reforçado, na direção dos reforços, reduz a tensão horizontal máxima induzida pela compactação em comparação com a tensão máxima que existiria no caso de ausência da referida deformação. Logo, a tensão horizontal máxima induzida pela compactação é função da rigidez do reforço utilizado. Todavia, a tensão vertical induzida pela compactação ($\sigma'_{zc,i}$) pode ser considerada como independente das deformações horizontais e ser determinada, por conveniência analítica, para a condição k_0 da seguinte forma:

$$\sigma'_{zc,i} = \frac{\sigma'_{xp,i}}{k_0} \quad (8.12)$$

sendo (Jaky, 1944):

$$k_0 = 1 - \operatorname{sen} \phi' \quad (8.13)$$

em que:

ϕ = ângulo de atrito efetivo;

k_0 = coeficiente de empuxo no repouso;

$\sigma'_{xp,i}$ = máxima tensão horizontal que poderia ter sido induzida pela compactação da camada de solo, na ausência de deformação lateral na direção do reforço.

A modelagem da compactação como carregamento unidimensional é uma simplificação. Na região próxima à superfície e abaixo do rolo, o solo pode estar num estado de ruptura plástica (Fig. 8.28). Considerando o rolo movendo-se paralelamente à face do muro e uma condição de ruptura do solo do tipo estado plano de deformações ($\varepsilon_x = 0$ na direção dos reforços), $\sigma'_{xp,i}$ é dado pela seguinte expressão para um solo não coesivo:

$$\sigma'_{xp,i} = \upsilon_0 \left(1 + k_a\right) \left[\frac{0,5\gamma' Q N_\gamma}{L}\right]^{\frac{1}{2}} \quad (8.14)$$

e

$$k_a = \operatorname{tg}^2(45° - \phi'/2) \qquad (8.15)$$

em que:

Q = máxima força de operação vertical imposta pelo rolo;
L = comprimento do rolo compactador;
γ = peso específico do solo;
k_a = coeficiente de empuxo ativo;
v_0 = coeficiente de Poisson para a condição k_0 ($v_0 = k_0/(1+k_0)$);
N_γ = fator de capacidade de carga do solo segundo a teoria de Rankine, definido da seguinte forma:

$$N_\gamma = \operatorname{tg}(45° + \phi'/2)[\operatorname{tg}^4(45° + \phi'/2) - 1] \qquad (8.16)$$

Para profundidades onde a tensão decorrente do peso das camadas sobrejacentes (σ'_z) ultrapassa a máxima tensão vertical, incluindo a induzida pela compactação ($\sigma'_{zc,i}$), (σ'_z) = (σ'_{zc}). Para profundidades menores, (σ'_{zc}) = ($\sigma'_{zc,i}$).

A máxima tensão no reforço (T), em qualquer camada de reforço, pode ser determinada para a condição final de construção da seguinte forma:

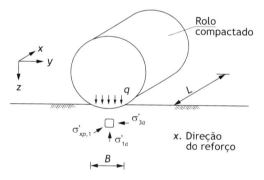

Fig. 8.28 *Plastificação da região logo abaixo do rolo*
Fonte: Ehrlich e Mitchell (1994).

$$T = S_v\, S_h\, \sigma'_{xr} = S_v\, S_h\, k_r\, \sigma'_z \qquad (8.17)$$

em que:

σ'_z = tensão vertical efetiva no solo no ponto de máxima tensão no reforço, na interface solo-reforço;

k_r = coeficiente de empuxo residual correspondente ao final da construção.

A equação a seguir, resolvida por meio de iterações, determina o valor de k_r, a saber:

$$\frac{1}{S_i}\left(\frac{\sigma'_z}{P_a}\right)^n = \frac{\left(1-v_{un}^2\right)\left[\left(k_r-k_{\Delta 2}\right)-\left(k_c-k_{\Delta 2}\right)OCR\right]}{\left(\frac{k_u}{k}\right)\left(k_c\,OCR-k_r\right)k_r^n} \quad (8.18)$$

com:

$$S_i = \frac{E_r\,A_r}{k\,P_a\,S_v\,S_h} \quad (8.19)$$

$$OCR = \frac{\sigma'_{zc}}{\sigma'_z} \quad (8.20)$$

em que:
S_i = índice de rigidez relativa solo-reforço;
k = módulo de Duncan et al. (1980) para o carregamento;
k_u = módulo de Duncan et al. (1980) para o descarregamento;
n = módulo expoente de Duncan et al. (1980);
P_a = pressão atmosférica;
E_r = módulo de elasticidade do reforço;
A_r = área da seção transversal do reforço;
OCR = razão de sobreadensamento.

O coeficiente de Poisson para o descarregamento a partir da condição de repouso é dado por:

$$v_{un} = \frac{k_{\Delta 2}}{\left(1+k_{\Delta 2}\right)} \quad (8.21)$$

e

$$k_{\Delta 2} = \frac{k_0\left(OCR-OCR^\alpha\right)}{\left(OCR-1\right)} \quad (8.22)$$

em que:
$k_{\Delta 2}$ = coeficiente de decréscimo do empuxo lateral para descarregamento sob condição k_0;
α = coeficiente de descarregamento de Duncan e Seed (1986).

Segundo os autores, o coeficiente de descarregamento α pode ser relacionado com sen ϕ' com base em ensaios de laboratório realizados por Belloti, Ghionna e Jamiolkowski (1983), a saber:

$$a = 0{,}7 \operatorname{sen} \phi' \qquad (8.23)$$

A determinação de k_c realiza-se da seguinte forma:

$$\frac{1}{S_i}\left(\frac{\sigma'_{zc}}{P_a}\right)^n = \frac{\left(1-v_0^2\right)\left(1-k_{aa}\right)^2 \left(k_0 - k_c\right) k_0}{\left(k_c - k_{aa}\right)\left(k_0 - k_{aa}\right) k_c^n} \qquad (8.24)$$

$$k_{aa} = \frac{k_a}{\left[\left(1-k_a\right)\left(\dfrac{\dfrac{c'}{\sigma'_{zc} k_c \operatorname{tg} \phi'} + 1}{R_f}\right) + k_a\right]} \qquad (8.25)$$

em que:
k_{aa} = coeficiente de empuxo ativo equivalente;
c' = coesão efetiva;
R_f = parâmetro do modelo hiperbólico de Duncan et al. (1980).

Os autores realizaram estudos paramétricos e, com base nos resultados, elaboraram uma série de ábacos adimensionais para o cálculo da tensão máxima que se desenvolve nos reforços (Fig. 8.29).

O parâmetro β representa a extensibilidade relativa solo-reforço e é definido da seguinte forma:

$$\beta = \frac{\left(\dfrac{\sigma'_{zc}}{P_a}\right)^n}{S_i} \qquad (8.26)$$

Os ábacos foram elaborados para $c' = 0$ e $R_f = 0{,}8$. As linhas tracejadas indicam os valores das tensões correspondentes à condição ativa, no repouso, e passiva do solo arrimado. O efeito da compactação é representado pela razão $\frac{\sigma'_z}{\sigma'_{zc}}$; caso não haja compactação, $\frac{\sigma'_z}{\sigma'_{zc}} = 1$.

A Fig. 8.30 apresenta os resultados obtidos por Ehrlich e Mitchell (1994), por meio de análises paramétricas de um caso hipotético, para a influência típica da compactação e da rigidez do reforço. Ressalta-se ser $Z_{eq} = \sigma'_z/\gamma'$.

Com base nos estudos paramétricos, os autores concluem que:

- O empuxo lateral de terra $(T/S_v\, S_h)$ é função de S_i, Z_c, Z_{eq} e γ'.
- A compactação (Z_c) pode ser o fator de maior influência na tensão horizontal a baixas profundidades.
- Para profundidades equivalentes maiores do que Z_c, a tensão induzida pela compactação é ultrapassada pela tensão oriunda das camadas sobrejacentes.
- A influência da compactação na tensão horizontal aumenta proporcionalmente com a diminuição de S_i.
- Aumentando-se S_i, em geral aumenta-se a tensão horizontal, porém, a pequenas profundidades, o efeito oposto pode ser verificado, dependendo da compactação, isto é, do valor de Z_{eq}/Z_c.
- O coeficiente de empuxo k pode ser maior do que k_0 no topo do muro e maior do que k_a para profundidades maiores do que 6,1 m, dependendo do valor da rigidez solo-reforço (S_i) e da compactação.
- k_0 é a condição-limite superior do coeficiente de empuxo k, caso não haja compactação do aterro.

Pode-se dizer que o método de Ehrlich e Mitchell (1994), em comparação com métodos de equilíbrio-limite, é mais "trabalhoso" para o projetista. A utilização de programas de computador facilita em muito o dimensionamento da estrutura de solo reforçado com o respectivo método.

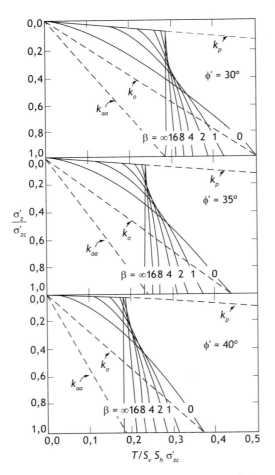

Fig. 8.29 *Ábacos para a determinação de $T_{máx}$*
Fonte: Ehrlich e Mitchell (1994).

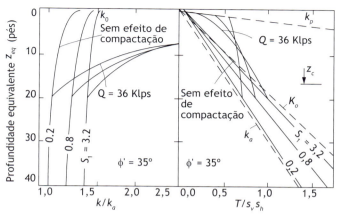

Fig. 8.30 *Influência típica da compactação e da rigidez dos reforços*
Fonte: Ehrlich e Mitchell (1994).

8.7 Recomendações na execução de muros de solo reforçado

O material de fundação do muro de solo reforçado deve possuir características que propiciem um fator de segurança adequado em relação à capacidade de carga da fundação, conforme preconizado pela norma vigente. As condições para o cálculo da estabilidade externa são as mesmas utilizadas para qualquer muro de peso.

Ressalta-se que, para o caso de solos moles e compressíveis, onde é possível a ocorrência de recalques diferenciais, será necessária a adoção de medidas visando ao controle das deformações indesejadas, seja através da substituição completa do material compressível, através da implantação de camadas de solo ou rachão com camadas de reforço (geossintético) (Fig. 8.31) ou mesmo através do uso de estaqueamento.

Fig. 8.31 *Reforço da fundação do muro de solo reforçado com geogrelha e rachão*
Foto: Geomaks.

As escavações necessárias para a base do muro de solo reforçado devem ser realizadas no início da obra (Fig. 8.32). O comprimento do reforço, isto é, a largura do trecho reforçado, deve ser definido em projeto, em função do cálculo da estabilidade externa e interna. Em geral, a largura da base é da ordem de 70% da altura do muro de solo reforçado.

Fig. 8.32 *Escavação para a base do muro*

A base do muro deve ser sempre horizontal e nivelada, sendo a sua profundidade em relação ao terreno em frente ao muro (embutimento) especificada no projeto. Para a maioria dos casos, o embutimento é de 40 cm a 60 cm. Alguns projetistas utilizam 10% da altura do muro como valor de referência.

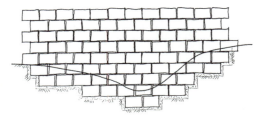

Fig. 8.33 *Vista frontal do muro e da base em camadas niveladas*
Fonte: Terrae Engenharia.

Os blocos nunca devem ser instalados inclinados, mesmo que o greide da pista ou o terreno seja inclinado longitudinalmente. A base deve ser sempre escavada em patamares horizontais com degraus de 20 cm ou 40 cm de modo que o muro acompanhe a inclinação do terreno (Fig. 8.33).

A Fig. 8.34 apresenta o detalhe de um muro com "erro construtivo". Os blocos foram instalados seguindo a inclinação do greide da rua.

Para a instalação da face de blocos, faz-se necessária a realização de uma cava de largura e profundidade a serem definidas em função do número de blocos

Fig. 8.34 *Muro implantado com "erro construtivo"*

que serão embutidos. Da mesma forma que a cava utilizada para a base do muro, deverá ser sempre horizontal e nivelada, podendo-se utilizar degraus para que se possa acompanhar a geometria do terreno.

A primeira linha de blocos pode ser assente sobre uma camada de concreto magro ("fresco"), argamassa ("fresca") ou areia compacta (Figs. 8.35 e 8.39).

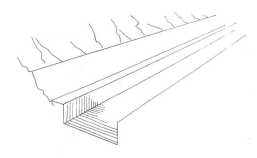

Fig. 8.35 *Preparação da base e abertura da cava para a primeira linha de blocos*
Fonte: Terrae Engenharia.

Fig. 8.36 *Assentamento da primeira camada de blocos*

Fig. 8.37 *Implantação da base em camadas niveladas*

Fig. 8.38 *Assentamento e controle de alinhamento*

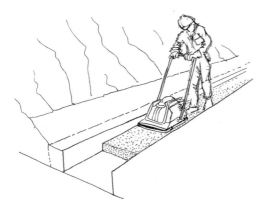

Fig. 8.39 *Compactação da camada de base da primeira linha de blocos*
Fonte: Terrae Engenharia.

A Fig. 8.40 apresenta um detalhe típico do embutimento dos blocos.

No interior da cava, deve ser instalada a primeira linha de blocos, iniciando-se sempre pelo ponto mais baixo do muro.

O controle do nivelamento e do alinhamento dessa primeira linha de blocos será fundamental para a continuidade de execução de todo o muro dentro das condições adequadas (Fig. 8.41). Erros no controle do nivelamento e do alinhamento nesse momento se propagarão durante toda a execução do muro. Cada bloco deve ser alinhado pelas linhas e nivelado individualmente e em relação aos demais com um nível de bolha comprido.

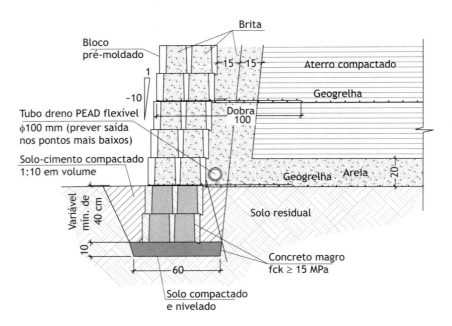

Fig. 8.40 *Detalhe típico de "pé" do muro de solo reforçado*

O projeto deve contemplar os dispositivos de drenagem que deverão ser implantados junto com o muro de solo reforçado (Figs. 8.42 a 8.44). Vale lembrar que o trecho reforçado deve ser protegido contra a presença de água, que atua alterando a tensão efetiva e, por consequência, a resistência do solo. Essa proteção pode ser realizada pela implantação de camadas drenantes (em geral, areias) seja na base do muro (camada horizontal), seja junto à camada de blocos e ao trecho não reforçado.

Fig. 8.41 Posicionamento dos blocos e detalhes de alinhamento e nivelamento
Fonte: Terrae Engenharia.

Fig. 8.42 Camada de brita e areia junto à face de blocos

Fig. 8.43 Implantação de dispositivo de drenagem junto à face de blocos

Fig. 8.44 Dispositivo de drenagem junto à face do muro de solo reforçado

Caso necessário, deverá ser elaborado um projeto específico de drenagem superficial e drenagem profunda (DHP).

É importante ressaltar que a compactação deve sempre iniciar junto aos blocos, numa faixa de aproximadamente 1 m de largura, com equipamento leve ("sapo" ou placa vibratória) (Fig. 8.45), e seguir em direção ao talude com equipamentos mecânicos de maior porte, capazes de aplicar uma maior tensão vertical durante o processo de compactação (rolos). O uso desse equipamento de eficiência mais baixa junto à face de blocos se deve à tensão horizontal induzida durante o processo de compactação, que pode gerar deslocamentos horizontais indevidos da face de blocos. Salienta-se, também, o cuidado necessário para não posicionar o compactador diretamente sobre os blocos, com o intuito de evitar possíveis danos a eles (Fig. 8.46).

Fig. 8.45 *Compactação com rolo e soquete vibratório ("sapo")*

Fig. 8.46 *Colocação do material drenante, aterro e sequência de compactação. Não compactar diretamente sobre os blocos*
Fonte: Terrae Engenharia.

Os vazios dos blocos posicionados no embutimento devem ser preenchidos com aterro, brita ou concreto, conforme a especificação do projeto.

As geogrelhas (Fig. 8.47), em geral, possuem uma direção mais resistente que a outra. Existem geogrelhas bidimensionais, porém, no caso de muros de solo reforçado, praticamente não são utilizadas. É importante o posicionamento correto da geogrelha, isto é, a direção mais resistente no sentido perpendicular à direção longitudinal do muro. Isso é feito na prática desenrolando-se o reforço a partir do muro em direção ao talude.

O erro na colocação da geogrelha pode comprometer o comportamento do muro de solo reforçado, já que, para geogrelhas utilizadas tradicionalmente, as resistências são muito diferentes em relação à direção considerada. A Fig. 8.48 ilustra a forma de implantação da geogrelha em um trecho linear.

Fig. 8.47 *Rolo de geogrelha*
Foto: Geomaks.

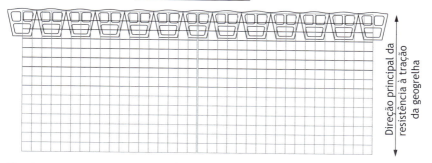

Fig. 8.48 *Implantação da geogrelha em um trecho linear*

A Fig. 8.49 apresenta o detalhe de um muro começando a ser construído com o posicionamento errado da geogrelha. Em geral, dependendo do fabricante, as geogrelhas possuem nas bordas um "espessamento" do reforço paralelo à direção de maior resistência. Estando esse "espessamento" paralelo à face de blocos, fica evidente que a geogrelha foi posicionada de forma errada, havendo a necessidade de intervenção imediata na implantação da estrutura de solo reforçado.

Implantada a geogrelha, deve ser instalada a linha de blocos sobre ela e colocada a tábua provisória para a colocação do material drenante nos vazios de trás dos

Fig. 8.49 *Implantação errada da geogrelha*

Fig. 8.50 *Implantação da geogrelha "esticada"*

blocos e entre a tábua e os blocos. A geogrelha deve ser "esticada" e presa com pequenas estacas de madeira antes do lançamento do aterro (Fig. 8.50).

A colocação das demais camadas de reforço e de blocos segue com a mesma sequência, obedecendo-se aos espaçamentos especificados no projeto. Após a compactação, deve sempre ser executada uma limpeza do "topo" dos blocos, para que a próxima linha de blocos seja assente numa superfície sem resíduos de areias e/ou brita (Figs. 8.51 a 8.54).

Fig. 8.51 *Limpeza dos blocos*
Fonte: Terrae Engenharia.

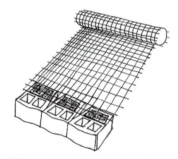

Fig. 8.52 *Posicionamento da grelha*
Fonte: Terrae Engenharia.

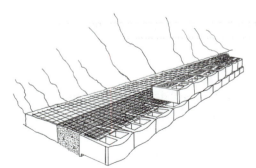

Fig. 8.53 *Colocação da camada de blocos sobre a grelha*
Fonte: Terrae Engenharia.

Fig. 8.54 *Colocação e compactação do material drenante e aterro sobre o reforço*
Fonte: Terrae Engenharia.

Verifica-se, por vezes, entre alguns empreiteiros, a prática indevida de implantar diversas camadas de blocos e até de geogrelhas antes do lançamento e da compactação do aterro, conforme a Fig. 8.55. As tensões horizontais induzidas tanto no lançamento quanto no processo de compactação podem desalinhar e desconectar a conexão reforço/bloco. O lançamento e a compactação do aterro, assim como a implantação das geogrelhas nas cotas indicadas em projeto, devem ser realizados logo após a implantação da linha de blocos.

Fig. 8.55 Construção da face e fixação da geogrelha nos blocos sem a execução do aterro compactado

A Fig. 8.56 apresenta o detalhe de uma implantação da linha de blocos e aterro compactado (com geogrelha) em sequência. Verifica-se, na referida figura, que não foi implantado o colchão drenante junto à face de blocos. Tal fato diverge da prática usual de construção de muros de solo reforçado.

A Fig. 8.57 mostra detalhes da face de blocos, camadas de reforço, material drenante (em geral, brita e areia) e aterro compactado. A Fig. 8.57A ilustra o corte de um muro com as diversas camadas e os diversos materiais, e a Fig. 8.57B, o detalhe dos diversos materiais.

Fig. 8.56 Implantação da geogrelha, face de blocos e execução do aterro

As faces do muro de solo reforçado podem ser implantadas em curva ou até em 90° (Figs. 8.58 a 8.61). O projetista deverá avaliar os reforços nesse trecho, já que não vale, para o caso, o estado plano de deformações.

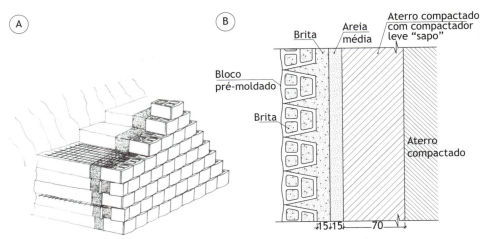

Fig. 8.57 *(A) Corte em um muro com as camadas de reforço, material drenante e aterro compactado e (B) detalhe dos materiais e diferentes compactações*
Fonte: Terrae Engenharia.

Fig. 8.58 *Implantação de um muro de solo reforçado com curva*
Foto: Geomecânica S.A.

Fig. 8.59 *Curva de um muro de solo reforçado*

Fig. 8.60 *Construção de um muro em curva*

Fig. 8.61 *Construção de um muro de solo reforçado com faces em 90°*

8 # Muro de solo reforçado

É possível implantar também o acabamento lateral em curva (Fig. 8.62). Esse acabamento proporciona à obra uma estética agradável e é extremamente eficiente no controle de águas superficiais, evitando o surgimento de erosões no entorno do muro.

Recomenda-se, em geral, a execução de uma viga de coroamento com pequenas dimensões ligando os blocos da última camada (Figs. 8.63 e 8.64). Essa viga normalmente é executada sobre os vazios posteriores dos blocos, preenchendo-os também, proporcionando assim o travamento entre os blocos e a viga.

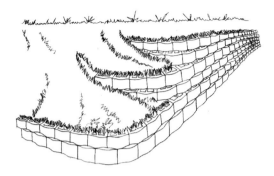

Fig. 8.62 *Acabamentos laterais em curvas e patamares escalonados*
Fonte: Terrae Engenharia.

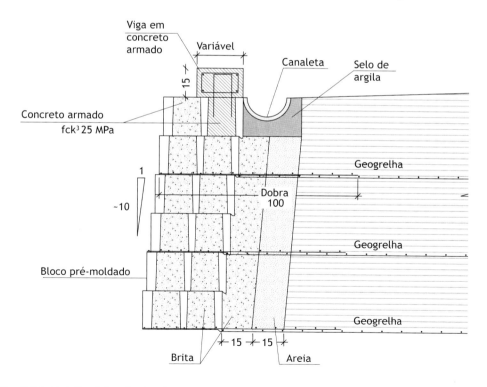

Fig. 8.63 *Detalhe típico da viga de topo*

Fig. 8.64 *Execução da viga de topo*

8.8 Eficiência da conexão entre o reforço e o faceamento

A face do muro de solo reforçado não é o agente principal no processo de estabilização. Em geral, o efeito da contribuição da face é desprezado no dimensionamento do muro de solo reforçado.

Todavia, com o aumento da rigidez da face, há um crescimento do empuxo que atua nessa superfície, gerando um aumento do confinamento do solo adjacente a ela, propiciando uma redução das deformações (Tatsuoka; Murata; Tateyama, 1992).

A presença da face rígida restringe o deslocamento da face do muro e reduz a força de tração desenvolvida nos reforços.

Faces mais rígidas tendem a atrair mais tensão para si do que as mais flexíveis. Reforços menos extensíveis transmitem maior parcela de $T_{máx}$ à face do que os deformáveis (Ehrlich; Azambuja, 2003).

Loiola (2001, p. 108), por meio de modelação numérica, verificou que, "nas estruturas com face flexível, o deslocamento vertical ocorre na mesma proporção na face e no solo, havendo uma tendência de movimento solidário. Já nos muros com face rígida, o solo se deforma verticalmente mais que a face, tendendo a promover um aumento de solicitação na conexão do reforço com a face".

Bathurst et al. (1999) concluem seu trabalho com a seguinte afirmação: "*Connection loads for the structures with a modular block facing construction are the largest loads in the reinforcement at the end-of--construction condition*".

Como já descrito anteriormente (Fig. 8.23), Saramago (2002) apresenta as características de um modelo físico, construído no Laboratório de Geotecnia da Coppe/UFRJ, com quatro camadas de reforços com espaçamento vertical de 0,4 m e comprimento de 2,12 m, contados a partir da face interna do bloco.

As Figs. 8.65 e 8.66 exibem as distribuições de trações num dos reforços em duas das montagens (A e B, respectivamente). As duas montagens foram idênticas, a menos da forma de compactação do solo. Na montagem A, o muro foi compactado somente com a placa vibratória, enquanto, na do muro B, a compactação de cada camada foi realizada com a placa vibratória e também o "sapo".

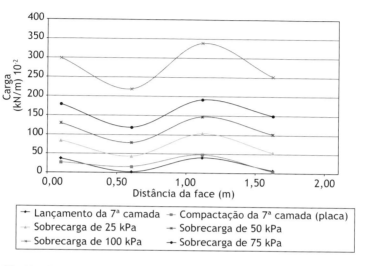

Fig. 8.65 Distribuição das cargas na quarta linha de reforço - muro A
Fonte: Saramago (2002).

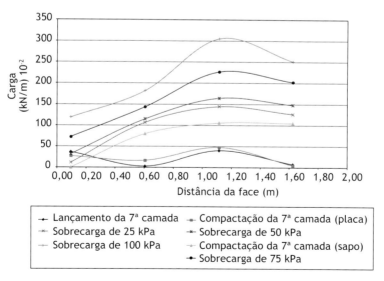

Fig. 8.66 Distribuição das cargas na quarta linha de reforço - muro B
Fonte: Saramago (2002).

Nessas figuras, referentes à quarta linha de reforço, verifica-se que, ao lançamento da sétima camada de solo, existiu uma clara tendência de as tensões de tração apresentarem-se elevadas junto à face do muro. Essa tendência manteve-se após a compactação da camada de solo com a placa.

A Fig. 8.67 ilustra um esquema de identificação dos reforços nos muros construídos no Laboratório de Modelos Físicos da Coppe/UFRJ.

Fig. 8.67 *Esquema de identificação dos reforços nos muros construídos no Laboratório de Modelos Físicos da Coppe/UFRJ*
Fonte: Saramago (2002).

No entanto, ao compactar a camada com o soquete vibratório ("sapo"), a tração junto à face caiu drasticamente (chegou a anular-se). Verifica-se também que, a partir dos últimos estágios de sobrecarga, houve um significativo aumento no incremento das trações nos reforços no caso do muro B, no qual também se utilizou o "sapo" para a compactação do solo.

Na Fig. 8.68, apresenta-se a evolução da tração máxima no reforço nos diferentes estágios de construção para a segunda, terceira e quarta linhas de reforços do muro B.

Nessa figura, fica evidenciado que, em geral, o simples lançamento de camadas de solo sobrejacentes, ou mesmo a compactação com a placa vibratória, não acarretou grandes variações no valor das trações ao longo dos reforços perante os incrementos provocados pela compactação com o soquete vibratório ("sapo").

Pode-se também concluir, com base nesses estudos, que, nos muros com face rígida, como o caso de blocos pré-moldados, o solo pode se deformar verticalmente mais do que a face, tendendo a promover um aumento de solicitação na conexão do reforço com a face. A concentração de trações junto à face pode ser bastante alta ao final do lançamento da camada de solo, mesmo após o uso de placas vibratórias leves. Porém, observou-se que a utilização de compactadores mais eficientes tende a minorar esse efeito e a reduzir o valor da tração nos reforços junto à face. Verificou-se também que uma compactação mais enérgica promove o acréscimo no valor das tensões máximas mobilizadas nos reforços e desloca a localização do ponto de tensão máxima mais para o interior da massa reforçada.

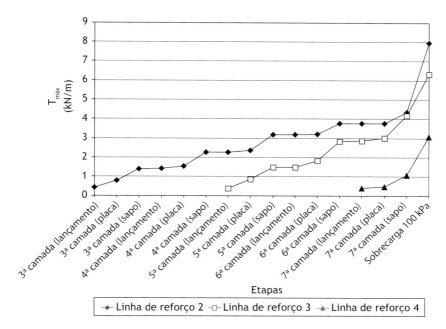

Fig. 8.68 Evolução de $T_{máx}$ ao longo do muro B
Fonte: Saramago (2002).

Vertematti (2004, p. 92) ressalta que, "em um sistema adequado de contenção em solo reforçado, a resistência admissível da conexão $P_{r,o}$ deve ser superior à máxima solicitação no reforço junto à face T_0, evitando-se, desta forma, um mecanismo de instabilização dos reforços nesta região."

Estabilidade das conexões:

$$P_{r,0} \geq T_0 \; FS \left(FS \geq 1,5 \right) \qquad (8.27)$$

Brugger e Montez (2003) discutem detalhes de projeto para muros com face em blocos segmentais (pré-moldados). Salientam o problema que denominam "penduramento" da massa de solo na face do muro em função do recalque do solo arrimado (Fig. 8.69). Segundo os autores, a situação é comum em muros altos (> 5 m), quando da utilização de baixas energias de compactação.

Dois procedimentos podem ser adotados objetivando compensar os possíveis esforços extras oriundos da movimentação relativa entre solo arrimado e face de blocos: (a) sobrelevação da camada reforçada e

(b) utilização de dupla camada de reforço junto à conexão, de forma a garantir esse acréscimo nas cargas. É possível utilizar as soluções juntas ou adotar uma ou outra, a critério do projetista.

A primeira solução (a) consiste em implantar a camada de aterro com uma cota um pouco acima da cota referente à camada de blocos onde será conectado o reforço. A diferença entre cotas, segundo os mesmos autores, permitirá que ocorra algum recalque da massa de solo arrimado sem o surgimento de esforços na conexão.

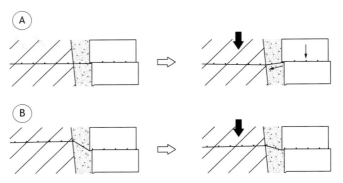

Fig. 8.69 *(A) Fenômeno do "penduramento" e (B) detalhe construtivo (sobrelevação) para a minoração do efeito*
Fonte: Brugger e Montez (2003).

A dupla camada de reforço junto à conexão (solução b) é uma solução típica para sistemas que utilizam a conexão por meio de encaixe e travamento com brita para geogrelhas. O aumento da resistência da conexão é conseguido pela inserção de uma segunda camada de geogrelha mais curta (em geral, na prática, utiliza-se 1,0 m) ou uma dobra da mesma geogrelha.

A Fig. 8.70 apresenta detalhe típico de projeto com a utilização de dupla camada de reforço junto à conexão.

Deve-se observar também que a compactação promove deslocamentos durante o período construtivo e diminui, por conseguinte, os recalques e os deslocamentos horizontais no período pós-construção (Ehrlich; Mitchell, 1995; Saramago, 2002).

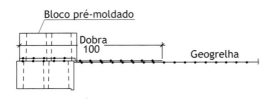

Fig. 8.70 *Dobra junto à face de blocos*

8.9 Planilha de composição de custos

A planilha exibida no Quadro 8.4 lista os itens básicos que devem fazer parte de uma composição de custos de um muro de solo reforçado.

Quadro 8.4 Planilha de composição de custos de um muro de solo reforçado

Muro de solo reforçado	
Item	**Unidade**
Blocos intertravados	un
Colchão drenante de areia	m³
Colchão drenante de brita 0	m³
Concreto magro $fck \geq 15$ MPa para a base do muro	m³
Tubo dreno PEAD	m
Geogrelhas	m²
Escavação para execução	m³
Aterro compactado	m³
Viga de topo em concreto armado ($fck \geq 20$ MPa)	m

Referências bibliográficas

ABNT – ASSOCIAÇÃO BRASILEIRA DE NORMAS TÉCNICAS. *NBR 6122*: projeto e execução de fundações. Rio de Janeiro, 1996.

ABNT – ASSOCIAÇÃO BRASILEIRA DE NORMAS TÉCNICAS. *NBR 6484:* solo – sondagens de simples reconhecimentos com SPT – método de ensaio. Rio de Janeiro, 2001.

ABNT – ASSOCIAÇÃO BRASILEIRA DE NORMAS TÉCNICAS. *NBR 11682*: estabilidade de encostas. Rio de Janeiro, 2009.

ABNT – ASSOCIAÇÃO BRASILEIRA DE NORMAS TÉCNICAS. *NBR 6122*: projeto e execução de fundações. Rio de Janeiro, 2010.

ABNT – ASSOCIAÇÃO BRASILEIRA DE NORMAS TÉCNICAS. *NBR 5629*: Tirantes ancorados no terreno – Projeto e execução. Rio de Janeiro, 2018.

AGGOUR, M. S.; BROWN, C. B. The prediction of earth pressure on retaining walls due to compaction. *Géotechnique*, v. 24, n. 4, 1974.

ALLEN, T. M. Determination of long-term tensile strenght of geosynthetics – a state of the art review. In: PROCEEDINGS OF GEOSYNTHETICS 91 CONFERENCE. Atlanta, 1991.

ALPAN, I. The empirical evaluation of the coefficient K_o and K_{or}. *Soils and Foundations, Japanese Society of Soils Mechanics Foundation Engineering*, v. 7, n. 1, p. 31-40, 1967.

AZAMBUJA, E. A influência do dano mecânico na tensão admissível dos geossintéticos em estruturas de solo reforçado. In: SIMPÓSIO SUL-AMERICANO DE GEOSSINTÉTICOS. Rio de Janeiro, 1999.

BATHURST, R. J.; WALTERS, D.; VLACHOPOULOS, N.; BURGESS, P.; ALLEN, T. M. Recent full scale testing of geosynthetic reinforced segmental retaining walls. In: GEOSSINTÉTICOS 99 – I SIMPÓSIO SUL-AMERICANO DE GEOSSINTÉTICOS – III SIMPÓSIO BRASILEIRO DE GEOSSINTÉTICOS. Rio de Janeiro, 1999. v. 2.

BELLOTI, R.; GHIONNA, V.; JAMIOLKOWSKI, M. K_o-OCR relationships in soil. *Journal of Geotechnical Engineering*, v. 109, n. 6, 1983.

BISHOP, A. W. Test requirements for measuring the coefficient of earth pressure at rest. In: PROCEEDINGS OF THE CONFERENCE ON EARTH PRESSURE PROBLEMS. Brussels, Belgium, 1958. v. 1, p. 2-14.

BJERRUM, L.; EIDE, O. Stability of strutted excavation in clay. *Géotechnique*, v. 6, n. 1, p. 32-47, 1956.

BJERRUM, L.; CLAUSEN, C. J. F.; DUNCAN, J. M. Earth pressures on flexible structures: a state of the art report. In: PROCEEDINGS OF THE 5TH EUROPEAN CONFERENCE ON SOIL MECHANICS AND FOUNDATION ENGINEERING. Madrid, 1972. v. II, p. 167.

BLUM, H. *Einspannungsverhaltnisse bei Bohlwerken*. Berlim: Wilhelm Ernst und Sohn, 1931.

BOWLES, J. E. *Foundation analysis and design*. Columbus: Mc-Graw Hill, 1977.

BOWLES, J. E. *Foundation analysis and design*. 2. ed. New York: McGraw-Hill, 1988.

BROOKER, E. W.; IRELAND, H. Earth pressures at rest related to stress history. *Canadian Geotechnical Journal*, v .2, n. 1, p. 1-15, 1965.

BRUGGER, P. J.; MONTEZ, F. T. Muros de contenção em solo reforçado com geogrelhas e blocos segmentais. In: GEOSSINTÉTICOS 2003 – IV SIMPÓSIO BRASILEIRO DE GEOSSINTÉTICOS. Porto Alegre, 2003.

CAMPANELLA, R. G.; VAID, Y. P. A simple K_0 triaxial cell. *Canadian Geotechnical Journal*, v. 9, n. 3, 1972.

CAMPANELLA, R. G.; ROBERTSON, P. K. In-situ testing of soil: try it – you'll like it! *GEOSPEC – Geotechnical News*, p. 24-27, June 1986.

CAPUTO, H. P. *Macânica dos Solos e suas aplicações*: fundamentos. v. 1, 6. ed. Rio de Janeiro: Livros Técnicos e Científicos Editora, 1988.

CASPE, M. S. Surface settlement adjacent to braced open cuts. *Journal of the Soil Mechanics and Foundations Division – ASCE*, v. 92, n. SM4, p. 51-59, 1966.

CAVALCANTE, E. H. *Investigação teórico-experimental sobre o SPT*. 2002. Tese (Doutorado) – Programa de Engenharia Civil, Coppe/UFRJ, Rio de Janeiro, 2002.

CHRISTOPHER, B. R.; GILL, S. A.; GIROUD, J. P.; JURAN, I.; MITCHELL, J. K.; SCHLOSSER, F.; DUNNICLIFF, J. *Reinforced soil structures*: design and construction guidelines. 1990.

CINTRA, J. C. A.; AOKI, N. *Fundações por estacas*: projeto geotécnico. São Paulo: Oficina de Textos, 2011.

CLOUGH, G. W.; HANSEN, L. A. Clay anisotropy and braced wall behavior. *Geotechnical Journal – ASCE*, July, p. 893-913, 1981.

CLOUGH, G. W.; O'ROURKE, T. D. Construction-induced movements of in situ walls: proceedings, design and performance of earth retaining structures. In: ASCE SPECIAL CONFERENCE. Ithaca, Nova York, 1990. p. 439-470.

CLOUGH, G. W.; DUNCAN, J. M. Earth pressure. In: FANG, H. Y. *Foundation engineering handbook*. New York: Van Nostrand Reinhold, 1991. p. 224-235.

CORNFIELD, G. M. Sheet pile structures: foundation engineering handbook. In: WINTERKORN, H. F.; FANG, H. Y. (Ed.). *Soil technology and engineering properties of soils.* New York: Van Nostrand Reinhold, 1975.

COUSENS, T. W.; PINTO, M. I. M. The effect of compaction on model fabric reinforced brick faced earth retaining walls. In: *Earth reinforcement.* Rotterdam: Balkema, 1996. v. 1.

CRAIG, R. F. *Soil Mechanics.* New York: Van Nostrand Reinhold, 1974.

CRAIZER, W. *Micro-ancoragens.* Dissertação (Mestrado) – Coppe/UFRJ, 1981.

CULMANN, C. *Die Graphische Statik.* Zurique, 1866.

DANTAS, B. T.; EHRLICH, M. Métodos de análise de taludes reforçados sob condições de trabalho. *Solos e Rochas,* v. 23, 2000a.

DANTAS, B. T.; EHRLICH, M. Performance of geosynthetic reinforced slopes at failure. *Journal of Geotechnical and Geoenvironmental Engineering* – ASCE, v. 126, n. 3, 2000b.

DARWIN, G. H. *On the horizontal thrust of mass of sand*: proceedings of the Institution of Civil Engineers. London, 1883.

DÉCOURT, L. The standard penetration test: state-of-the-art report. In: PROCEEDINGS OF THE 12TH INTERNATIONAL CONFERENCE ON SOIL MECHANICS AND FOUNDATION ENGINEERING – ICSMFE. Rio de Janeiro, 1989. v. 4.

DUNCAN, J. M.; SEED, R. B. Compaction – induced earth pressures under K_o-conditions. *Journal of Geotechnical Engineering,* v. 112, n. 1, Jan. 1986.

DUNCAN, J. M.; BYRNE, P.; WONG, K. S.; MABRY, P. Strenght, stress-strain and bulk modulus parameters for finite element analyses of stresses and movements in soil masses. *Geotechnical Engeneering Researsh Report,* n. UCB/GT/80-01, University of California, Berkley, 1980.

EHRLICH, M. Performance of a 25 m high anchored wall for stabilization of an excavation in gneiss saprolite – Landslides: evaluation and stabilization. In: PROCEEDINGS OF THE 9TH INTERNATIONAL SYMPOSIUM ON LANDSLIDES. Rio de Janeiro, 2004. v. 2.

EHRLICH, M.; SILVA, L. F. M. Muros de solo reforçados com geotêxteis: uma opção para estabilização de taludes. In: I COBRAE – I CONFERÊNCIA BRASILEIRA SOBRE ESTABILIDADE DA ENCOSTAS. Rio de Janeiro, 1992.

EHRLICH, M.; MITCHELL, J. K. Working stress design method for reinforced soil walls. *Journal of geotechnical Engineering,* v. 120, n. 4, Apr. 1994.

EHRLICH, M.; MITCHELL, J. K. Working stress design method for reinforced soil walls-closure. *Journal of Geotechnical Engineering,* v. 121, n. 11, Nov. 1995.

EHRLICH, M.; AZAMBUJA, E. Muros de solo reforçado. In: IV SIMPÓSIO BRASILEIRO DE GEOSSINTÉTICOS – REGEO. Porto Alegre, 2003.

EHRLICH, M.; BECKER, L. *Muros e taludes de solo reforçado.* São Paulo: Oficina de Textos, 2009.

EHRLICH, M.; SILVA, R. C. *Comportamento de uma escavação estabilizada com ancoragens e grampos em solo residual de gnaisse*. Porto de Galinhas: COBRAMSEG – ABMS, 2012.

EHRLICH, M. E.; SILVA, R. C.; SARAMAGO, R. P. Escavações em solos residuais de gnaisse com falhas geológicas. In: VI CONFERÊNCIA BRASILEIRA DE ENCOSTAS. Angra dos Reis, 2013.

ELIAS, V.; CHRISTOPHER, B. R.; BERG, R. R. Mechanically stabilized earth walls and reinforced soil slopes: design and construction guidelines. *Geotechnical Engineering Journal*, 2001.

FERNANDES, M. M. *Mecânica dos Solos*: introdução à Engenharia Geotécnica. São Paulo: Oficina de Textos, 2014. v. 2.

GEORIO. *Manual técnico de encostas*: drenagem e proteção superficial. Rio de Janeiro, 2000. v. 2.

GEORIO. *Manual técnico de encostas*. Rio de Janeiro, 2014. v. 1 e 2.

GERMAN GEOTECHNICAL SOCIETY. *Recommendations on excavations*: EAB. 2. ed. München: Ernst & Sohn, 2008.

GERSCOVICH, D. M. S. *Estabilidade de taludes*. 2. ed. São Paulo: Oficina de Textos, 2016.

GERSCOVICH, D. M. S.; SAYÃO, A. S. F. J.; VALLE, F. Mecanismo de ruptura de reforço de solos com pneus. In: XIII CONGRESSO BRASILEIRO DE MECÂNICA DOS SOLOS E ENGENHARIA GEOTÉCNICA. Rio de Janeiro, 2006. v. 4, p. 2413-2418.

GOMES SILVA, A. M. B. *Condicionantes geológicos geotécnicos de escavação grampeada em solo residual*. 2006. Tese (Mestrado) – Programa de Engenharia Civil, Coppe/UFRJ, Rio de Janeiro, 2006.

GRAUX, D. *Fondations et excavations profondes*. Paris: Eyrolles, 1967.

HANNA, T. H. Foundation in tension: ground anchor. *Trans. Tech. Publications*, Series on Rock and Soil Mechanics, 1982.

HOLTZ, R. D.; KOVACS, W. D. *An introduction to geotechnical engineering*. Englewood Cliffs, New Jersey: Prentice-Hall, 1981.

HSIEH, P. G.; OU, C. Y. Shape of ground surface settlement profiles caused by excavation, *Canadian Geotechnical Journal*, v. 35, p. 1004-1017, 1998.

INGOLD, T. S. Reinforced clay: a preliminary study using the triaxial apparatus. *Compt. Rend. Colloquy Reinforcement of Soils*, Paris, p. 59-64, 1979.

JAKY, J. The coefficient of earth pressure at rest. *Journal of Society of Hungarian Architects and Engineers*, Budapest, v. 7, p. 355-358, 1944.

JEWELL, R. A. Limit equilibrium analysis of reinforced soil walls. PROCEEDINGS OF THE 11TH INTERNATIONAL CONFERENCE ON SOIL MECHANICS AND FOUNDATIONS ENGENEERING. San Francisco, 1985.

JONES, C. J. F. P. *Earth reinforcement and soil structures*: butterworths advanced series in geotechnical engineering. Oxford: Butterworth-Heinemann, 1988.

JURAN, I.; CHEN, C. L. Strain compatibility design method for reinforced earth walls. *Journal of Geotechnical Engineering*, v. 115, n. 4, Apr. 1989.

JURAN, I., IDER, H. M.; FARRAG, K. Strain compatibility analysis for geosynthetics reinforced soil walls. *Journal of Geotechnical Engineering*, v. 116, n. 2, Feb. 1990.

KAISER, P. K.; HEWITT, K. J. The effect of groundwater flow on the stability and design of retained excavations. *Canadian Geotechnical Journal*, v. 19, p. 139-153, 1981.

LESHCHINSKY, D.; BOEDEKER, R. H. Geosynthetic reinforced soil structures. *Journal of Geotechnical Engineering*, v. 115, n. 10, Oct. 1989.

LIMA, A. P. *Comportamento de uma escavação grampeada em solo residual de gnaisse*. 2007. Tese (Doutorado) – PUC/RJ, Rio de Janeiro, 2007.

LOIOLA, F. L. P. *Estudo numérico da influência da face no comportamento de muros de solo reforçado*. 2001. Tese (Mestrado) – Coppe/UFRJ, Rio de Janeiro, 2001.

MACCAFERRI. *Estruturas flexíveis em gabiões para obras de contenção*. Jundiaí: Technical Report, Maccaferri Gabiões do Brasil, 1990.

MANA, A. I.; CLOUGH, G. W. Prediction of movements for braced cuts in clay. *Journal of the Geotechnical Engineering Division – ASCE*, v. 107, n. GT6, p. 759-777, 1981.

MARANGON, M. *Utilização de solo-cimento em uma solução alternativa de muro de arrimo*. 1992. Dissertação (Mestrado) – PUC/RJ, Rio de Janeiro, 1992.

MASSAD, F. *Obras de terra*: curso básico de Geotecnia. São Paulo: Oficina de Textos, 2003.

MASSARCH, K. R. New method for measurement of lateral earth pressure in cohesive soils. *Canadian Geotechnical Journal*, v. 12, n. 1, p. 142-146, 1979. (apud: BENOÎT, J.; LUTENEGGER, A. J. (Ed.). *Geotechnical special publication*: national geotechnical experimentation sites. Reston: ASCE, 1993.)

MAYNE, P. W.; KULHAWY, F. H. K0 – OCR Relationships in soil. *Journal of the Geotechnical Engineering Division – ASCE*, v. 108, n. 6, p. 851-872, 1982.

MEDEIROS, L. V.; SAYÃO, A. S. F. J; GARGA, V. K.; ANDRADE, M. H. N. Use of scrap tires in slope stabilizations. In: PROCEEDINGS OF 2ND PANAMERICAN SYMPOSIUM ON LANDSLIDES. Rio de Janeiro: ISSMGE – International Society for Soil Mechanics and Geotechnical Engineering, 1977. v. 2, p. 637-644.

MEDEIROS, L. V. de; GARGA, V.; GERSCOVICH, D. M. S.; SAYÃO, A. S. F. J.; ANDRADE, M. H. N. Analysis of the Instrumentation of a reinforced scrap tire retaining wall. *Revista de Ciência & Tecnologia*, v. 7, p. 9-16, 1999.

MEDEIROS, L. V. de; SAYÃO, A. S. F. J.; GERSCOVICH, D. M. S.; SIEIRA, A. C. C. F. Reuso de pneus em geotecnia In: SEMINÁRIO NACIONAL SOBRE REUSO/RECICLAGEM DE RESÍDUOS SÓLIDOS INDUSTRIAIS. São Paulo: Fiesp/Ciesp, 2000. p. 1-19.

MITCHELL, J. K.; VILLET, W. C. B. Reinforcement of Earth slopes and embankments. *Transportation Research Board* – NCHRP, v. 290, 1987.

NAVFAC. *Design manual 7.2*: foundations and earth structures. Washington DC: Naval Facilities Engineering Command, 1982.

NAVFAC. *Design manual 7.2*: foundations and earth structures. Washington DC: Naval Facilities Engineering Command, 1986.

NEWMARK, N. M. Influence charts of computation of stresses in elastic foundations. *Engineering experimental Station Bulletin Series no. 338*, University of Illinois, Bulletin, v. 40, n. 12, 1942.NICHOLSON, D. P. The design and performance of the retaining wall at Newton Station. In: PROCEEDINGS OF SINGAPURE MASS RAPID TRANSIT CONFERENCE. Singapore, 1987. p. 147-154.

NUNES, A. J. C.; VELLOSO, D. A. Estabilização de taludes em capas residuais de origem granito-gnáissica. In: CONGRESSO PANAMERICANO DE MECÂNICA DOS SOLOS E ENGENHARIA DE FUNDAÇÕES, 2., Brasil, 1963.

O'ROURKE, T. D. Ground movements caused by braced excavations. *Journal of the Geotechnical Engineering Division* – ASCE, v. 107, n. GT9, p. 1159-1178, 1981.

OSTERMAYER, H. *Practice in detail design applications of anchorages*: a review of diaphragm walls. London: ICE, 1977.

OU, C. Y.; HSIEH, P. G.; CHIOU, D. C. Characteristics of ground surface settlement during excavation. *Canadian Geotechnical Journal*, v. 30, p. 758-767, 1993.

PACHECO, M. P.; DANZIGER, F. A. B. O método de Ranke-Ostermeyer para dimensionamento de cortinas atirantadas: uma extensão ao caso de solos com coesão. In: COBRAE, 3., Rio de Janeiro, 2001.

PECK, R. B. Earth pressure measurements in open cuts, Chicago (III) *subway. Transactions*, ASCE, v. 108, p. 223, 1943.

PECK, R. B. Deep excavation and tunneling in soft ground. In: PROCEEDINGS OF THE 7ᵀᴴ INTERNATIONAL CONFERENCE ON SOIL MECHANICS AND FOUNDATION ENGINEERING. Mexico City, 1969a. v. 1, p. 225-281.

PECK, R. B. Advantages and limitations of the observational method in applied soil mechanics. *Géotechnique*, 9th Rankine Lecture, v. 19, n. 2, 1969b.

PECK, R. B.; HANSON, W. F.; THORNBURN, T. H. *Foundation engineering*. 2. ed. New York: John Wiley & Sons, 1974.

PINELO, A. M. S. *Dimensionamento de ancoragens e cortinas ancoradas*. Tese (Especialista) – LNEC, Lisboa, 1980.

RANKE, A.; OSTERMAYER, H. Contribuição sobre a pesquisa de estabilidade de cortinas de contenção de cavas com ancoragens múltiplas. *Die Bautechnik*, Berlin, 1968. Tradução livre de Antônio José da Costa Nunes. Tradução de: Beitrag zur Stabilitätsuntersuchung mehrfach verankerter Baugrubenumschliessungen.

REDDY, A. S.; SRINIVASAN, R. J. Bearing capacity of footing on layered clay. *Journal of the Soil Mechanics and Foundations Division* – ASCE, v. 93, n. 2, p. 83-99, 1967.

ROWE, P. W. Anchored sheet pile walls. *Proceedings of the Institution of Civil Engineers*, London, 1952.

ROWE, P. W. A stress-strain theory for cohesionless soil with applications to earth pressures at rest and moving walls. *Géotechnique*, v. 4, n. 2, 1954.

ROWE, P. K.; PEAKER, K. Passive earth pressure measurements. *Géotechnique*, London, v. 15, n. 1, p. 57-79, 1965.

SANTOS, K. R. M. *Contenções em cortinas com ficha descontínua*: um caso de obra contemplando instrumentação, modelagem numérica e métodos usuais de projeto. 2016. Dissertação (Mestrado em Engenharia Civil) – Programa de Engenharia Civil, UERJ, Rio de Janeiro, 2016.

SANTOS, M. D. *Contribuição ao estudo da influência de escavações nos recalques superficiais de construções vizinhas*. Dissertação (Mestrado) – Universidade do Estado do Rio de Janeiro, Rio de Janeiro, 2007.

SARAMAGO, R. P. *Estudo da influência da compactação no comportamento de muros de solo reforçado com a utilziação de modelos físicos*. 2002. Tese (Doutorado) – Coppe/UFRJ, 2002.

SARAMAGO, R. P.; EHRLICH, M. Estudo da influência da compactação no comportamento de muros de solo reforçado. In: GEOSSINTÉTICOS 2003 – IV SEMINÁRIO BRASILEIRO DE GEOSSINTÉTICOS. Porto Alegre, 2003.

SARAMAGO, R. P.; EHRLICH, M; SILVA, L. J. R. O. B; MENDONÇA, M. B, FERREIRA JR., J. A. *Características geotécnicas de uma escavação em região de falha geológica*. Gramado: COBRAMSEG – ABMS, 2010.

SAYÃO, A. S. F. J.; SIEIRA, A. C. C. F.; GERSCOVICH, D. M. S.; MEDEIROS, L. V. de; GARGA, V. Retaining walls built with scrap tires: proceedings of the institution of civil engineers. *Geotechnical Engineering*, v. 155, p. 217-219, 2002.

SAYÃO, A. S. F. J., GERSCOVICH, D. M. S.; MEDEIROS, L. V. de; SIEIRA, A. C. C. F. Scrap tire: an attractive material for gravity retaining walls and soil reinforcement. *Journal of Solid Waste Technology and Management*, v. 35, p. 1-20, 2009.

SCHMERTMANN, G. R.; CHOUERY-CURTIS, V. E.; JOHNSON, R. D.; BONAPARTE, R. Design charts for geogrid-reinforced soil slopes. *Geosynthetics*, New Orleans, v. 87, 1987.

SCHNAID, F. *Testing in Geomechanics*. 1 ed. Oxfordshire: Taylor & Francis, 2009.

SCHNAID, F.; ODEBRECHT, E. *Ensaios de campo e suas aplicações à Engenharia de Fundações*. 2. ed. São Paulo: Oficina de Textos, 2012.

SIEIRA, A. C. C. F. *Análise do comportamento de muro experimental solo-pneus*. 1998. Dissertação (Engenharia Civil) – PUC/RJ, Rio de Janeiro, 1998.

SIEIRA, A. C. C. F.; MEDEIROS, L. V. de; GERSCOVICH, D. M. S. Comportamento de um muro de pneus para estabilização de encostas. *Geotecnia*, Lisboa, v. 91, p. 39-55, 2001.

SIEIRA, A. C. C. F.; SAYÃO, A. S. F. J.; GERSCOVICH, D. M. S.; MEDEIROS, L. V. de. Simulação Numérica do Comportamento de um Muro de Pneus. In: SEMINÁRIO DE ENGENHARIA E FUNDAÇÕES ESPECIAIS E GEOTECNIA. São Paulo, 2000. v. 2, p. 532-540.

SIEIRA, A. C. C. F.; GERSCOVICH, D. M. S.; MEDEIROS, L. V. de; SAYÃO, A. S. F. J. Simulação numérica de um muro experimental solo-pneus. In: IV ENCONTRO SOBRE MODELAGEM COMPUTACIONAL. Friburgo: IPRJ/UERJ, 2001. v. I, p. 251-260.

SIEIRA, A. C. C. F.; GERSCOVICH, D. M. S.; MEDEIROS, L. V. de; SAYÃO, A. S. F. J. Simulação numérica de um muro experimental solo-pneus. *Boletim SBMAC*, Rio de Janeiro, v. VII, p. 337-347, 2006.

SILVA, L. C. R.; ABRAMENTO, M. Métodos de análise da estabilidade de taludes reforçados por equilíbrio limite. In: GEOSSINTÉTICOS 95 – II SIMPÓSIO BRASILEIRO SOBRE APLICAÇÕES DE GEOSSINTÉTICOS. São Paulo, 1995.

SILVA, L. C. R.; ABRAMENTO, M. Shear-lag analysis of a geosynthetic reinforced soil wall. v. 1. In: OCHIAI, H.; YASUFUKU, N.; OMINE, K. (Ed.). *Earth Reinforcement*. Rotterdam: Balkema, 1996.

SKEMPTON, A. W. The bearing capacity of clays. *Proc. of Building Research Congress*, v. 1, p. 180-189, 1951.

TATSUOKA, F.; MURATA, O.; TATEYAMA, M. *Permanent geosynthetic-reinforced soil retaining walls used for railway embankments in Japan*: proceedings of the international symposium on geosynthetic-reinforced soil retaining walls. Rotterdam: Balkema, 1992.

TAYLOR, D. W. *Fundamentals of soil mechanics*. John Wiley & Sons, 1948.

TEIXEIRA, A. H. Projeto e execução de fundações. In: SEMINÁRIO DE ENGENHARIA DE FUNDAÇÕES ESPECIAIS E GEOTECNICA – SEFE. São Paulo, 1996.

TENG, W. C. *Foundation Design*. New Jersey: Prentice Hall, 1962.

TERZAGHI, K. Large retaining wall testts. *Engineering News–Record*, v. 112, 1934.

TERZAGHI, K. *Theoretical soil mechanics*. New York: John Wiley and Sons, 1943.

TERZAGHI, K. Soil moisture and capillary phenomena is soils. In: MEINZER, O. E. (Ed.). *Physics of the Earth*: Hydrology. New York: Dover Publications, 1949. v. IX, p. 331-363.

TERZAGHI, K.; PECK, R. B. *Soil Mechanics in engineering practice*. New York: Wiley, 1967.

TERZAGHI, K.; PECK, R. B.; MESRI, G. *Soil mechanics in engineering practice*. 3rd ed. John Wiley & Sons, 1996.

TSCHEBOTARIOFF, G. P. *Foundations, retaining and earth structures*. Columbus: McGraw-Hill, 1973.

VALLE, F. *Ensaios de arrancamento de pneus no campo*. 2004. Dissertação (Engenharia Civil) – PUC/RJ, Rio de Janeiro, 2004.

VELLOSO, D. A.; LOPES, F. R. *Paredes moldadas no solo*. Rio de Janeiro: Estacas Franki Ltda., 1975.

VELLOSO, D. A.; LOPES, F. R. *Fundações*. Rio de Janeiro: Editora da Coppe/UFRJ, 1996. v. 1.

VELLOSO, D. A.; LOPES, F. R. *Fundações*. Rio de Janeiro: Editora da Coppe/UFRJ, 2002. v. 2.

VERDEYEN, J.; ROISIN, V. Nouvelle Theorie de soutenement des excavation profondes. In: CONFERENCE DU 15 JANVIER. Paris: Centre D´Étude Superieures, Institute Technique du Batiment et des Travaux Publics, 1952.

VERTEMATTI, J. C. (Coord.). *Manual brasileiro de geossintéticos*. São Paulo: Edgard Blucher, ABINT, 2004.

VESIC, A. S. Bearing capacity of shallow foundation: foundation engineering handbook. In: WINTERKORN, H. F.; FANG, H. Y. (Ed.). *Soil technology and engineering properties of soils*. New York: Van Nostrand Reinhold, 1975.

WARD, W. H. Techniques for field measurements of deformation and earth pressure. In: CONFERENCE ON THE CORRELATION BETWEEN CALCULATED AND OBSERVED STRESSES AND DISPLACEMENTS IN STRUCTURES. *Proceedings...* London: Institute of Civil Engineers, 1955. Paper n. 3, group 1, p. 28-40.

WEISSENBACH, A.; HETTLER, A.; SIMPSON, B. Stability of excavations. In: SMOLTCZYK, U. (Ed.). *Geotechnical engineering handbook*: elements and structures. Berlin: Ernst & Sohn, 2003.

WU, T. H. *Soil Mechanics*. Boston: Allyn and Bacon Inc., 1977.

YASSUDA, C. T.; DIAS, P. H. V. Tirantes. In: HACHICH, W.; FALCONI, F. F.; SAES, J. L.; FROTA, R. G. Q.; CARVALHO, C. S.; NIYAMA, S. (Ed.). *Fundações*: teoria e prática. São Paulo: ABMS; Pini, 1998. Cap. 17.

O Ministério Fiel visa apoiar a igreja de Deus, fornecendo conteúdo fiel às Escrituras através de conferências, cursos teológicos, literatura, ministério Adote um Pastor e conteúdo online gratuito.

Disponibilizamos em nosso site centenas de recursos, como vídeos de pregações e conferências, artigos, e-books, audiolivros, blog e muito mais. Lá também é possível assinar nosso informativo e se tornar parte da comunidade Fiel, recebendo acesso a esses e outros mate- riais, além de promoções exclusivas.

Visite nosso site

www.ministeriofiel.com.br

Esta obra foi composta em AJensonPro Regular 12, e impressa
na Promove Artes Gráficas sobre o papel Apergaminhado 70g/m²,
para Editora Fiel, em Setembro de 2024.